高职高专"十二五"规划教材

过程检测与控制仪表一体化教程

邵联合　主编

黄桂梅　李金文　副主编

化学工业出版社

·北京·

本书从实用角度出发，以检测与控制仪表任务式课程开展为向导，以过程检测与控制系统为教学载体，以仪表安装检修维护所需常见实训内容为主线，面向实践应用，采用任务驱动方式编写，体现教、学、做一体化的教学设计，突出能力培养为核心的教学理念，引入国家标准、行业标准和职业规范。本书体现了理论教学和实践教学并重的宗旨，主要介绍了过程检测与控制仪表结构、工作原理、安装、使用、校验、调试、检修等方面的相关知识，反映了近年来检测控制领域中的新技术、新方法和新发展。

　　本书可作为高职高专电力技术类相关专业的教学用书，同时也可作为生产过程自动化等方面工程技术人员的培训用书。

图书在版编目（CIP）数据

　　过程检测与控制仪表一体化教程/邵联合主编. —北京：化学工业出版社，2013.8（2024.8重印）
　　高职高专"十二五"规划教材
　　ISBN 978-7-122-17944-9

　　Ⅰ.①过… Ⅱ.①邵… Ⅲ.①自动检测-检测仪表-高等职业教育-教材②过程控制-检测仪表-高等职业教育-教材　Ⅳ.①TP216

　　中国版本图书馆 CIP 数据核字（2013）第 157789 号

责任编辑：王昕讲　　　　　　　　　　　　文字编辑：吴开亮
责任校对：吴　静　　　　　　　　　　　　装帧设计：韩　飞

出版发行：化学工业出版社（北京市东城区青年湖南街 13 号　邮政编码 100011）
印　　装：北京科印技术咨询服务有限公司数码印刷分部
787mm×1092mm　1/16　印张 17¼　字数 505 千字　2024 年 8 月北京第 1 版第 4 次印刷

购书咨询：010-64518888　　售后服务：010-64518899
网　　址：http://www.cip.com.cn
凡购买本书，如有缺损质量问题，本社销售中心负责调换。

定　　价：48.00 元

前　言

过程检测与控制仪表是火电厂实现热工自动化的重要工具，是保证单元机组安全经济运行不可缺少的技术措施。本教材是编者在深入生产企业一线调研的基础上，结合高职高专教育教学的特点以及学生的认知规律，根据检测与控制仪表安装与检修工职业技能培训与鉴定的需要，与企业专家共同研讨后合作开发，是具有工学结合特色的教改教材。

本教材打破了传统的以讲授原理性知识为主的学科式体系，完全以工作任务为核心，基于工作过程系统化设计情境，每一类仪表的安装检修任务就是一个教学情境，每一学习情境依据实际工作顺序（仪表认知与选型、校验、安装、调试、检修）设计任务，每个任务融合了相关知识和技能，同时注重知识拓展和工程素养的培养，便于学生自学。教材引进了企业标准和操作规范，结合校内实训环境，便于开展项目化教学。

依据教学安排，将教材内容分为上下两篇：上篇主要介绍检测仪表的安装与检修相关知识和操作技能，由七个学习情境组成，分别为检测系统的认知与检定、温度检测仪表的安装与检修、显示仪表的使用、压力测量仪表的安装与检修、流量测量仪表的安装与检修、液位测量仪表的安装与检修、其他参量检测仪表安装与使用；下篇主要介绍控制装置的安装与检修相关知识和操作技能，由五个学习情境组成，分别为控制系统的认知、数字式调节器的使用、执行机构的安装与检修、调节机构的安装与检修、单回路检测控制系统设计与投运。每个学习情境分别由七大板块构成，即学习情境描述、教学目标、情境学习重点、情境学习难点、学习任务、小结、复习思考；每一学习任务又包括任务引领、任务要求、任务准备、任务实施、知识导航、请你做一做六个教学环节。

我们将为使用本书的教师免费提供电子教案和教学资源，需要者可以到化学工业出版社教学资源网站 http://www.cipedu.com.cn 免费下载使用。

本教材由保定电力职业技术学院邵联合副教授担任主编，保定电力职业技术学院黄桂梅教授、承德石油高等专科学校李金文讲师担任副主编。黄桂梅编写了学习情境一、学习情境三和学习情境五，邵联合编写了学习情境二、学习情境四、学习情境六、学习情境七和学习情境十～十二，李金文编写了学习情境八和学习情境九，康艳新和梁浩然也参加了本书的编写工作。全书由邵联合负责统稿。

本书编写过程中，参阅了相关资料，在此对各位作者一并表示感谢。由于编者水平有限，加之编写时间仓促，搜集的资料有限，书中难免有不妥之处，恳请读者批评指正。

编者

2013 年 6 月

目 录

上篇　检测仪表

上篇　检测仪表

学习情境一　检测系统的认知与检定

学习情境描述

人们为了检查、监督和控制某个生产过程或运动对象使之处于人们选定的最佳状况下时，就必须随时掌握这种最佳状况的各种参数，为此，就要求随时检查和测量这些参数的大小、变化等情况。因而，自动检测技术就是对生产过程和运动对象实施定性检查和定量测量的技术。

自动检测技术是自动化技术的四大支柱之一，在现代生产过程自动化中起着十分重要的作用，是构成自动控制系统的不可缺少的重要组成环节。人们常把它称为实现生产过程自动化的"耳目"。因为它在自动控制系统中是与控制对象相联系，利用物理、化学和生物的方法来获取被测对象的组分、状态、运动和变化的信息，通过转换和处理，使这些信息成为易于人们阅读和识别的量化形式，送入存储、显示或控制器，以实现过程参数的自动控制，使生产过程按预定要求正常进行。

本学习情境主要完成两个学习性工作任务：

任务一　自动检测系统的认知；

任务二　检测仪表的质量检定。

教学目标

(1) 了解自动检测系统的组成及各组成部分的作用。

(2) 能说明检测信号的类型及传递方式。

(3) 了解测量的含义及测量方法有哪些。

(4) 了解测量误差的种类及测量误差的产生原因。

(5) 知道误差的表示方法，会计算误差。

(6) 了解检测仪表的质量指标主要有哪些，会计算各主要的质量指标。

(7) 会检定检测仪表的优劣，判断其是否合格。

本情境学习重点

(1) 自动检测系统组成。

(2) 检测仪表的质量检定。

本情境学习难点

检测仪表的校验方法。

任务一　自动检测系统的认知

任务引领

1. 检测的目的及意义

在生产过程中，为了正确指导生产操作，提高产品质量，保证安全生产，实现生产过程的自动控制，需要对工艺生产过程中的压力、物位、流量、温度等参数和产品的成分进行自动检测。

2. 什么是自动检测系统

利用各种检测仪表对生产过程中的各种工艺变量自动、连续地进行测量、显示或记录，以供操作者观察或直接自动监督生产情况的系统，称为自动检测系统。它代替了操作人员对工艺参数的不断观察与记录，起到对过程信息的获取与记录作用，这在生产过程自动化中是最基本的也是十分重要的内容。

任务要求

（1）正确描述自动检测系统的结构组成及各部分的作用。
（2）能说出过程检测与控制情境教学实训装置上各种检测仪表的名称。
（3）能说明检测信号的类型和信号传递的形式。

任务准备

问题引导：
（1）试说明检测仪表在控制过程中起什么样的作用？
（2）自动检测系统由哪几部分组成？各部分有何作用？
（3）检测环节的信号有哪几种类型？
（4）检测信号传递形式有哪几种？

任务实施

（1）教师对过程检测与控制情境教学实训装置进行实物演示与操作示范。
（2）教师启动实训装置，观察检测仪表、显示仪表参数变化情况。
（3）学生归纳并进行小组总结。
①实训中都有哪几类检测仪表？
②结合实物归纳自动检测系统的组成。
③描述自动检测系统各组成部分的作用。
④说明检测环节中检测信号的类型和信号传递的形式。
（4）举例说出发电厂应用到的检测仪表有哪些。

知识导航

首先进行系统演示，启动过程检测与控制情境教学实训装置，实训装置如图1-1所示，具体检测控制设备说明见表1-1。

表1-1　实训装置检测控制设备一览表

序号	设备编号	设备名称	序号	设备编号	设备名称
1	罐01	储水罐	11	FI03	差压式流量计
2	罐02、罐03	工作罐	12	T01	热电阻
3	LIC01	罐02差压式液位检测仪表	13	T02	热电偶
4	LIC02	罐03差压式液位检测仪表	14	PI02	泵02出口压力检测仪表
5	LI01	罐01磁翻板式液位计	15	PI01-1	泵01压力检测（弹簧管压力表）
6	LI02	罐03磁翻板式液位计	16	PI01-2	泵02压力检测（弹簧管压力表）
7	LI03	罐01浮球式液位计	17	CV01	电动调节阀
8	LI04	罐02超声波液位计	18	CV02	气动调节阀
9	FI01	电磁流量计	19	V01～V12	手动阀
10	FI02	涡街流量计			

一、自动检测系统的组成

由于工业生产过程中的被测参数有很多，各种检测仪表的测量原理及结构不同，但组成检测仪表的基本环节有共同之处，如感受部件、传输变换部件及显示部件，如图1-2所示。

1.感受部件

感受部件也称一次仪表，它是测量仪表的感受部分直接与被测对象相联系（但不一定直接接触）。它的作用是感受被测参数的大小和变化，并且必须随着被测参数变化产生一个相应的信

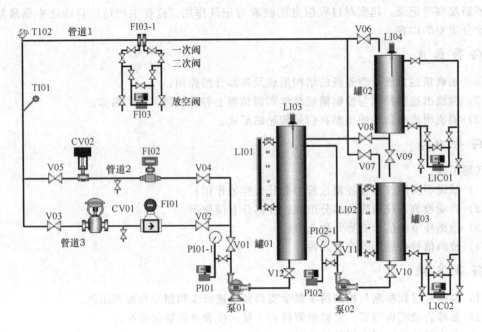

图 1-1　过程检测与控制情境教学实训装置

图 1-2　测量仪表组成方框图

号输出到传输变换部件。

仪表能否快速、准确地反映被测参数的大小，很大程度上取决于感受部件。对感受部件的具体要求如下。

①输出信号与被测参数的变化之间呈单值函数关系，最好呈线性关系，并有较高的灵敏度。

②对非被测量的变化，感受部件应不受影响或受影响极小。

③反应快、迟延小。

2. 传输变换部件

传输变换部件也称中间部件，作用是将感受部件输出的信号根据显示部件的要求传送给显示部件。因此有的中间部件只是单纯起传递作用；有的则可放大感受部件发出的信号；还有的在感受部件输出信号不便于远距离传送或者因某些特定要求需要变为某种统一的信号时，中间部件可以根据要求将感受部件的输出信号变换为相应的其他输出量，如电流、电压等，再送到显示部件。这种传输变换部件往往构成独立完整的器件，通称为变送器。

3. 显示部件

显示部件也称二次仪表，其作用是接受传输变换部件送来的信号并将其转换为测量人员可以辨识的信号。

根据显示方式不同，仪表一般分为模拟显示仪表、数字显示仪表、屏幕显示仪表。有些测量仪表根据不同的需要，还具有记录、累计、报警及调节等功能，有些还可以巡回检测多个不同的参数。

二、检测环节的信号传递

1. 检测环节信号的类型

检测技术涉及的内容很广，但在电厂热工过程中，常见的被测量有温度、压力、液位、流量、机械量（位移、转速、振动等）、成分等。

为了便于传输、处理和显示，对于非电量的被测参数通常将其转换成电气、压力、光等信号类型。

①常用的电气信号有电压信号、电流信号、阻抗信号和频率信号等。电气信号传送快、滞后小，可以远距离传送，便于和计算机连接，其应用越来越广泛。目前，大多数传感器是将被测参数的变化转换为电信号，发展非常迅速。

②压力信号包括气压信号和液压信号。液压信号多用于控制环节。在气动检测系统中，以净化的恒压空气为能源，气动传感器或气动变送器将被测参数转换为与之相应的气压信号，经气动功率放大器放大，可以进行显示、记录、计算、报警或自动控制。

③光信号包括光通量信号、干涉条纹信号、衍射条纹信号等。随着激光、光导纤维的发展，光学检测技术正发挥着越来越重要的作用。

2.检测环节中的信号传递形式

检测环节中传递信号的形式可分为以下几种。

（1）模拟信号 在时间上是连续变化的，即在任何瞬时都可以确定其数值的信号，称为模拟信号。模拟信号可以变换成电信号，即平滑的、连续的、变化的电压或电流信号。

（2）数字信号 数字信号是一种以离散形式出现的不连续信号，通常以二进制的0和1组合的代码序列来表示。数字信号变换成电信号就是一连串的窄脉冲和高低电平交替变化的电压信号。

（3）开关信号 用两种状态或两个数值范围表示的不连续信号叫开关信号。在自动检测技术中，利用开关式传感器可以将模拟信号变换成开关信号。

🔘 请你做一做

（1）过程检测与控制实训装置中所检测的参数有哪些？

（2）选用了哪些检测仪表？安装在什么位置？

（3）信号采用何种传递形式？

（4）模拟式测量系统与数字式测量系统在组成上有什么不同？

任务二 检测仪表的质量检定

🔘 任务引领

在检测过程中，不同的检测技术、检测方法、检测工具，不同的人员操作，或多或少会产生不同的测量误差。如何提高测量的准确性，减小测量误差，如何评价和检定检测仪表的质量优劣呢？这将是本任务要解决的问题。

🔘 任务要求

（1）正确描述不同分类方法中的自动测量方法及其特点。

（2）能表述测量误差的分类和表示方法，说明测量误差的产生原因。

（3）能说明评价检测仪表的质量指标。

（4）能正确进行检测仪表的质量检定。

🔘 任务准备

问题引导：

（1）测量的定义及测量的三要素是什么？

（2）测量有哪些分类方式及类型？

（3）测量误差有哪几种类型？产生原因是什么？

（4）测量误差的表示方法有哪几种？各有什么特点？

（5）检测仪表的质量指标主要有哪些？

（6）仪表检定的具体方法步骤是什么？

任务实施

（1）教师根据任务提出问题，引入知识点。采用反推法：要检定仪表质量必须了解质量指标，质量指标涉及误差计算；检定仪表不合格（误差过大）则需要想办法减小误差。如何减小误差呢？可以通过改进测量原理、认真正确操作、采用不同测量方法等手段实现。

（2）学生根据教师提出问题的反逻辑依次解答问题。

（3）分组讨论，准备仪表设备进行仪表检定。

（4）学生归纳并进行小组总结。

①简述仪表检定的步骤。

②结合实物说明各仪表设备的名称和用途。

③描述评价仪表质量的指标有哪些。

④说明误差的表示方法有哪些。

⑤说明减小误差的方法有哪些。

（5）举例说出各种测量方法的具体应用。

知识导航

一、测量过程与测量方法

1.测量过程

各种检测仪表的测量过程，其实质就是被测变量信号能量的不断变换和传递，并与相应的测量单位进行比较的过程，而检测仪表就是实现这种比较的工具。例如，对炉温的检测常常利用热电偶的热电效应，把被测温度（热能）变换成直流毫伏信号（电能），然后经过毫伏检测仪表转换成仪表指针位移，再与温度标尺相比较而显示被测温度的数值。

2.测量方法

为了及时获得准确可靠的数据，必须根据行业的要求及被测对象的特点，选择合理的测量方法。

（1）直接测量　就是将被测量直接与所选用的标准量进行比较，或者用预先标定好的测量仪表进行测量，从而直接得出测量值的方法。如用尺测长度，用玻璃管水位计测水位等。

（2）间接测量　通过直接测量与被测量有确定函数关系的其他变量，然后将所得的数值代入函数式进行计算，从而求得被测量值的方法称为间接测量。例如，用平衡容器测量汽包水位，通过测量导线电阻、长度及直径求电阻率等。

（3）组合测量　组合测量是在测量出几组具有一定函数关系的量值的基础上，通过解联立方程来求取被测量的方法。例如，在一定温度范围内铂电阻与温度的关系为

$$R_t = R_{t0}(1 + At + Bt^2)$$

式中　R_{t0}——铂电阻在 t_0 时的电阻值；

R_t——铂电阻在 t 时的电阻值；

A，B——温度系数（常数）。

为了求出温度系数 A、B，可以分别直接测出 $0℃$、$t_1℃$、$t_2℃$ 三个不同温度值及相应温度下的电阻值 R_{t0}、R_{t1}、R_{t2} 然后通过解联立方程来求得 A、B 的数值。

根据检测装置的动作原理不同，测量方法可分为以下几种。

（1）直读法　被测量作用于仪表比较装置，使比较装置的某种参数按已知关系随被测量发生变化，由于这种变化关系已在仪表上直接刻度，故直接可由仪表刻度尺读出测量结果。例如，用玻璃管水银温度计测量温度时，可直接由水银柱高度读出温度值。

（2）零值法（平衡法）　将被测量与一个已知量进行比较，当二者达到平衡时，仪表平衡指示器指零，这时已知量就是被测量值。例如，用天平测量物体的质量、用电位差计测量电势，都采用了零值法。

（3）微差法　当被测量尚未完全与已知量相平衡时，读取它们之间的差值，由已知量和差值可求出被测量值。用不平衡电桥测量电阻就是用微差法测量的例子。零值法和微差法测量对减小测量系统的误差很有利，因此测量准确度高，应用较为广泛。

根据仪表是否与被测对象接触，测量方法可分为以下两种。

（1）接触测温法　指仪表的一部分与被测对象相接触，受到被测对象的作用才能得出测量结果的测量方法。例如用玻璃管水银温度计测温度时，温度计的温包应该置于被测介质之中，以感受温度的高低。

（2）非接触测量法　指仪表的任何部分都不必与被测对象直接接触就能得到测量结果的测量方法。例如用光学高温计测温，是通过被测对象所产生的热辐射对仪表的作用而实现测温的，因此仪表不必与对象直接接触。

二、测量误差产生的原因分析

在测量过程中，由于所使用的测量工具本身不够准确、受观测者的主观性和周围环境的影响等，使得测量的结果不可能绝对准确。仪表测量值与被测参数的真实值之间总是存在着一定的差距，这种差距称为测量误差。研究误差的目的是为了尽可能减少误差，正确处理误差，以提高测量结果的准确性。

1. 测量误差的分类

根据误差出现的规律，测量误差分为系统误差、随机误差和疏失误差三类。

（1）系统误差　在相同条件下，对同一被测参数进行多次重复测量时，误差的大小和符号保持不变，或在条件改变时，按一定规律变化的误差称为系统误差。如仪表本身的缺陷、温度、湿度、电源电压等单因素环境条件的变化等所造成的误差均属于系统误差。

系统误差的特点是测量条件一经确定，误差即为一确切数值。用多次测量取平均值的方法，并不能改变误差的大小。系统误差是有规律的，可针对其产生的根源采取一定的技术措施进行修正，但不能完全消除。

（2）随机误差（偶然误差）　在相同条件下，对同一被测参数进行多次重复测量时，误差的大小和符号均以不可预定方式变化的误差称为随机误差。如电磁场干扰和测量者感觉器官无规律的微小变化等引起的误差均为随机误差。

随机误差在多次测量时，其总体服从统计规律，大多服从正态分布，具有对称性、有界性、抵偿性和单峰性等特点。可以通过对多次测量值取算术平均值的方法削弱随机误差对测量结果的影响。

（3）疏忽误差　在一定的测量条件下，由于人为原因造成的测量值明显偏离实际值所形成的误差称为疏忽误差。

产生疏忽误差的主要原因：观察者过于疲劳、缺乏经验、操作不当或责任心不强而造成的读错刻度、记错数字或计算错误等失误；测量条件的突然变化，如机械冲击等引起仪器指示值的改变。

疏忽误差可以克服，而且和仪表本身无关，凡确定是疏失误差的测量数据应剔除不用。

2. 测量误差的表示方法

（1）绝对误差　绝对误差是仪表的测量值与被测量的真值之间的差值。因真值是一个理想的概念，无法得到，所以一般用标准仪表的读数作为约定真值。绝对误差可表示为

$$\Delta = X - X_0$$

式中　Δ——绝对误差；

　　　X——被校表的读数（测量值）；

　　　X_0——标准表的读数（约定真值）。

由于仪表在各检测点的绝对误差不一定相同，一般绝对误差是指整个测量过程中的最大绝对误差。

（2）相对误差　相对误差是某点的绝对误差与该点标准表的读数之比，一般以百分数表示。

可表示为

$$\gamma = \frac{\Delta}{X_0} \times 100\%$$

式中　γ——X_0点处的相对误差。

对于大小不同的测量值，相对误差比绝对误差更能反映测量的准确程度，相对误差越小，测量的准确性越高。

(3) 引用误差　绝对误差和相对误差的表示形式都不能用于判断测量仪表的质量，因为，两只仪表如果绝对误差相同，但仪表的量程不同，显然量程范围大的那只仪表准确度更高些。所以，判断仪表的质量时，一般不采用绝对误差和相对误差，而采用引用误差。

引用误差是指仪表的绝对误差与该仪表的量程范围之间的百分比，即

$$\gamma = \frac{\Delta}{A_{\max} - A_{\min}} \times 100\%$$

式中　$A_{\max} - A_{\min}$——仪表的量程。

无论如何，误差的存在对于测量工作来说都是不利的。为了减小测量误差，得到更接近于真实值的测量结果，有必要对测量误差产生的原因及变化规律进行分析。

三、检测仪表的质量指标

检测仪表的质量优劣，经常用它的质量指标来衡量。检测仪表的质量指标有以下几项。

1. 精度

仪表的精确度（准确度）简称精度，反映了仪表测量值接近真值的准确程度，一般用相对百分误差表示。

相对百分误差是由仪表的绝对误差与该表量程的百分比表示，即

$$\delta = \frac{\Delta_{\max}}{仪表量程} \times 100\% = \frac{\Delta_{\max}}{标尺上限值 - 标尺下限值} \times 100\%$$

式中　δ——仪表的相对百分误差；

　　　$\Delta_{\max}$——仪表的最大绝对误差；

仪表量程——标尺上限值与下限值之差。

仪表的精确度通常用精度等级来表示，精度等级就是仪表的最大相对百分误差去掉"±"和"％"后的数字，但必须与国家标准相一致。

我国统一规定的仪表精度等级有 0.005，0.02，0.05，0.1，0.2，0.35，0.5，1.0，1.5，2.5，4.0 等。其中，0.5～4.0 级表为常用的工业用仪表。精度通常以圆圈或三角内的数字标注在仪表刻度盘上。数字越小，说明仪表的精确度越高，其测量结果越准确。精确度等级标明了该仪表的最大相对百分误差不能超过的界限。如果某仪表精度为 0.5 级，则表明该仪表最大相对百分误差不能超过±0.5％。在选表和仪表校验后重新定级时应予注意。

2. 回差

在相同使用条件下，同一仪表对同一被测变量进行正、反行程测量时（即被测变量从小到大和从大到小全行程范围变化），被测变量从不同方向到达同一数值时，仪表指示值的最大差值称为该表的回差或变差。其示意图如图 1-3 所示。

回差 ε 用同一被测参数值下的仪表正、反行程指示值的最大差值与仪表量程的百分数表示。即

$$\varepsilon = \pm \frac{(X_正 - X_反)_{\max}}{标尺上限 - 标尺下限} \times 100\%$$

回差是反映仪表恒定度的指标。正常仪表的回差应小于其允许误差，否则，应及时检修。回差是由仪表传动机构的间隙、运动部件的摩擦、弹性元件的滞后等原

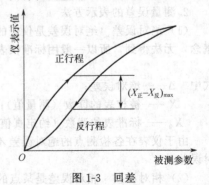

图 1-3　回差

因造成的，由于智能型仪表全电子化、无可动部件，所以这个指标对智能型仪表而言已不重要了。

3. 灵敏度

灵敏度是反映仪表对被测变量变化灵敏程度的指标。当仪表达到稳态时，仪表输出信号变化量 Δy 与引起此输出信号变化的输入信号（被测参数）变化量 Δx 之比表示灵敏度 S，见图 1-4，即

$$S = \frac{\Delta y}{\Delta x} \times 100\%$$

仪表的灵敏限是指能够引起仪表指针动作的被测参数的最小变化量。一般仪表灵敏限的数值应不大于仪表所允许的绝对误差的一半。

对同一类仪表，标尺刻度确定后，仪表测量范围越小，灵敏度越高。但灵敏度越高的仪表精度不一定高。

4. 线性度

线性度反映了检测仪表输出量与输入量的实际关系曲线偏离直线的程度。线性度如图 1-5 所示。

线性度 ε_L 又称为非线性误差，通常用实际测得的输入-输出曲线（标定曲线）与理论拟合直线之间的最大偏差与测量仪表量程范围之比的百分数来表示。

$$\varepsilon_L = \pm \frac{(X_{标定} - X_{理论})_{max}}{标尺上限 - 标尺下限} \times 100\%$$

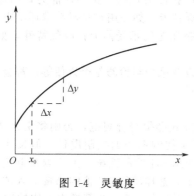

图 1-4 灵敏度

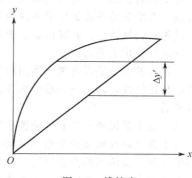

图 1-5 线性度

5. 测量范围与量程

检测仪表的测量范围是指按其标定的精确度可进行测量的被测量的变化范围，而测量范围的上限值 A_{max} 与下限值 A_{min} 之差就是检测仪表的量程。

有的检测仪表一旦过载（即被测量超出测量范围）就将损坏，而有的检测仪表允许一定程度的过载，但过载部分不作为测量范围，这一点在使用中应加以注意。

6. 稳定性

稳定性是指检测仪表在规定的条件下保持其检测特性恒定不变的能力。通常在不明确影响量时，稳定性是指检测仪表不受时间变化影响的能力。

检测仪表的检测特性随时间的慢变化，即输入量不变但输出量随时间的变化而缓慢变化的现象，称为漂移。产生漂移的主要原因有两个方面：一方面是仪器自身结构参数的变化；另一方面是周围环境的变化对输出的影响。最常见的漂移是温漂。

四、检测环节对控制品质的影响

检测变送环节在控制系统中起获取和传送信息的作用。准确、及时性地获取被控变量变化的信息是提高系统控制质量的前提条件。检测仪表的精度等级、稳定性和可靠性等性能指标，会直接影响测量结果的准确性和精密性。由于目前使用的变送器大多数是线性的，其输出与输入成比例关系，变送器的惯性小，出厂时又经过严格的调校，所以检测变送环节对控制系统的影响

主要集中在检测元件的滞后和信号传递的滞后问题上。因此，分析研究检测元件本身的特性、安装位置、信息传递等问题，是提高系统控制质量的重要方面。

1. 稳定性与可靠性

在实际使用中，往往强调仪表的稳定性和可靠性。检测仪表与执行器（调节阀）大部分安装在工艺管道、各类设备装置上。设备中工艺介质的物理、化学性质复杂，变化也相对较大，在这种环境中，仪表的某些部件随时间保持不变的能力会降低，仪表的稳定性会下降，其造成的影响往往比仪表精度下降对生产过程的影响还要大。而且仪表稳定性不好，仪表的维护量也大；仪表可靠性越高，其维护量越小。因此，从保证工业生产稳定安全和仪表维护人员人身安全的角度出发，要求仪表可靠性越高越好。

仪表的电磁兼容性的好坏也直接影响到测量的准确性。电磁兼容性是指电子或电气设备在规定的电磁环境中能正常工作，而不对该环境或其他设备造成不允许的扰动的能力，包括抗电磁干扰能力与发射电磁干扰的极限值。

绝大部分检测及控制仪表是由电子线路组成的，对电磁干扰十分敏感，而各类开关装置、继电器、电焊机、无线通信工具以及某些设备产生的电磁辐射等，都会成为电磁干扰源，干扰源通过仪表的电源线、信号输入输出线或外壳，以电容耦合、电感耦合、电磁辐射的形式导入，也可通过公共阻抗直接导入。显然，仪表的抗电磁干扰能力越强，发射电磁干扰的极限值越小，仪表的测量准确性越高。

检测环节的防护能力也对控制质量有较大的影响。防护能力包括气象环保能力，如对灰尘、潮湿、腐蚀、温度波动等恶劣环境条件的防护能力；防爆性能，如使用在易燃易爆环境中是否有安全防护措施；机械特性，如对振动、撞击、加速度和挤压等的承受能力；电气特性，如耐压、绝缘性、抗电气干扰的能力。

另外，仪表的安装是否合理、使用和操作是否正确以及维护与检修是否方便等，都会影响到检测环节的检测特性，从而进一步影响到系统的控制质量。

2. 纯滞后

检测元件在工艺设备上的安装位置必须正确，安装方式必须符合规范，否则将引入纯滞后，使测量信号不能及时反映被控变量的实际值，从而降低了控制系统的控制质量。但某些系统因工艺条件的限制，检测点的位置设置不理想，如图 1-6 所示 pH 控制系统，由于测量电极不能放置在流速较大的主管道，只能安装在流速较小的支管道上，这样就使 pH 值的测量引入纯滞后时间 τ。l_1 和 l_2 分别为主管道、支管道的长度，v_1 和 v_2 分别为主管道、支管道内流体的流速，则

$$\tau = \frac{l_1}{v_1} + \frac{l_2}{v_2}$$

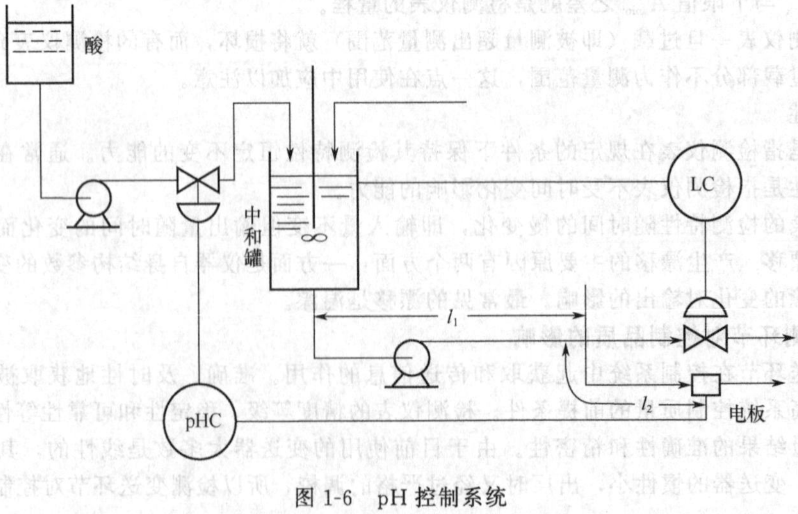

图 1-6 pH 控制系统

由于检测元件的安装位置所引入的纯滞后有时是不可避免的，但必须尽可能地减小。当检测元件的纯滞后太大、采用简单控制系统无法满足工艺要求时，应考虑采用复杂控制等方案。

3.测量滞后

这里的测量滞后是指由检测元件时间常数所引起的动态误差，它是由检测元件本身的特性所决定的。例如，测温元件测量温度时，由于存在着热阻和热容，即其本身具有一定的时间常数 $T_m = RC$，因而测温元件的输出总是滞后于被控变量的变化，从而引起幅值的降低和相位的滞后。如果调节器接受的是一个幅值降低的、相位滞后的失真信号，它就不能正常发挥校正作用，因此控制系统的控制质量也将随之下降。测量滞后固然存在，但可通过正确选择快速检测元件、正确使用微分环节等途径来克服测量滞后。

五、仪表的检定

在工业生产中，为了确保测量结果的真实性和可靠性，对使用了一定时间之后以及检修过的仪表，都应进行检定，以确保仪表是否合格。仪表校验的步骤一般包括外观检查、内部机件性能检查、绝缘性能检查以及示值校验等。示值校验一般是判断仪表的基本误差、变差等是否合格。示值校验方法通常有两种。

1.示值比较法

用标准仪表与被校仪表同时测量同一参数，以确定被校仪表各刻度点的误差。校验点一般选取被校表上的整数刻度点，包括零点及满刻度点不得少于5点（校验精密仪表时校验点不得少于7点），校验点应基本均匀分布于被校仪表的整个量程范围。各校验点的误差不超过该仪表准确度等级规定的允许误差则认为合格。

校验仪表时所用的标准仪表，其允许误差应不大于被校表允许误差的三分之一（绝对误差值），量程应等于或略大于被校仪表的量程。

2.标准状态法

利用某些物质的标准状态来校验仪表。例如利用一些物质（如水、各种纯金属）的状态转变点温度来校验温度计，利用空气中含氧量一定的特性来校验工程用氧量计等。

● 请你做一做

（1）以下测量过程使用了哪种测量方法？

①通过公式 $P = UI$ 测量功率。

②用铂电阻温度计测量温度，电阻值与温度的关系是 $R_t = R_{t0}(1 + at + bt^2)$。

③用水银温度计测量介质温度。

（2）下列误差属于哪类误差？

①用一块普通万用表测量同一电压，重复测量20次后所得结果的误差。

②观测者抄写记录时错写了数据造成的误差。

③在流量测量中，流体温度、压力偏离设计值造成的流量误差。

（3）某测温仪表的准确度等级为1.0级，绝对误差为 $\pm 1^\circ C$，测量下限为负值（下限的绝对值为测量范围的10%），试确定该表的测量上限值、下限值和量程。

（4）用测量范围为 $-50 \sim 150kPa$ 的压力表测量 $140kPa$ 压力时，仪表示值为 $142kPa$，求该示值的绝对误差、实际相对误差和引用相对误差。

（5）识读仪表标签，查阅检测仪表产品手册，说明每种检测仪表的特点，思考一下实训装置中为何选择这些检测仪表？了解当前检测技术的进展情况。

● 小结

（1）热工测量是指在热工过程中对各种热工参数，如温度、压力、流量、物位、烟气的含氧量以及各种机械量的测量。

（2）热工测量一般通过测量仪表来进行，测量仪表根据各组成部分的功能不同可分为感受部件、传输变换部件及显示部件三部分。

(3) 根据误差的性质不同，测量误差可分为三种，即系统误差、随机误差和疏忽误差。系统误差表明了测量结果的"正确度"，而随机误差则表明了一个测量系统的测量"精密度"。但不论哪种误差，都具有三种不同的表示方式，即绝对误差、相对误差和引用误差。

(4) 误差对于测量结果的真实性和可靠性是不利的，所以在实际的测量工作中应注意采用各种方法和手段，尽量减小测量误差，有必要对测量的数据进行分析和处理。

(5) 测量仪表有质量好坏之分，判断仪表质量好坏的标准是仪表的品质指标。仪表的品质指标主要包括仪表的准确度等级、基本误差、变差、重复性、灵敏度和不灵敏区以及漂移等。

(6) 检测仪表的精度等级、稳定性和可靠性等性能指标，会直接影响测量结果的准确性和精密性。除此之外，检测元件的滞后和信号传递的滞后问题也对控制系统有很大影响。分析研究检测元件本身的特性、安装位置、信息传递等问题，是提高系统控制质量的重要方面。

复习思考

1. 什么是测量误差？误差分为哪几类？怎样消除误差？

2. 何谓仪表的允许误差、基本误差、变差？举例说明仪表允许误差和准确度等级之间的关系，仪表示值的校验结果怎样才算合格？

3. 热工仪表或系统由哪几部分组成？各部分的作用是什么？

4. 测量方法分为哪几种？请分别举例说明。

5. 热工测量的质量指标主要有哪些？

6. 何谓仪表的检定？热工仪表的检定方法一般分为哪两类？

7. 一只量程为−320～320mm、精确度为1.0级的水位指示仪表。当水位上升至零水位时，指示为−5mm；当水位下降至零水位时，指示为＋5mm。该水位表是否合格？

8. 现有精确度等级分别为1.5、2.0、2.5级的三块仪表，它们的测量范围分别为0～1000℃、−50～550℃、−100～500℃，需要测的温度为500℃，其测量值的相对误差要求不超过2.5％，试问选用哪块表最合适？

学习情境二　温度检测仪表的安装与检修

学习情境描述

表示物体冷热程度、反映物体内部热运动状态的物理量称为温度。温度是工农业生产、科学研究以及日常生活中需要进行测量和控制的最为普遍、最为重要的工艺参数。在火电厂热力生产过程中，从工质到各部件无不伴有温度的变化，对各种工质（如蒸汽、过热蒸汽、给水、油、风等）及各部件（如过热器管壁、汽轮机高压汽缸壁及各轴承等）的温度必须进行密切的监视和控制，以确保机组安全经济运行。表2-1列举了一些测点及测量元件。

表 2-1　温度测点举例列表

序号	测点名称	数量	单位	设备名称	形式及规范	安装地点
1	给水母管温度	3	支	热电偶	双支 E 分度，0～300℃，带焊接式锥形保护管，有效插深 100mm，热套式	就地
2	省煤器入口给水温度	1	支	热电偶	双支 E 分度，0～300℃，带焊接式锥形保护管，有效插深 100mm，热套式	就地
3	省煤器出口给水温度	1	支	热电偶	双支，K 分度	就地
4	屏式过热器出口蒸汽温度	2	支	热电偶	双支，K 分度	就地
5	高温过热器入口蒸汽温度	2	支	热电偶	双支，K 分度	就地
6	高温过热器出口蒸汽温度	2	支	热电偶	双支，K 分度	就地
7	一次风机入口温度	1	支	热电阻	双支，Pt100，0～100℃，带 M27×2 固定螺纹直形不锈钢保护套管，$l=500mm$，$L=650mm$	就地
8	B 磨煤机润滑油温度	1	只	双金属温度计		就地
9	A 磨煤机电动机绕组温度	6	支	热电阻	双支，Pt100，大于 135℃ 报警，大于 145℃ 跳磨	就地
10	屏式过热器出口金属温度	14	支	热电偶	WRNT－11M，ϕ6mm，K 分度，双支，$l=30000mm$	就地

本学习情境主要完成四个学习性工作任务：

任务一　温度测量仪表的认知与选型；
任务二　温度测量仪表的示值检定；
任务三　温度测量仪表的安装；
任务四　温度测量仪表的检修。

教学目标

(1) 了解测温的意义，清楚测温仪表的类型。
(2) 理解温标的建立过程，了解常用温标的类型。
(3) 理解热电偶、热电阻的测温原理及基本定律。

(4) 熟悉热电偶、热电阻的结构、特性。

(5) 领会热电偶冷端温度补偿的意义及方法。

(6) 理解热电阻二线制、三线制、四线制的接法及意义。

(7) 能正确进行热电偶、热电阻的检定操作。

(8) 会安装测温元件。

(9) 能处理测温系统的故障。

(10) 能结合安装与检修安全注意事项进行文明施工。

本情境学习重点

(1) 热电偶、热电阻测温原理，热电偶、热电阻结构及特性。

(2) 热电偶冷端温度补偿。

(3) 热电偶、热电阻检定方法。

(4) 热电偶、热电阻安装与检修。

本情境学习难点

(1) 热电偶的基本定律及冷端温度补偿。

(2) 热电偶、热电阻的检修。

任务一 温度测量仪表的认知与选型

任务引领

既然温度对工农业生产、科学研究以及日常生活非常重要，那么对温度不能仅限于定性描述，还必须有定量的描述，即温标。温标如何建立？各种介质温度是依据什么原理测量出来的？温度测量仪表有哪些类型？各有何特点？适应什么场合？

任务要求

(1) 知道温标的定义。

(2) 能描述温标建立的过程、几种常用的温标。

(3) 能说明温度测量仪表的类型。

(4) 能表述热电偶测温原理、结构、特性、冷端温度补偿。

(5) 能表述热电阻测温原理、结构、特性、三线制接法。

(6) 能根据现场要求正确选用测温元件。

任务准备

问题引导：

(1) 什么是温标？温标是如何建立的？常用温标有哪几种？

(2) 温度测量仪表有哪些类型？

(3) 试说明热电偶、热电阻的测温原理、结构、特性。

(4) 应用热电偶测温时为什么要进行冷端温度补偿？

(5) 工业上应用热电阻测温时采用几线制？为什么？

(6) 发电厂中测给水温度、蒸汽温度各应选用什么测温元件？

任务实施

(1) 教师提问题引入新课，交代任务。

（2）学生收集信息，了解知识点。

（3）学生归纳并进行小组总结。

①什么是温标？常用温标有哪几种？

②热电偶、热电阻的测温原理、结构特点是什么？

③关于热电偶冷端温度补偿。

④关于热电阻的三线制。

（4）举例说出发电厂常用的温度检测元件有哪些？

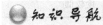 知识导航

一、温度测量的方法、类型

1.何谓温标

温度是表示物体冷热程度的物理参数，它反映了物体内部分子无规则热运动的剧烈程度。物体内部分子热运动越激烈，温度就越高。对温度不能只做定性的描述，还必须有定量的表述。用来量度温度高低的尺度叫温度标尺，简称温标。

国际实用温标定义了热力学温度（符号为 T）是基本的物理量，其单位为开尔文（符号为 K），定义 1K 等于水三相点（水蒸气、水、冰共存点）热力学温度的 1/273.16。定义国际摄氏温度（符号为 t）单位为摄氏度（符号为℃）。

国际开尔文温度（T）和国际摄氏温度（t）的转换关系为

$$t = T - 273.15(℃)$$

2.温度测量的方法及类型

测量方法通常分为接触式和非接触式两大类。

（1）接触式测温仪表　指温度计的感温元件与被测物体应有良好的热接触，两者达到热平衡时，温度计便指示出被测物体的温度值，且准确度较高。但是用接触法测温时，由于感温元件与被测物体接触，往往要破坏被测物体的热平衡状态，并受被测介质的腐蚀，因此对感温元件的结构、性能要求较高。

（2）非接触式测温仪表　指温度计的感温元件不与被测物体相接触，也不改变被测物体的温度分布，热惯性小。它是利用物体的热辐射能随温度变化的性质制成的。从原理上看，用这种方法测温无上限，通常用来测定 1000℃以上的高温物体的温度。测量的准确度受环境条件的影响，需对测量值修正后才能获得真实的温度。

常用测温仪表的种类及优缺点见表 2-2。

表 2-2　常用测温仪表的种类及优缺点

测温方式	温度计种类		常用测温范围/℃	测温原理	优点	缺点
非接触式测温仪表	辐射式	辐射式	400～2000	利用物体全辐射能随温度变化的性质	测温时，不破坏被测温度场	低温段测量不准，环境条件会影响温度准确度
		光学式	700～3200			
		比色式	900～1700			
	红外线	热敏探测	−50～3200	利用传感器转换进行测温	测温时，不破坏被测温度场，响应快，测温范围大	易受外界干扰，标定困难
		光电探测	0～3500			
		热电探测	200～2000			
接触式测温仪表	膨胀式	玻璃液体	−50～600	利用液体体积随温度变化的性质	结构紧凑，牢固可靠	准确度低，量程和使用范围有限
		双金属	−80～600	利用固体热膨胀变形量随温度变化的性质		

续表

测温方式	温度计种类		常用测温范围/℃	测温原理	优点	缺点
接触式测温仪表	压力式	液体	−30~600	用定容气体或液体压力随温度变化的性质	耐振,坚固,防爆,价格低廉	准确度低,测温距离短,滞后大
		气体	−20~350			
		蒸汽	0~250			
	热电偶	铂铑-铂	0~1600	利用金属导体的热电效应	测温范围宽,准确度高,便于远距离、多点、集中测量和自动控制	需冷端温度补偿,在低温段测量准确度较低
		镍铬-镍硅	0~1200			
		镍铬-考铜	0~600			
	热电阻	铂电阻	−200~500	利用金属导体或半导体的热阻效应	测温准确度高,便于远距离、多点、集中测量和自动控制	不能测高温,须注意环境温度的影响
		铜电阻	−50~150			
		热敏电阻	−50~300			

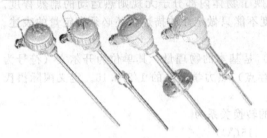

图 2-1　常用热电偶的类型

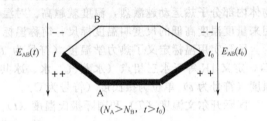

图 2-2　热电偶工作原理图

二、热电偶温度测量仪表的认知

热电偶是目前生产中应用最普遍、最广泛的温度检测元件之一,常用的热电偶如图 2-1 所示,它们结构简单、制作方便、测温范围宽、热惯性小,可直接与被测对象接触,不受中间介质的影响,测量精度高。常用的热电偶可从 −50~1600℃ 连续测量液体、蒸汽和气体介质以及固体表面温度,某些特殊热电偶最低可测量 −269℃(如金铁-镍铬),最高可测量 2800℃(如钨-铼)。

（一）热电偶测温原理

如图 2-2 所示,将 A、B 两种不同的导体焊接在一起,一端置于温度为 t 的被测介质中,称为工作端或热端;另一端放在温度为 t_0 的恒定温度下,称为自由端或冷端。导体 A、B 称为热电极,这两种不同导体的组合就称为热电偶。只要两个焊接点的温度不相等,闭合回路中就会有热电势产生,这种现象称为热电效应。热电偶就是根据热电效应原理进行温度测量的。

热电势产生的原因:两种不同的金属,由于其自由电子的密度不同,当不同的金属相互接触时,在其接触端面上会产生自由电子的扩散运动,从而在交界面上产生静电场,静电场的存在阻止了扩散的进一步进行,最终使扩散与反扩散达到动态平衡。当 A、B 两种材料确定后,接触电势的大小只与接触端面的温度 t 和 t_0 有关。同种金属材料中,由于两焊点温度不同所产生的温差电势极小,可忽略不计。

设 A、B 两种金属的自由电子密度 $N_A > N_B$,焊接点温度 $t > t_0$,则热电偶产生的热电势为

$$E_{AB}(t, t_0) = E_{AB}(t) - E_{AB}(t_0) \tag{2-1}$$

当冷端温度 t_0 恒定时,$E_{AB}(t_0)$ 为一常数,此时,热电势 $E_{AB}(t, t_0)$ 就为热端温度 t 的单值函数,当构成热电偶的热电极材料均匀时,热电势只与工作端温度 t 有关,而与热电偶的长短及粗细无关。只要测出热电势的大小,就能知道被测温度的高低,这就是热电偶的测温原理。

（二）热电偶的基本定律

下述三条基本定律对于热电偶测温的实际应用有着重要意义,它们已由实验确立。

1. 均质导体定律

由一种均质导体(或半导体)组成的闭合回路,不论导体(半导体)的几何尺寸及各处的温

度分布如何，都不会产生热电势。由此定律可以得到如下的结论。

①热电偶必须由两种不同性质的材料构成。

②热电势与热电极的几何尺寸（长度、截面积等）无关。

③由一种材料组成的闭合回路存在温差时，回路如产生热电势，便说明该材料是不均匀的，据此可检查热电极材料的均匀性。

2. 中间导体定律

由不同材料组成的热电偶闭合回路中，若各种材料接触点的温度都相同，则回路热电势的总和等于零。

由此定律可得到以下结论。

在热电偶回路中加入第三、四……种均质材料，只要中间接入的导体的两端温度相等，则它们对回路的热电势就没有影响，如图 2-3 所示。利用热电偶测温时，只要热电偶连接显示仪表的两个接点的温度相同，那么仪表的接入对热电偶的热电势没有影响。而且对于任何热电偶接点，只要它接触良好，温度均一，不论用何种方法构成接点，都不影响热电偶回路的热电势。

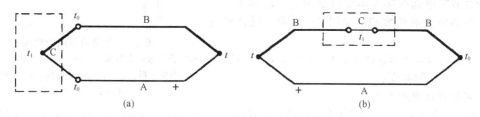

图 2-3　热电偶回路中插入第三种材料

(a) 无中间导体；(b) 有中间导体

图 2-3 (a) 中，导体 C 接在热电极 A、B 之间，设 $t > t_0$，$N_A > N_B > N_C$，则可写出回路总的热电势

$$E_{ABC}(t, t_0) = e_{AB}(t) - e_A(t, t_0) - e_{AC}(t_0) + e_{BC}(t_0) + e_B(t, t_0) \quad (2-2)$$

若设回路中各接点温度都相等，则各接点接触电势都为 0，即

$$e_{AB}(t_0) + e_{BC}(t_0) + e_{CA}(t_0) = 0 \quad (2-3)$$

以此关系代入式 (2-2)，可得

$$E_{ABC}(t, t_0) = e_{AB}(t) - e_A(t, t_0) - e_{AB}(t_0) + e_B(t, t_0) \quad (2-4)$$

比较式 (2-4) 与式 (2-2) 可知，两式完全一致，即

$$E_{ABC}(t, t_0) = E_{AB}(t, t_0) \quad (2-5)$$

在图 2-3 (b) 中是把热电极 B 断开接入中间导体 C。设 $t > t_1 > t_0$，$N_A > N_B > N_C$，则可写出回路中总的热电势

$$E_{ABC}(t, t_1, t_0) = e_{AB}(t) - e_A(t, t_0) - e_{AB}(t_0) + e_B(t_1, t_0) + e_{CB}(t_1) - e_{BC}(t_1) + e_B(t, t_1)$$
$$(2-6)$$

$$e_B(t, t_0) + e_B(t, t_1) = e_B(t_1) - e_B(t_0) + e_B(t) - e_B(t_1) = e_B(t) - e_B(t_0) = e_B(t, t_0)$$

代入式 (2-4) 则

$$E_{ABC}(t, t_1, t_0) = e_{AB}(t) - e_A(t, t_0) - e_{AB}(t_0) + e_B(t, t_0)$$

即

$$E_{ABC}(t, t_1, t_0) = E_{AB}(t, t_0)$$

以上两种形式的热电偶回路都可证明本结论是正确的。若在热电偶回路中接入多种均质导体，只要每种导体两端温度相等，同样可证明它们不影响回路热电势。实际测温中，正是根据本定律这条结论，才可在热电偶回路中接入显示仪表、冷端温度补偿装置、连接导线等组成热电偶温度计而不必担心它们会影响到热电势。也就是说，只要保证连接导线、显示仪表等接入热电偶

回路的两端温度相同，就不会影响热电偶回路的总热电势。另外，热电偶的热端焊接点也相当于第三种导体，只要它与两电极接触良好、两接点温度一致，也不会影响热电偶回路的热电势。因此，在测量液态金属或金属壁面温度时，可采用开路热电偶，如图 2-4 所示。

此时，热电偶的两根热电极 A、B 的端头同时插入或焊在被测金属上，液态金属或金属壁面即相当于第三种导体接入热电偶回路，只要保证两热电极插入处的温度一致，对热电偶回路的热电势就没有影响。

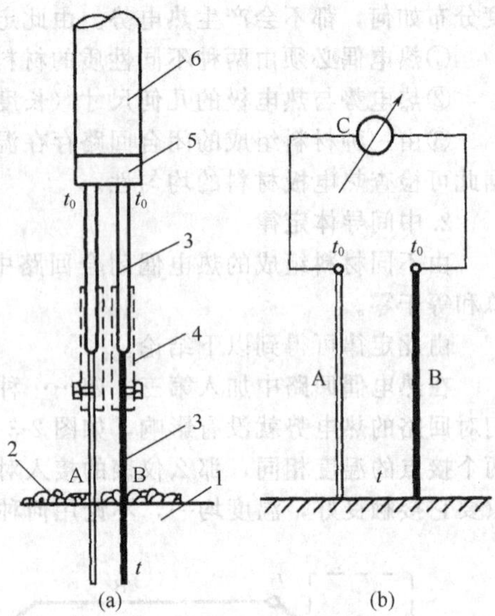

3. 中间温度定律

接点温度为 t_1 和 t_3 的热电偶，产生的热电势等于两支同性质热电偶在接点温度分别为 t_1、t_2 和 t_2、t_3 时产生的热电势的代数和，如图 2-5 所示。用公式表达为

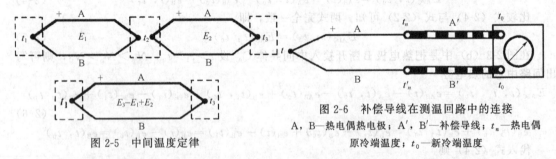

图 2-4　开路热电偶的使用

(a) 测量液态金属温度；(b) 测量金属壁面温度
1—熔融金属；2—渣；3—热电偶；4—连接管；
5—绝缘物；6—保护管

$$E_{AB}(t, t_3) = E_{AB}(t_1, t_2) + E_{AB}(t_2, t_3) \quad (2\text{-}7)$$

式中　t_2——中间温度。

此定律可证明如下。

$$E_{AB}(t_1, t_2) + E_{AB}(t_2, t_3) = [e_{AB}(t_1) - e_{AB}(t_2)] + [e_{AB}(t_2) - e_{AB}(t_3)] = e_{AB}(t_1) - e_{AB}(t_3)$$

在式 (2-7) 中，令 $t_2 = t℃$、$t_3 = 0℃$，则有

$$E_{AB}(t, 0) = E_{AB}(t, t_0) + E_{AB}(t_0, 0) \quad (2\text{-}8)$$

或

$$E_{AB}(t, t_0) = E_{AB}(t, 0) - E_{AB}(t_0, 0) \quad (2\text{-}9)$$

据式 (2-8) 在制定热电偶分度表时，只需定出热电偶冷端温度为 0℃、热端温度与热电势的函数表即可，冷端温度不为 0℃时热电偶产生的热电势可按式 (2-7) 查表修正得到。

由此定律可得的结论如下所述。

①已知热电偶在某一给定冷端温度下进行的分度，只要引入适当的修正，就可在另外的冷端温度下使用。这就为制定和使用热电偶的热电势-温度关系分度表奠定了理论基础。

图 2-5　中间温度定律

图 2-6　补偿导线在测温回路中的连接

A，B—热电偶热电极；A′，B′—补偿导线；t_n—热电偶
原冷端温度；t_0—新冷端温度

②与热电偶同样热电性质的补偿导线可以引入热电偶的回路中，如图 2-6 所示，相当于把热电偶延长而不影响热电偶应有的热电势，中间温度定律为工业测温中应用补偿导线提供了理论依据。

（三）常用热电偶的性质

根据热电偶的测温原理，理论上任意两种金属材料都可以构成热电偶。但为了保证可靠地进行具有足够精度的温度测量，对热电极材料还有许多要求。如热电势与温度应尽可能成线性关系，并且温度每增加 1℃时所产生的热电势要大；电阻温度系数要小，电导率要高；物理、化学稳定性和复现性要好；材料组织要均匀，便于加工成丝等。

表 2-3　标准热电偶

热电偶名称	分度号	正热电极	负热电极	测温范围/℃	
				长期使用	短期使用
铂铑30-铂铑6	B	铂铑30合金	铂铑6合金	300～1600	1800
铂铑10-铂	S	铂铑10合金	纯铂	-20～1300	1600
镍铬-镍硅	K	镍铬合金	镍硅合金	-200～1200	1300
镍铬-铜镍	E	镍铬合金	铜镍合金	-40～800	900

不同材料构成的热电偶，测温范围和性能各不相同。工业常用的标准热电偶见表 2-3。

①铂铑30-铂铑6热电偶：适于在氧化性或中性介质中使用；高温时热电特性很稳定，测量准确，但其产生的热电势小，价格贵，低温时热电势极小，当冷端温度在 40℃ 以下使用时，可不进行冷端温度补偿；可作基准热电偶。

②铂铑10-铂热电偶：适于在氧化性或中性介质中使用；高温时性能稳定，不易氧化；有较好的化学稳定性；测量准确，线性较差，价格较贵，适于作基准热电偶或精密温度测量。

③镍铬-镍硅热电偶：适于在氧化性或中性介质中使用，500℃ 以下低温范围内，也可用于还原性介质中测量；该热电偶线性好，灵敏度高，测温范围较广，价格便宜，在工业生产中应用广泛。

④镍铬-铜镍热电偶：适于测量中、低温范围，灵敏度高，价格便宜，低温时性能稳定，适于在中性介质或还原性介质中使用。

由于构成热电偶的热电极材料不同，在相同温度下，热电偶产生的热电势也不同，标准热电偶的热电势-温度对应关系称为分度表。

必须注意：热电偶是在冷端温度为 0℃ 时进行分度的，若热电偶冷端温度 t_0 不为 0℃ 时，则热电势与温度之间的关系应根据下式进行计算。

$$E_{AB}(t, t_0) = E_{AB}(t, 0) - E_{AB}(t_0, 0)$$

式中，$E_{AB}(t, 0)$ 和 $E_{AB}(t_0, 0)$ 相当于该种热电偶的工作端温度分别为 t 和 t_0，而冷端温度为 0℃ 时产生的热电势，其值可以查附录中热电偶的分度表得到。

（四）热电偶的结构形式

由于热电偶的用途和安装位置不同，其外形也常不相同。热电偶的结构形式常分为以下几种。

1. 普通热电偶

普通热电偶主要由热电极、绝缘子、保护套管、接线盒等几部分构成。如图 2-7 所示。

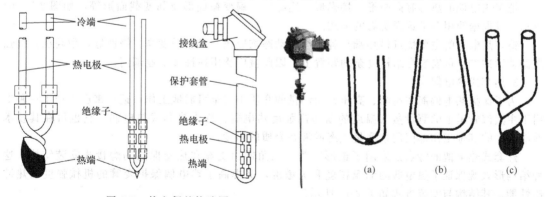

图 2-7　热电偶的构造图　　　　　图 2-8　热电偶热端焊点的形式
　　　　　　　　　　　　　　　　　　（a）点焊；（b）对焊；（c）绞状点焊

热电极的直径由材料的价格、机械强度、电导率、使用条件和测量范围决定。贵金属电极丝较细，直径一般为 0.3～0.65mm，普通金属电极丝直径为 0.5～3.2mm，其长度由安装条件及插入深度而定，一般为 350～2000mm。

热电偶热端通常采用焊接方式形成。为了减小热传导误差和滞后，焊点宜小，焊点直径应不超过 2 倍热电极直径。焊点的形式有点焊、对焊、绞状点焊等多种，如图 2-8 所示。

绝缘套管用于防止两根热电极短路。绝缘材料主要根据测温范围及绝缘性能要求来选择，通常用石英管、瓷管、纯氧化铝管等，火电厂中尤以瓷绝缘套管使用最多。

为了防止热电极遭受化学腐蚀和机械损伤，热电偶通常都是装在不透气的、带有接线盒的保护套管内。接线盒内有连接电极的两个接线柱，以便连接补偿导线或导线。对保护套管材料的要求是能承受温度的剧变，耐腐蚀，有良好的气密性和足够的机械强度，有高的热导率，在高温下不致和绝缘材料及热电极起作用，也不产生对热电极有害的气体。目前还没有一种材料能同时满足上述要求，因此，应根据具体工作条件选择保护套管的材料。

接线盒用来连接热电偶和显示仪表，一般由铝合金制成。接线盒的出线孔和盖子均用垫片和垫圈加以密封，以防灰尘和有害气体进入；接线盒内用于连接热电极和补偿导线的螺丝必须紧固，以免产生较大的接触电阻而影响测量的准确性。

2.铠装热电偶

铠装热电偶是由热电极、绝缘材料和金属保护套管三者加工在一起的坚实缆状组合体，其结构如图 2-9（a）所示。套管材料有铜、不锈钢及镍基高温合金等。热电偶与套管之间填满了绝缘材料的粉末，目前采用的绝缘材料大部分为氧化镁。套管中的热电极有单丝的、双丝的和四丝的，彼此之间互相绝缘。热电偶的种类则是标准或非标准的金属热电偶。

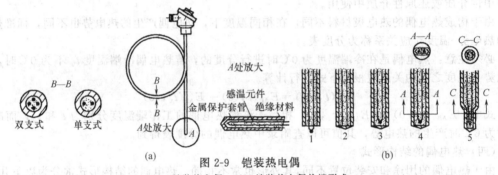

图 2-9 铠装热电偶

（a）铠装热电偶；（b）铠装热电偶热端形式

1—露端形；2—接壳形；3—绝缘形；4—扁变截面形；5—圆变截面形

铠装热电偶的热端有露端形、接壳形、绝缘形、扁变截面形及圆变截面形等，如图 2-9（b）所示，可根据使用要求选择所需的形式。

铠装热电偶的主要优点是热端热容量小，动态响应快，机械强度高，挠性好，耐高压，抗强烈振动和冲击，可安装在结构复杂的装置上，因此被广泛用在许多工业部门。

3.热套式热电偶

为了保护热电偶能在高温、高压、大流量的介质中安全可靠地工作，近年来已生产了一种专用于主蒸汽管道上的测量蒸汽温度的新型高强度热电偶，称为热套式热电偶。它也可在其技术性能允许的其他工作部门用来测量气态或液态介质的温度。

热套式热电偶的特点是采用了锥形套管、三角锥面支撑和热套保温的焊接式安装结构。这种结构形式既保证了热电偶的测温精度和灵敏度，又提高了热电偶保护套管的机械强度和热冲击性能。其结构与安装方式如图 2-10 所示。

热套式热电偶的测温元件采用镍铬-铬硅或镍铬-铜镍铠装热电偶，以满足快速测温的要求。由于热电极得到很好的密封保护而增强了抗氧化和耐振性能。

（五）补偿导线与热电偶冷端温度补偿方法

1.补偿导线

由热电偶测温原理可知，只有当热电偶冷端温度保持不变时，热电势才是被测温度的单值函数。但在实际工作中，由于热电偶的冷端常常靠近设备或管道，冷端温度不仅受环境温度的影响，还受设备或管道中被测介质温度的影响，因而冷端温度难以保持恒定。如果冷端温度自由变化，必然引起测量误差。为了准确地测量温度，应设法将热电偶的冷端延伸到远离被测对象且温度较为稳定的地方。由于热电偶大都采用贵重金属材料制成，而检测点到仪表的距离较远，为了降低成本，通常采用补偿导线将热电偶的冷端延伸到远离热源并且温度较为稳定的地方。

补偿导线由廉价金属制成，在 0～100℃ 范围内，其热电特性与所连接的标准热电偶的热电特性完全一致或非常接近，使用补偿导线相当于将热电偶延长。不同热电偶所配用的补偿导线是不相同的，廉价金属制成的热电偶，可用其本身材料作为补偿导线。

使用补偿导线时，必须注意以下问题。

①选用的补偿导线必须与所用热电偶相匹配。

②补偿导线的正、负极应与热电偶的正、负极对应相接，否则会产生很大的测量误差。

③补偿导线与热电偶连接端的接点温度应相等，且不能超过 100℃。

常用热电偶的补偿导线如表 2-4 所示。

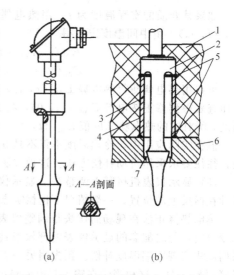

图 2-10 热套式热电偶的结构及其安装方式
(a) 结构图；(b) 安装尺寸示意图
1—保温层；2—热套式热电偶；3—充满介质的热套；4—安装套管；5—电焊接口；6—主蒸汽管道壁；7—卡紧固牢

表 2-4 常用热电偶的补偿导线

热电偶名称	补偿导线正极		补偿导线负极		工作端为100℃，冷端为0℃时的标准热电势/mV
	材料	颜色	材料	颜色	
铂铑$_{10}$-铂	铜	红	铜镍	绿	0.645 ± 0.037
镍铬-镍硅	铜	红	康铜	蓝	4.095 ± 0.105
镍铬-铜镍	镍铬	红	铜镍	棕	6.317 ± 0.170
铜-铜镍	铜	红	铜镍	白	4.277 ± 0.047

2. 热电偶冷端温度补偿方法

采用补偿导线可以将热电偶的冷端延伸到温度较为稳定的地方，但延伸后的冷端温度一般还不是 0℃，而热电偶的分度表是在冷端温度为 0℃ 时得到的，热电偶所用的配套仪表也是以冷端温度为 0℃ 进行刻度的。为了保证测量的准确性，在使用热电偶时，只有将冷端温度保持为 0℃，或者是进行一定的修正才能得出准确的测量结果。这样做，就叫做热电偶的冷端温度补偿。常用的冷端温度补偿方法如下。

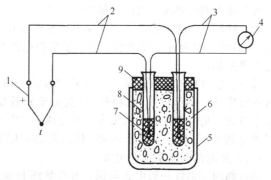

图 2-11 冰点槽
1—热电偶；2—补偿导线；3—铜导线；4—显示仪表；5—保温瓶；6—冰水混合物；7—变压器油；8—试管；9—盖

(1) 冰浴法 如图 2-11 所示，将通过补偿导线延伸出来的冷端分别插入装有变压器油的试管中，把试管放入装有冰水混合物的容器中，可使冷端温度保持 0℃。这种方法在实际生产中不适用，多用于实验室。

(2) 计算法(查表修正法) 热电偶冷端温度恒定在 t_0，但不等于 0℃，可用热电势修正法进行修正。

如果某介质的实际温度为 t，用热电偶进行测量，其冷端温度为室温 t_0，测得的热电势为 E_{AB} $(t，t_0)$，由中间温度定律得

$$E_{AB}(t，t_0) = E_{AB}(t，0) - E_{AB}(t_0，0)$$
$$E_{AB}(t，0) = E_{AB}(t，t_0) + E_{AB}(t_0，0)$$

可在用热电偶测得热电势 E_{AB} $(t，t_0)$ 的同时，用其他温度计测出热电偶冷端处的室温 t_0，从而查表得到修正热电势 E_{AB} $(t_0，0)$，将 E_{AB} $(t_0，0)$ 与热电势 E_{AB} $(t，t_0)$ 相加得到实际温度 t 所对应的热电势分度值 E_{AB} $(t，0)$，然后通过分度表查得被测温度 t。

但在实际应用中，冷端温度不仅不是0℃，而且还是经常变化的，这样，计算法修正很不方便，往往要求采用自动补偿方法。这种方法只适用于实验室或临时测温，在连续测量中不实用。

(3) 显示仪表机械零点调整法　显示仪表机械零点是指仪表在没有外电源即输入端开路时指针在标尺上的位置，一般情况下机械零点即为仪表标尺下限。

热电势修正法在现场的作法是调整仪表的机械零点，如图2-12所示。如果热电偶冷端温度比较恒定，与之配套的显示仪表内部没有冷端温度补偿元部件且机械零点调整又较方便，则可采用此法实现冷端温度补偿。预先用另一支温度计测出冷端温度 t_0，然后将显示仪表的机械零点直接调至 t_0 处，这相当于在输入热电偶热电势之前就给仪表输入电势 E $(t_0，0)$，使得在接入热电偶之后输入仪表的电势为 E $(t，t_0)$ $+E$ $(t_0，0)$ $=E$ $(t，0)$。因为与热电偶配套的显示仪表是根据冷端温度为0℃的热电势与温度关系曲线进行刻度的，因此仪表的指针能指出热端的温度。这种调整机械零点的方法特别适用于以温度刻度的动圈仪表。

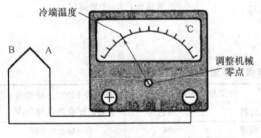
图 2-12　显示仪表机械零点调整法示意图

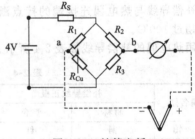
图 2-13　补偿电桥

应当注意，当冷端温度变化时需要重新调整仪表的机械零点，如冷端温度变化频繁，此法就不宜采用。此法简单易行，在工业上经常使用，如果控制室的室温经常变化，会有一定的测量误差，通常用于测温要求不太高的场合。

(4) 补偿电桥法　当热电偶冷端温度波动较大时，可在补偿导线后面接上补偿电桥（不平衡电桥），如图2-13所示。由电桥产生一不平衡电压 U_{ab} 来自动补偿热电偶因冷端温度变化而引起的热电势变化。

采用补偿电桥时必须注意，所选补偿电桥必须与热电偶配套；补偿电桥接入测量系统时正负极不可接反；显示仪表的机械零点应调整到补偿电桥设计时的平衡温度，若补偿电桥是在20℃平衡的，仍需把仪表的机械零点预先调至20℃处，若补偿电桥是按0℃平衡设计的，则仪表的零点应调至0℃处。大部分补偿电桥均按20℃时平衡设计。

(六) 热电偶测温系统的构成

热电偶测温系统一般由热电偶、补偿导线和显示仪表三部分组成，如图2-14所示。测温时必须注意如下问题。

①热电偶、补偿导线和显示仪表的分度号必须一致；接线端极性必须正确。

②如显示仪表为动圈表，还必须考虑冷端温度补偿的问题。

(七) 热电偶常用测温电路

1.测量某点温度的基本电路

如图2-15所示是测量某点温度的基本电路，图中 A、B 为热电偶，C、D 为补偿导线，T_0 为

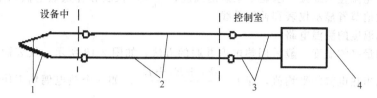

图 2-14　热电偶测温系统

1—热电偶；2—补偿导线；3—铜导线；4—显示仪表或信号转换装置

使用补偿导线后热电偶的冷端温度，E 为铜导线，在实际使用时就把补偿导线一直延伸到用仪表的接线端子，这时冷端温度即为仪表接线端子所处的环境温度。

2. 测量两点温度差的测温电路

如图 2-16 所示是测量两点之间温度差的测温电路，用两个相同型号的热电偶，配以相同的补偿导线 C、D。这种连接方法应使各自产生的热电动势互相抵消，仪表可测出 T_1 和 T_2 之间的温度差。

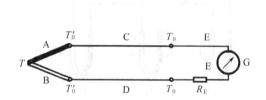

图 2-15　测量某点温度的基本电路

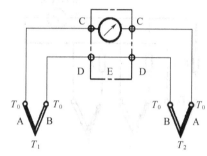

图 2-16　测量两点之间温度差的测温电路

3. 测量多点温度的测温电路

多个被测温度点用多个热电偶分别测量，但多个热电偶共用一台显示仪表，它们是通过专用的切换开关来进行多点测量的，测温电路如图 2-17 所示。各个热电偶的型号要相同，测温范围不要超过显示仪表的量程。多点测温电路多用于自动巡回检测中，此时温度巡回检测点可多

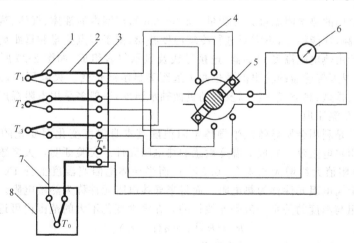

图 2-17　多点测温电路

1—热电偶；2—补偿导线；3—接线板；4—铜导线；5—切换开关；6—显示仪表；

7—补偿热电偶；8—恒温器

达几十个，可以轮流显示或按要求显示某点的温度，而显示仪表和补偿热电偶只用一个就够了，这样就可以大大地节省显示仪表和补偿导线。

4. 测量平均温度的测温电路

用热电偶测量平均温度一般采用热电偶并联的方法，如图 2-18 所示。仪表输入端的毫伏值为三个热电偶输出热电势的平均值，即 $E = \dfrac{E_1 + E_2 + E_3}{3}$。如三个热电偶均工作在特性曲线的线性部分时，则 E 代表了各点温度的算术平均值。为此，每个热电偶需串联较大电阻，此种电路的特点是仪表的分度仍旧和单独配用一个热电偶时一样。其缺点是当某一热电偶烧断时，不能很快地觉察出来。

5. 测量几点温度之和的测温电路

用热电偶测量几点温度之和的测温电路的方法一般采用热电偶的串联，如图 2-19 所示，输入到仪表两端的热电动势之总和可直接从仪表读出三个温度之和。此种电路的优点是热电偶烧坏时可立即知道，还可获得较大的热电动势。应用此种电路时，每一热电偶引出的补偿导线还必须回接到仪表中的冷端处。

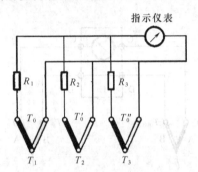

图 2-18　热电偶测量平均温度的并联电路

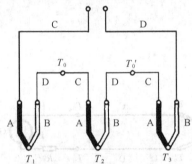

图 2-19　热电偶测量几点温度之和的串联电路

三、热电阻温度测量仪表的认知

热电偶一般适用于中、高温的测量。测量 300℃ 以下的温度时，热电偶产生的热电势较小，对测量仪表的放大器和抗干扰能力要求很高，而且冷端温度变化的影响变得突出，增大了补偿难度，测量的灵敏度和精度都受到一定的影响。通常对 500℃ 以下的中、低温区，都使用热电阻来进行温度测量。

工业上广泛应用的热电阻温度计可测量 -200~650℃ 范围内的液体、气体、蒸汽及固体表面的温度，其测量精度高，性能稳定，不需要进行冷端温度补偿，便于多点测量和远距离传送、记录。

热电阻温度计由热电阻温度传感器、连接导线及显示仪表组成，如图 2-20 所示。与热电偶温度计一样，热电阻温度传感器的输出信号也便于远距离显示或传送。火电厂中，500℃ 以下的温度测点，如锅炉给水、排烟、热空气温度以及转动机械轴承温度，一般多采用电阻温度计测量。

（一）热电阻测温原理

热电阻温度计是利用金属导体或半导体电阻值随其本身温度变化而变化的热电阻效应实施温度测量的，利用热电阻效应制成对温度敏感的热电阻元件。实验证明，大多数金属电阻当温度上升 1℃ 时，其电阻值大约增大 $0.4\% \sim 0.6\%$；而半导体电阻当温度上升 1℃ 时，电阻值下降 $3\% \sim 6\%$。常将金属电阻元件称为热电阻，而将半导体电阻元件称为热敏电阻。

金属导体电阻与温度的关系一般是非线性的，在温度变化不大的范围内可近似表示为

$$R_t = R_{t0}[1 + \alpha(t - t_0)]$$

式中　R_t，R_{t0} ——温度为 t 和 t_0 时的电阻值，Ω；

　　　　α ——温度在 $t_0 \sim t$ 范围内金属导体的电阻温度系数，即温度每升高 1℃ 时的电阻相对变化量，单位是 1/℃，由于一般金属材料的电阻与温度关系并非线性，故

α 值也随温度而变化，并非常数。

当金属热电阻在温度 t_0 时的电阻值 R_{t0} 和电阻温度系数 α 都已知时，只要测量出电阻 R_t 就可得知被测温度的高低。

半导体热敏电阻具有负的电阻温度系数 α，比金属导体热电阻值大、电阻率高、热容量小，但电阻温度特性非线性严重，常作为仪器仪表中的温度补偿元件用。其测量范围一般为 $-100 \sim 300℃$。

（二）常用的金属热电阻

一般对测温金属热电阻的要求如下。

①电阻温度系数 α 大，即灵敏度高。

②物理化学性质稳定，以能长时期适应较恶劣的测温环境。

③电阻率要大，以使电阻体积较小，减小测温的热惯性。

④电阻-温度关系近似于线性关系。

⑤工艺性好，便于复制，价格低廉。

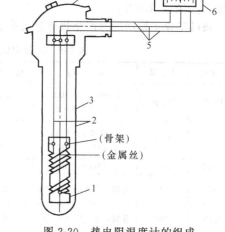

图 2-20 热电阻温度计的组成
1—感温元件（电阻体）；2—引出线；3—保护套管；4—接线盒；5—连接导线；6—显示仪表

电阻温度系数的数值受金属热电阻材料的纯度的影响，材料越纯，α 越大，因此通常用纯金属丝来绕制热电阻。一般常以 100℃ 及 0℃ 时的电阻比 R_{100}/R_0 来表示材料纯度。

目前，金属热电阻使用的材料有铜、铂、镍、铁等，其中因铁、镍提纯较困难，其电阻与温度的关系曲线也不很平滑，所以实际应用最广的只有铜、铂两种材料，并已列入标准化生产。

1. 铂热电阻

铂热电阻由纯铂电阻丝绕制而成，其使用温度范围为 $-200 \sim 650℃$。

铂热电阻的物理、化学性能稳定，抗氧化性好，测量准确度高，是目前火电厂应用较广的一种测温元件。

铂热电阻的不足之处是其电阻-温度关系线性度较差，高温下不宜在还原性介质中使用，而且价格较高。

铂在 $0 \sim 630.74℃$ 范围内的电阻-温度关系为

$$R_t = R_0(1 + At + Bt^2)$$

在 $-190 \sim 0℃$ 范围内时为

$$R_t = R_0[1 + At + Bt^2 + C(t-100)t^3]$$

式中 R_t，R_0——$t℃$ 和 0℃ 时的电阻值，Ω；

A，B，C——常数，其中 $A = 3.96847 \times 10^{-3} 1/℃$，$B = -5.847 \times 10^{-7} 1/℃^2$，$C = -4.22 \times 10^{-12} 1/℃^4$。

目前工业测温用的标准化铂热电阻，其分度号分别为 Pt50、Pt100，相应 0℃ 时的电阻值分别为 $R_0 = 50Ω$、$R_0 = 100Ω$。基准铂热电阻温度计的 R_{100}/R_0 应不小于 1.3925；一般工业用铂热电阻的 R_{100}/R_0 应不小于 1.391。纯度 $R_{100}/R_0 \geqslant 1.391$。

2. 铜热电阻

铜热电阻一般用于 $-50 \sim 150℃$ 的测温范围，其优点是电阻温度系数大，电阻值与温度基本呈线性关系，材料易加工和提纯，价格便宜；缺点是易氧化，所以只能用于不超过 150℃ 温度且无腐蚀性的介质中。铜的电阻率小，因此电阻体积较大，动态特性较差。

铜热电阻与温度的关系为

$$R_t = R_0(1 + \alpha_0 t)$$

式中 R_t，R_0——温度为 $t℃$ 和 0℃ 时的电阻值，Ω；

α_0——0℃ 下的电阻温度系数，$\alpha_0 = 4.25 \times 10^{-3} 1/℃$。

目前应用较多的两种铜热电阻分度号分别为 Cu50、Cu100，其 R_0 值分别为 50Ω 和 100Ω，纯度 $R_{100}/R_0 \geqslant 1.425$。

我国工业上使用的标准化热电阻的技术指标列于表 2-5。

表 2-5 工业用铂、铜热电阻温度计的技术指标

分度号	R_0/Ω	R_{100}/R_0	允许误差/%	准确度等级	最大允许误差/℃
Pt50	50.00	1.3910 ± 0.0007 1.3910 ± 0.001	±0.05 ±0.1	I II	I 级： $(-200\sim0) \pm (0.15+4.5\times10^{-3}t)$℃ $(0\sim500) \pm (0.15+3.0\times10^{-3}t)$℃
Pt100	100.00	1.3910 ± 0.0007 1.3910 ± 0.001	±0.05 ±0.1	I II	II 级： $(-200\sim0) \pm (0.3+6.0\times10^{-3}t)$℃
Pt300	300.00	1.3910 ± 0.001	±0.1	I	$(0\sim500) \pm (0.3+4.5\times10^{-3}t)$℃
Cu50	50	II 级：1.425 ± 0.001	±0.1	I II	I 级： $(-50\sim100) \pm (0.3+3.5\times10^{-3}t)$℃
Cu100	100	II 级：1.425 ± 0.002	±0.1	I II	II 级： $(-50\sim100) \pm (0.3+6.0\times10^{-3}t)$℃

（三）热电阻温度传感器的结构

热电阻温度传感器通常也有普通型和铠装型等结构形式。

普通型金属热电阻温度传感器一般由电阻体（电阻元件）、引线、绝缘子、保护套管及接线盒等组成，其外形与热电偶温度传感器相似，见图 2-21。

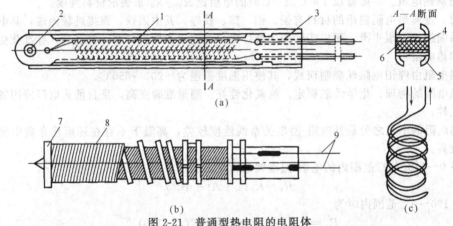

图 2-21 普通型热电阻的电阻体

（a）铂热电阻元件；（b）铜热电阻元件；（c）双线均等无感绕制示意

1—铂电阻丝；2—铆钉；3—银引出线；4—绝缘片；5—夹持片；6—骨架；

7—塑料骨架；8—铜电阻丝；9—铜引出线

图 2-21（a）、（b）分别为普通型热电阻温度传感器的电阻体。电阻体是用热电阻丝绕制在绝缘骨架上制成的。一般工业用热电阻丝，铂丝多用 $\phi0.03\sim0.07$mm 纯铂裸丝绕制在云母制成的平板骨架上。铜丝多为 $\phi0.07$mm 漆包丝或丝包线。为消除绕制电感，通常采用双线并绕（亦称无感绕制），见图 2-21（c）。绕制电阻体的骨架要有较好的耐温性、绝缘性及机械强度，膨胀系数应与热电阻丝的相近。

引线的作用是将热电阻体线端引至接线盒，以便与外部导线及显示仪表连接。引线的直径较粗，一般约为 1mm，以减小附加测量误差。引线材料最好与电阻线相同，或者引线与电阻丝的接触电势较小，以免产生附加热电势。为了节约成本，工业用铂热电阻一般用银作引线。

引线接法有两线、三线及四线几种形式（图 2-22）。三线制接法在配合电桥电路测量电阻值时，可以减小或消除因引线电阻所引起的测量误差。四线制接法通常用于标准铂电阻，用以配合电位差计测量电阻时，消除引线电阻的影响。

绝缘子、保护套管及接线盒的作用与要求以及材料选择等，均
与热电偶温度传感器件相同。

铠装型热电阻的结构及特点与铠装型热电偶相似，由引线、绝缘
粉末及保护套管整体拉制而成，在其工作端底部，装有小型热电阻体。

（四）热电阻测温系统的组成

热电阻测温系统一般由热电阻、连接导线和显示仪表等组成。
如图 2-23 所示。测温时必须注意以下问题。

①热电阻和显示仪表的分度号必须一致。

②为了消除连接导线电阻变化对测量的影响，热电阻必须采用
三线制连接。

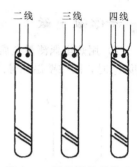

图 2-22　引线的几种接法

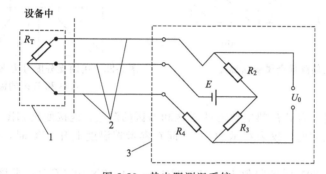

图 2-23　热电阻测温系统
1—热电阻；2—连接导线；3—信号转换单元

四、温度测量仪表的选型

在解决现场测温问题时，正确选用仪表是很重要的，一般在选用时首先要分析被测对象的
特点及状态，然后根据现有仪表的特点及其技术指标确定选用的类型。

1. 分析被测对象

①被测对象的温度变化范围及变化的快慢。

②被测对象是静止的还是运动的（移动的或转动的）。

③被测对象是液体还是固体，温度计的检测部分能否与它相接触，能否靠近，如果远离以后
辐射的能量是否足以检测。

④被测区域的温度分布是否相对稳定，要测量的是局部（点的）温度，还是某一区域（面
的）平均温度或温度分布。

⑤被测对象及其周围是否有腐蚀性气体，是否存在水蒸气、一氧化碳、二氧化碳、臭氧及烟
雾等介质；是否存在外来能源对辐射的干扰，如其他高温辐射源、日光、灯光、壁炉反射光及局
部风冷、水冷干扰等；测量的场所有无冲击、振动及电磁场的干扰等。

2. 合理选用仪表

①仪表的可能测量范围及常用测量范围。

②仪表的精确度、稳定性、变差及灵敏度等。

③仪表的防腐性、防爆性及其连续使用的期限。

④仪表的输出信号能否自动记录和远传。

⑤测温元件的体积大小和互换性。

⑥仪表的响应时间。

⑦仪表的防振、防冲击、抗干扰性能是否良好。

⑧电源电压、频率变化及环境温度的变化对仪表示值的影响程度。

⑨仪表使用是否方便，安装维护是否容易。

请你做一做

(1) 用热电偶测量金属壁面温度有两种方案，如图 2-24 所示，当热电偶具有相同的参考端温度 t_0 时，问在壁温相等的两种情况下，仪表的示值是否一样？为什么？

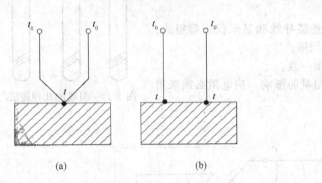

图 2-24　热电偶测量金属壁面温度

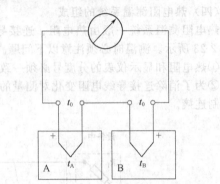

图 2-25　用两支分度号为 K 的热电偶测量
A 区和 B 区的温差

(2) 用两支分度号为 K 的热电偶测量 A 区和 B 区的温差，连接回路如图 2-25 所示。当热电偶参考端温度 t_0 为 0℃ 时，仪表指示 200℃。问在参考端温度上升 25℃ 时，仪表的指示值为多少？为什么？

(3) 某铜电阻在 20℃ 时的阻值 $R_{20} = 16.28\Omega$、$\alpha = 4.25 \times 10^{-3}℃^{-1}$，求该热电阻在 100℃ 时的阻值。

(4) 用镍铬-镍硅 K 型热电偶测炉温，当冷端温度为 35℃（且为恒定时），测出热端温度为 t 时的热电动势为 33.339mV，求炉子的真实温度。

(5) 一支镍铬-镍硅热电偶，在冷端温度为室温 25℃ 时测得的热电势为 17.537mV，试求热电偶所测的实际温度。

(6) 上网查找 5 家以上生产热电偶和热电阻的企业，列出它们所生产的热电偶型号规格，了解其特点和适用范围。

(7) 绘制热电偶和热电阻测温检测系统图和接线图。

(8) 查阅温度测量仪表产品手册，了解常用测温仪表的特点、选型原则，了解非接触式测温仪表的最新发展情况。

任务二　温度测量仪表的示值检定

任务引领

热电偶在测温过程中，工作段的高温挥发、氧化、外来腐蚀和污染作用以及高温下热电偶材料发生结晶等都会引起热电偶的热电特性发生变化，使测量误差越来越大，甚至超出允许范围。为了使温度测量有良好的准确性，热电偶不仅在使用前，而且在使用一段时间后必须定期进行检定，以确定其误差的大小。当其误差超出规定的范围时，要更换热电偶或把原来热电偶剪去一段，重新焊接，经检定后再使用。同样，热电阻在使用前和使用一段时间后，也必须定期进行检定，以确定其测量的准确性。

任务要求

(1) 知道热电偶、热电阻检定的方法。

（2）能正确操作热电偶、热电阻的常规检定。

（3）能正确操作检定的相关仪表及仪器。

任务准备

问题引导：

（1）试说明热电偶、热电阻的检定方法。

（2）热电偶检定需要哪些仪器仪表？

（3）热电阻检定需要哪些仪器仪表？

（4）试说明热电偶、热电阻检定的操作步骤。

（5）热电偶、热电阻的允许误差如何确定？

（6）如何处理热电偶、热电阻检定的数据？

任务实施

（1）教师提问题引入新课，交代任务。

（2）学生收集信息，了解知识点，做出决策。

（3）任务实施，分别对热电偶、热电阻进行检定。

（4）学生归纳并进行小组总结。

①热电偶、热电阻的检定方法。

②热电偶、热电阻各应用哪些检定仪器？

③热电偶、热电阻检定步骤。

④数据处理要点。

知识导航

一、热电偶的示值检定

1. 热电偶的检定方法

在热电偶的检定中常采用比较法。所谓比较法就是用高一级标准热电偶与被检热电偶直接比较的方法进行检定。操作时将被检热电偶和标准热电偶捆扎成束（贵金属被检热电偶不超过 5 只，廉价金属被检热电偶不超过 6 只）装入检定炉内，热电偶的测量端置于炉中心高温处。有时为了改善径向温度场，在电炉中心放一镍块（或不锈钢块）。电炉温度恒定在整百度点或锌、锑、铜 3 个检定点上。这种检定方法设备简单，操作方便，并且一次能检定多支热电偶，是最常用的检定方法。

2. 热电偶的常规检定

热电偶在安装前和使用一段时间以后，要进行检定，以确定其是否仍符合精度等级要求。

示值检定前一般先进行外观检查，热电偶热端焊点应牢固光滑，无气孔和斑点等缺陷；热电极不应变脆和有裂纹；贵金属热电偶热电极无变色等现象。外观检查无异常方可进行示值检定。

工业热电偶示值检定通常采用示值比较法，即比较标准热电偶与被校热电偶在同一温度点的热电势值。根据国家规定，各种热电偶应按表 2-6 所示规定点校验。实际校验时，设备温度应控制在 ±10℃。

表 2-6　热电偶校验温度点

热电偶名称	校验温度/℃			
铂铑$_{10}$–铂	600	800	1000	1200
镍铬–镍硅	400	600	800	1000
镍铬–考铜	300	400 或 500		600

一般高于300℃使用的热电偶，其示值比较法校验装置如图2-26所示，主要设备有标准热电偶、管式电炉、冰点槽及电位差计等。

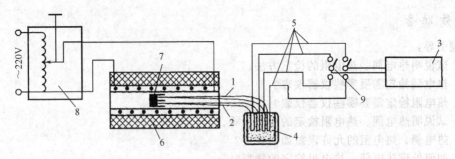

图 2-26　热电偶校验装置

1—被校热电偶；2—标准热电偶；3—电位差计；4—冰点槽；5—铜导线；6—电炉；7—镍块；

8—调压器；9—切换开关

管式电炉长一般为600mm，中间应有100mm恒温区，电炉通过调压器或自动控温装置调节温度。被校热电偶与标准热电偶的热端应插入电炉中心的恒温区。有时为了使被校及标准热电偶温度更为一致，还可以在炉中心放入一钻有孔的镍块，并将热电偶热端置于镍块孔中，热电偶冷端置于冰点槽内。调节炉温使温度达到校验点±10℃范围内，当温度变化速率小于0.2℃/min时，即可通过切换开关用电位差计测量被校及标准热电偶的热电势值。校验读数顺序为（设有3支被校热电偶）：标准→被校1→被校2→被校3→被校3→被校2→被校1→标准。

按以上顺序重复2次读数，取4次读数的平均值作为各热电偶在该温度点的测量值，然后再调节电炉温度，校验其他点。低于300℃的校验装置，加温设备通常采用恒温油浴。

得到各校验点上被校热电偶测值 E_n 及标准热电偶测量值 E_B 后，可分别由分度表查出相应的温度 t_n、t_B，则误差 Δt 为

$$\Delta t = t_n - t_B$$

误差 Δt 值符合表2-7允许误差要求的，即认为合格。

表 2-7　热电偶允许误差

热电偶 (分度号)	热电极性质		使用温度/℃				允许误差/℃
	极性	识别	长期	短期			
铂铑$_{10}$-铂 (S)	+	较硬	1300	1600	I	0~1100	±1
						1100~1600	±[1+(t−1100)×0.003]
	−	柔软			II	0~600	±1.5
						600~1600	±0.25%t
镍铬-镍硅 (K)	+	不亲磁	≤1200	≤1300	I	0~400	±1.6
						400~1100	±0.4%t
	−	稍亲磁			II	0~400	±3
						400~1300	±0.75%t
镍铬-康铜 (E)	+	色较暗	≤750	≤900	I	−40~800	±0.5 或 ±0.4%t
					II	−40~900	±2.5 或 ±0.75%t
	−	银白色			III	−200~40	±2.5 或 ±1.5%t

二、热电阻的校验

工业用热电阻的校验方法有两种。

一种是只校验0℃和100℃时的电阻值，求出电阻比 R_{100}/R_0，看是否符合热电阻技术特性的

纯度要求，称为纯度校验。

纯度校验一般采用标准状态法，即由冰点槽和水沸腾器产生 0℃ 和 100℃ 温度场，然后测量置于其中的被校热电阻阻值。

另一种是示值比较法校验，校验时采用加热恒温器作为热源，将被校热电阻与标准仪表（标准水银玻璃温度计或标准铂电阻）进行示值比较，确定误差。这种方法可以多校几个温度点，特别是 100℃ 以上的温度点。

通常情况下，对热电阻只做纯度校验。热电阻校验时，热电阻值的测量方法一般采用电位差计法。其测量设备和电路如图 2-27 所示。将被校热电阻 4、5 与标准电阻 3、毫

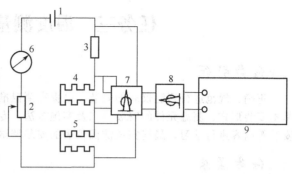

图 2-27　热电阻校验电路

1—电源；2—变阻器；3—标准电阻；4、5—被校热电阻；
6—毫安表；7、8—开关；9—电位差计

安表 6、变阻器 2 串联后接至电源 1 上，将标准电阻及被校热电阻经开关 7、8 接至电位差计 9 上，确认无误后可按以下步骤测量。

先调整变阻器 2，使毫安表 6 指示在 1mA 左右（电流不可过大，以免热电阻通电发热引起阻值增大，造成误差），电流通过标准电阻及热电阻将产生电压降。

调整好电位差计的工作电流 I，通过切换开关 7 依次测出标准电阻 R_H 和被校热电阻 R_{t1}、R_{t2} 上的电压降 U_H、U_{Rl}、U_{R2}。由于

$$U_H = IR_H, \quad U_{R1} = IR_{t1}, \quad U_{R2} = IR_{t2}$$

即

$$I = \frac{U_H}{R_H}$$

所以

$$R_{t1} = \frac{U_{R1}}{I} = \frac{U_{R1}}{U_H} R_H, \quad R_{t2} = \frac{U_{R2}}{I} = \frac{U_{R2}}{U_H} R_H$$

因为毫安表 6 的指示精确度差，故不能直接用其指示电流来计算电阻值。

用这种方法可同时校验多支热电阻，将多支热电阻串接在电路中，并采用多点切换开关切换读数。校验时，读数可按 $U_H \rightarrow U_{R1} \rightarrow U_{R2} \cdots U_{R2} \rightarrow U_{R1} \rightarrow U_H$ 顺序重复 2 次。

若做纯度校验，则要测得插入冰点槽及插入水沸腾器中的被校热电阻值（0℃ 和 100℃），计算 R_{100}/R_0 值。R_{100}/R_0 值符合表 2-8 要求的热电阻即认为是合格的。

表 2-8　常用热电阻的技术要求

分度号	0℃时电阻值	R_0 允许误差	R_{100}/R_0	R_{100}/R_0 允许误差
Pt10	10Ω	±0.012	1.3850	±0.0010
Pt100	100Ω	±0.12	1.3850	±0.010
Cu50	50Ω	±0.05	1.4280	±0.002
Cu100	100Ω	±0.10	1.4280	±0.002

◉ 请你做一做

（1）选定一普通热电偶，合理选择校验方法和校验用的标准热电偶，对普通热电偶进行示值校验，判断其是否合格。

（2）选定一普通热电阻，合理选择校验方法和校验用的标准水银温度计，对普通热电阻进行示值校验，判断其是否合格。

任务三　温度测量仪表的安装

🌑 任务引领

正确、规范进行测温仪表的安装，是提高测温准确性的基本条件之一。本任务对测温元件的基本安装形式、测温元件的安装要求及实施方法，专用测温仪表的安装、连接导线与补偿导线的安装等内容进行学习，最终完成测温仪表的安装调试任务。

🌑 任务要求

(1) 正确描述测温元件的安装形式。
(2) 能表述清楚测温元件的安装要求及实施方法。
(3) 能正确进行测温仪表的安装及调试。
(4) 能正确选用连接导线、补偿导线等辅材。

🌑 任务准备

问题引导：
(1) 测温元件的安装形式有哪些？
(2) 描述测温元件的安装要求和实施方法。
(3) 如何选用连接导线和补偿导线？
(4) 温度显示仪表如何安装？

🌑 任务实施

(1) 教师提问引入任务要求。
(2) 学生收集信息，解答问题。
(3) 学生归纳并进行小组总结。
①测温元件的安装形式。
②测温元件的安装要求及实施方法。
③温度显示仪表的安装要求。
④连接导线和补偿导线的选用。
(4) 教师点评。

🌑 知识导航

一、测温元件的安装要求及实施方法

(1) 测温元件的插入深度应满足下列要求。

①压力式温度计的温包、双金属温度计的感温元件必须全部浸入被测介质中。

②热电偶和热电阻的套管插入介质的有效深度（从管道内壁算起）：介质为高温高压主蒸汽，当管道公称通径等于或小于 250mm 时，有效深度为 70mm；当管道公称通径大于 250mm 时，有效深度为 100mm。对于管道外径等于或小于 500mm 的蒸汽、气体、液体介质，有效深度约为管道外径的 1/2；外径大于 500mm 时，有效深度为 300mm。对于烟、风及风粉混合物介质，有效深度为管道外径的 1/3～1/2。

(2) 测温元件应安装在能代表被测介质温度处，避免装在阀门、弯头以及管道和设备的死角附近。但对于压力小于或等于 1.6MPa 且直径小于 76mm 的管道，一般应装设小型测温元件，此时若测温元件较长，可加装扩大管或沿管道中心线在弯头处迎着被测介质流向插入，如图 2-28 所示。对于轴承回油温度，由于油不能充满油管，为使测温元件的感热端能全部浸入被测介质中，

除使用上述方法外，也可在测温元件的下游端加装挡板，以提高测温元件处的油位，如图 2-29 所示。

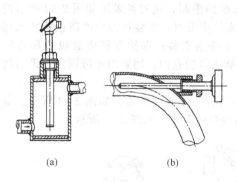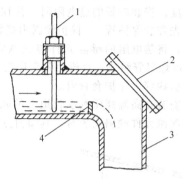

图 2-28　在小直径管道上安装测温元件
(a) 加装扩大管；(b) 装在弯头处

图 2-29　在轴承回油管道上安装测温元件示意
1—测温元件；2—观察孔；3—油管道；4—挡板

（3）当测温元件插入深度超过 1m 时，应尽可能垂直安装，否则应有防止保护套管弯曲的措施，例如加装支撑架（图 2-30）或加装保护管。

（4）在介质流速较大的低压管道或气固混合物管道上安装测温元件时，应有防止测温元件被冲击和磨损的措施（图 2-31）。例如，在锅炉烟道、送风机出口风道、汽轮机循环水管道上安装测温元件时，可加装如图 2-31（a）所示的保护管；在锅炉有钢球除灰的烟道上安装测温元件时，可加装如图 2-31（b）所示的保护角钢；在煤粉系统的气粉混合物管道上安装测温元件时，可加装如

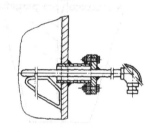

图 2-30　支撑架的安装方式

图 2-31（c）所示的可拆卸角钢或如图 2-31（d）所示的保护圆棒。对于振动较大的场合，温度计保护管内的感温元件应选用铠装热电偶或铠装热电阻。

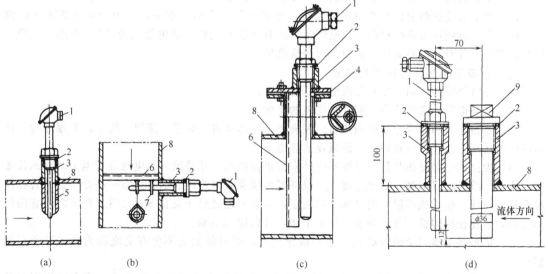

图 2-31　避免介质流体冲击的测温元件安装方式
(a) 加装保护管；(b) 加装固定角钢；(c) 加装可拆卸角钢；(d) 加装保护圆棒
1—测温元件；2—密封垫片；3—插座；4—法兰；5—保护管；6—保护角钢；7—保护环；
8—被测介质管道；9—保护圆棒

（5）测量煤粉仓温度的热电阻，插入方向应与煤粉下落方向一致，以避免煤粉的冲击，一般是在煤粉仓顶部垂直安装。由于煤粉仓很深，其插入深度可分上、中、下三种，以测量不同断面的煤粉温度。安装较长的热电阻时，往往受到空间高度的限制，这时可采用如图 2-32 所示的安装方式。先安装保护管 8，保护管露出煤粉仓混凝土面处应密封，安装过程中严防杂物落入煤粉仓；然后，将热电阻的感温元件与热电阻保护套管 6 分别安装；保护套管由数段公称直径为 15mm 的水煤气管组成，每段用接头连接，一段一段插入煤粉仓内，用紧固螺母固定；最后将感温元件及引线穿入保护套管内。

（6）安装在高温高压汽水管道上的测温元件，应与管道中心线垂直，如图 2-33 所示。低压管道上的测温元件倾斜安装时，其倾斜方向应使感温端迎向流体，如图 2-34 所示。

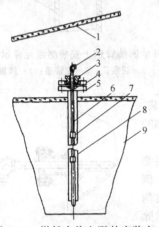

图 2-32　煤粉仓热电阻的安装方式
1—屋顶；2—热电阻；3—紧固螺母；4—紧
固法兰；5—固定法兰；6—热电阻保护套管；
7—水煤气管接头；8—保护管；9—煤粉仓

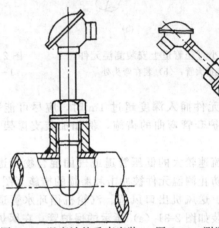

图 2-33　温度计的垂直安装　　图 2-34　测温元件的倾斜安装

（7）双金属温度计为就地指示仪表，应装在便于观察和不受机械损伤的地方。

（8）水平装设的热电偶和热电阻，其接线盒的进线口一般应朝下，以防杂物等落入接线盒内，接线后，进线口应进行封闭。热电偶在接线时应注意极性（热电阻无极性）。若必须在隐蔽处装设测温元件时，应将其接线盒引至便于检修处。

二、连接导线与补偿导线的安装

（1）注意补偿导线的分度号与极性，不能接错。

（2）线路电阻一定要符合所配二次仪表的要求。

（3）连接导线和补偿导线必须预防机械损伤，应尽量避免高温、潮湿、腐蚀性及爆炸性气体与灰尘的作用，禁止敷设在炉壁、烟道及热管道上。

（4）为保护连接导线与补偿导线不受外来的机械损伤，并消除外界电磁场对电子式显示仪表的干扰，导线应加以屏蔽，即把连接导线或补偿导线穿入钢管内。钢管还需在一处接地。管径应根据管内导线（包括绝缘层）的总截面积决定，后者不超过管子截面积的 2/3。管子之间宜用丝扣连接，禁止使用焊接。管内杂物应清洁干净，管口应无毛刺。

（5）信号线不能与交流输电线共用一根穿线管，信号线附近不应有交流动力线，以免引起感应。

（6）导线、电缆等在穿管前应检查其有无断头和绝缘性能是否达到要求。管内导线不得接头，否则应加装接线盒。补偿导线不应有中间接头。

（7）钢管的敷设应保证便于施工、维护与检修，在管路中还应合理加装接线盒，管子在转弯处的曲率半径不应小于管径的 6 倍。

（8）补偿导线最好与其他导线分开敷设，在任何地方都不允许和强电导线并排敷设。

（9）应根据管内导线芯数及其重要性，留有适当数量的备用线。

（10）配线穿管工作应选择在干燥的天气进行。穿管时，同一管内的导线必须一次穿入。同时，导线不得有曲折、迂回等情况，也不宜拉得过紧。

（11）配线及穿管工作结束后，必须进行校对与绝缘试验。在进行绝缘试验时，导线必须与仪表断开。

🔵 请你做一做

（1）根据被测温度介质的特点及状态，选择合适的测温元件，正确安装。

（2）根据被测温度对象的特点及状态，选择合适的测温元件，正确安装。

（3）根据已选的测温元件，正确选择补偿导线并接线。

任务四　温度测量仪表的检修

🔵 任务引领

当测温元件或仪表出现故障时，将影响到监视人员的正确判断以及自动控制系统的正常工作，最终导致生产过程不能正常运行，影响生产。为此，工厂一般都有巡检人员，一旦发现检测元件或仪表有故障，必须对其进行检修。

🔵 任务要求

（1）了解检修工作包含的内容。

（2）能对测温元件进行外观检查和一般性能检查。

（3）了解热电偶、热电阻常见故障。

（4）会处理热电偶、热电阻常见的故障。

🔵 任务准备

问题引导：

（1）试说明检修工作内容。

（2）热电偶、热电阻测温元件常见故障有哪些？

（3）如何处理热电偶、热电阻测温元件常见故障？

🔵 任务实施

（1）教师引导提出问题。

（2）学生收集信息、讨论解答问题。

（3）学生归纳并进行小组总结。

①检修工作内容。

②热电偶、热电阻测温元件常见故障。

③热电偶、热电阻测温元件常见故障处理方法。

（4）学生互评，教师点评。

🔵 知识导航

一、热电偶的检修

1.热电偶的检查

（1）外观检查：检查热电偶接线盒处是否良好，保护管是否弯曲或烧漏；轻轻摇动热电偶，听管内是否有异常声音。

（2）拆开检查：检查接线端子处是否潮湿、太脏、螺丝松动；将热电极从保护管中拉出，观察绝缘管是否潮湿、热电极是否有横向裂纹（劣质热电偶）或表面是否有刀砍似的小深痕（高级热电偶）；观察热电偶热接点颜色是否正常。

2. 热电偶极性判断及变质处理

热电偶的极性判断可直接用加热法来测量，即用毫伏表来测量被加热的热电偶热电势，如仪表的指示值随加热温度增加而增加，则对应的极性正确，反之则不正确。加热时可用酒精灯烧其工作端或置于热水杯中。也可不用仪器而直接判断，其判断方法见表 2-9。

表 2-9　热电偶的极性判断

热电偶类型	电极颜色		硬度比		对磁铁的作用	
	正	负	正	负	正	负
铂铑$_{10}$-铂	白	白	硬	软	不亲磁	不亲磁
镍铬-镍硅	黑褐	绿黑	稍硬	稍软	不亲磁	稍亲磁
镍铬-考铜	黑褐	白	稍硬	稍软	不亲磁	不亲磁

热电偶在长期使用过程中，其热电极会与周围介质起作用，物理性质、化学性能将发生变化；或由于机械力作用产生局部应力，使其热电特性改变，会增大测量误差。因此，热电偶使用一段时间后，必须从外观鉴别其损坏程度，损坏严重的应停止使用。

热电偶的损坏程度一般可分为轻度、中度、较严重及严重四种，可根据表 2-10 进行鉴别。

表 2-10　常用热电偶损坏程度的直观判断

变质程度	外表颜色及状况	
	铂铑$_{10}$-铂，铂铑$_{30}$-铂铑$_6$	镍铬-镍硅，镍铬-考铜
轻度	呈现灰白色，有少量光泽	有白色油沫
中度	呈现乳白色，没有光泽	有绿色泡沫
较严重	呈现黄色且有硬化	有绿色泡沫
严重	呈现黄色，变脆，出现麻面	已炭化，成槽渣

按照热电偶的损坏程度，可进行如下处理。

①普通热电偶如有轻度或中度损坏时，可将其热端剪掉一段，重新焊接起来使用；也可将热端与冷端对调后焊接使用。损坏严重时，必须更换新的。

②铂铑-铂热电偶有轻度或中度损坏时，需进行清洗和退火。

3. 热电偶常见故障处理

（1）判断热电偶回路故障的基本方法　热电偶通常是与测量仪表配套组成测量系统的，因此，故障现象往往是通过测量仪表反映出来的。这就需要首先分析故障是产生在热电偶测量回路中还是在测量仪表方面。为此，可将补偿导线与测量仪表在连接处拆开，用万用表测量热电偶回路的电阻，观察线路电阻是否正常；然后，用便携式电位差计测量热电偶的输出热电势，若输出热电势正常，则故障在测量仪表方面，若输出热电势不正常或无热电势输出，则可按故障现象分析原因，然后对热电偶及连接导线等部分进行检查和修理。

（2）热电偶常见故障原因及修理方法　热电偶常见故障原因及修理方法见表 2-11。

二、热电阻的检修

1. 热电阻的检查

检查热电阻接线盒处是否良好，保护管是否弯曲或烧漏，轻轻摇动热电阻，听管内是否有异常声音。

检查接线盒内端子处是否潮湿、太脏，螺丝是否松动；将热电阻从保护管内拉出，观察热电阻是否变色、潮湿、锈蚀、损坏；用万用表或电桥测量阻值，看是否符合当时室温下的数值，不

表 2-11 热电偶常见故障原因及修理方法

故障现象	原因分析	修理方法
热电势比实际值小（显示仪表指示偏低）	①热电偶内部电极漏电（短路） ②热电偶内部潮湿 ③热电偶接线盒内接线柱间短路，或因潮湿而短路 ④补偿导线因绝缘烧坏而短路 ⑤热电偶的电极变质 ⑥补偿导线与热电偶在型号上配接错误 ⑦补偿导线与热电偶极性接反 ⑧热电偶安装位置和插入深度不符合要求 ⑨热电偶冷端温度过高 ⑩热电偶型号与二次仪表型号不一致	①经检查若是由于潮湿所引起，则可将热电偶烘干。若是由于瓷管绝缘不良，则应予以更新 ②将热电偶保护套管和热电偶分别烘干，并检查保护套管是否有漏气、漏水现象。对于不合格的保护套管，应予以更新 ③打开接线盒，把接线板刷干净 ④将短路处重新做绝缘或更换新的补偿导线 ⑤更换热电偶 ⑥更换成同类型的补偿导线 ⑦重新接正确 ⑧改变安装位置和插入深度 ⑨热电偶的连接导线换成补偿导线，使冷端移到高温区 ⑩更改成同类型的
热电势比实际值大（显示仪表指示偏高）	①热电偶的型号与二次仪表类型不符合 ②补偿导线型号与热电偶型号不符合 ③热电极变质 ④热电偶安装位置或插入深度不当 ⑤绝缘破坏造成外电源进入热电偶回路 ⑥补偿导线与热电偶连接处两接点温度不同 ⑦有干扰信号进入 ⑧热电偶参考端温度偏高（测负温时）	①更改成同类型的 ②更改成同类型的 ③更换热电偶 ④按规定要求重新安装 ⑤修复或更换绝缘材 ⑥延长补偿导线，使两接点温度相同 ⑦检查干扰源，并予以排除 ⑧调整参考端温度或进行修正
测量仪表指示值不稳定，时有时无，时高时低	①热电极在接线处接触不良 ②热电偶有断续短路或断续接地现象 ③热电极已断或似断 ④热电偶安装不牢固，发生摆动 ⑤补偿导线有接地或断续短路现象	①重新接好 ②将热电偶的热电极从保护套管中取出，找出故障点并予以消除 ③更换新电极 ④安装牢固 ⑤找出故障点并予以消除
热电偶热电势误差大	①热电极变质 ②热电偶的安装位置与安装方法不当 ③热电偶保护套管的表面结垢过多 ④测量线路（热电偶的补偿导线）短路 ⑤热电偶回路断线 ⑥接线柱松动	①更换热电极 ②改变安装位置与安装方法 ③进行清理 ④将短路处重新更换绝缘 ⑤找到断线处，并重新连接 ⑥拧紧接线柱

符合者应予修理或更换。检查完无问题后，可进行示值检定。

2.热电阻常见故障处理

热电阻感温元件的好坏直接影响测量的结果，所以在使用前必须进行检查，经检查合格后才能对它进行校验或接入二次仪表使用。检查时，最简单的办法是将热电阻从保护管中抽出，用万用表"$R \times 1$"挡测量其电阻值。若指针指示在"∞"处，则热电阻已断路，不能使用；反之，若指示在"0"处或小于 R_0 时，则该电阻已短路，必须找出短路处进行恢复；若万用表指针指示值比 R_0 阻值高一些，则说明该热电阻完好。常见故障原因分析和修理方法见表 2-12。

表 2-12 常见故障原因分析和修理方法

故障现象	原因分析	修理方法
仪表指针比实际温度低或指示不稳定	①保护套内有水 ②接线盒上有金属屑或灰尘 ③热电阻丝之间短路或接地	①清理保护套内积水，并将潮湿部分加以干燥处理（不得用火烤） ②清除接线盒上的金属屑 ③用万用表检查热电阻短路或接地的部位，并加以消除。如热电阻短路，则应进行修复或更换

续表

故障现象	原因分析	修理方法
仪表指针指向标尺终端	热电阻断路	①用万用表检查短路部位并加以消除 ②如连接导线断开，应予以修复或更换 ③如热电阻本身断路，则应予以更换
仪表指针指向标尺始端	热电阻短路	①用完用表检查断路部位，若是热电阻短路，则修复或更换 ②重新连接好导线

请你做一做

关闭过程检测与控制情境教学实训装置中的手动阀 V06，完成对罐 03 入口介质的温度测量。具体任务包括：

①安装施工图、接线图的绘制；
②制定安装、调试工作计划及实施方案；
③测温仪表正确选型；
④检定所选择的测温仪表；
⑤完成温度测量仪表的安装与接线；
⑥进行温度检测显示系统的调试，对故障进行检查和处理。

小结

1. 热电偶

（1）热电偶测温原理：将两种不同性质的金属导体一端焊接起来，即构成一支热电偶。当热电偶的两端温度不同时，在热电偶回路中将产生热电势；如果冷端温度恒定，则热电势只与热端温度有关。因此测出热电势，即可测得热端温度。

（2）热电偶的基本定律：均质导体定律、中间导体定律和中间温度定律为制造和使用热电偶奠定了理论基础。

（3）热电偶的结构类型：有普通型热电偶（由热电极、绝缘管、保护套管及接线盒等组成）、铠装热电偶（将热电极、绝缘管和保护套管三者组合加工成一坚实整体）、热套式热电偶（用于大型机组的主蒸汽温度测量）等。

（4）热电偶的冷端温度补偿：为了减小或消除热电偶冷端温度变化对测量的影响，可采用冷端温度计算法、恒温法、补偿导线法、电桥补偿法等，对热电偶的冷端进行修正和补偿。

（5）热电偶的校验：为了保证测量准确，热电偶在使用前、使用一段时间后要进行周期性的检验。工业用热电偶的检验项目主要有外观检查和允许误差检验两项。

（6）热电偶的安装：对热电偶的安装部位及插入深度等应注意有利于测温准确、安全可靠及维修方便，而且不影响设备运行和生产操作。

（7）热电偶的检修：对热电势比实际值小、热电势比实际值大、热电势输出不稳定等故障现象出现的原因及处理措施进行分析和说明。

2. 热电阻

（1）热电阻测温原理：将热电阻插入在测温场所，被测温度变化会引起金属阻值变化，测出电阻值，便可测得温度的数值。

（2）常用热电阻：有铂电阻（分度号为 Pt50、Pt100）、铜电阻（分度号为 Cu50、Cu100）。其中铂电阻的准确度高、稳定性好、性能可靠；铜电阻的线性度好、灵敏度高，但测温上限不超过 150℃。

（3）热电组的结构类型：有普通型热电阻和铠装热电阻等。除感温元件外，热电阻的其余结构和热电偶基本相同。

　（4）热电阻的校验：一般在实验室中进行。校验方法有比较法和两点法两种。

　（5）热电阻故障原因及处理方法：对显示仪表指示值比实际值低或示值不稳、显示仪表指示无穷大、阻值与温度关系有变化、显示仪表指示负值等故障现象进行分析说明。

　（6）热电阻的选择与误差分析：热电阻的选用要根据测温范围、测温准确度、测温环境、成本等方面进行考虑。使用热电阻测温时要特别注意线路电阻的影响，因为线路电阻的变化使温度产生误差。所以必须测准导线电阻，再绕制线路调整电阻，使线路总电阻等于仪表的总电阻。

复习思考

　1. 电厂常用的测温仪表有哪些？它们的测温范围各是多少？

　2. 简述热电偶的几个重要定律，并分别说明它们的实用价值。

　3. 热电偶测温时为什么要进行冷端补偿？补偿的方法有哪些？

　4. 什么是铠装热电偶？有何优点？

　5. 某只铂铑$_{10}$-铂（S型）热电偶测温，冷端温度30℃，测得回路热电势为7.345mV，求被测介质温度。

$$E(t, 30)=7.345\text{mV} \quad E(30, 0)=0.173\text{mV}$$

根据中间温度定律

$$E(t, 0)=E(t, 30)+E(30, 0)=7.518\text{mV}$$

查表 $t=815.9$℃

　6. 热电偶测温时仪表指示偏低，试分析故障原因并阐述排除方法。

　7. 用两支分度号为K的热电偶测量A区和B区的温差，连接电路如图2-35所示。

　① 当热电偶参比端温度 t_0 为0℃时，仪表指示200℃，在参比端温度上升到25℃时，仪表指示值为多少？为什么？

　② 已知 $t_A=450$℃、$t_0=25$℃，测得温差电势 $E(t_A, t_B)=-13.711\text{mV}$，后来发现测量温度 t_B 的热电偶用了分度号为E的热电偶，其他正确，试求实际温差。

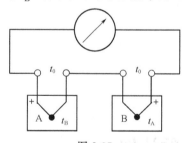

图 2-35

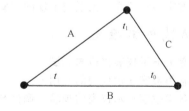

图 2-36

　8. 由三种金属材料A、B、C构成闭合回路，如图2-36所示。试证明回路中的总电势等于各分热电势之和，即 $E_{ABC}=e_{AB}(t)+e_{BC}(t_0)+e_{CA}(t_1)$ 成立。

　9. 用分度号为K的热电偶和动圈式仪表组成测温回路，把动圈式仪表的机械零位调到20℃，但热电偶的参比端温度 $t_0=55$℃，试求出仪表示值为425℃时的被测温度。

　10. 热电阻为什么一定要用三线制？如果不用三线制，对测温有什么影响？

　11. 某铜电阻在20℃时的阻值 $R_{20}=16.28\Omega$，其电阻温度系数 $\alpha=4.25\times10^{-3}$/℃，求该电阻在100℃时的阻值。

　12. 某测热电阻阻值的显示仪表是按初始阻值 $R_0=100\Omega$，电阻温度系数 $\alpha_\theta=4.28\times10^{-3}$℃$^{-1}$；但实际的 $R_0'=98.6\Omega$，电阻温度系数 $\alpha_\theta'=4.25\times10^{-3}$/℃，求仪表示值为164.27$\Omega$ 时的测温误差。

学习情境三　显示仪表的使用

🔵 学习情境描述

工艺参数的显示是工业生产过程中不可缺少的一个重要环节。测量生产过程中各个工艺参数的目的，是要让操作人员及时了解生产过程的进行情况，更好地对生产过程进行控制和管理。显示仪表是及时反映被测参数的连续变化情况，实现相关信息传递的工具。显示仪表通常以指针、字符、数字、图像等方式显示被测参数的测量值。

显示仪表直接接受检测元件及变送器或传感器的输出信号，连续地显示、记录生产过程中各个被测参数的变化情况。按显示方式不同，显示仪表分为模拟式、数字式和图像式几种。

本学习情境将完成两个学习性工作任务：

任务一　显示仪表的认知；

任务二　显示仪表的使用。

🔵 教学目标

(1) 了解各类显示仪表的基本结构和工作特点。

(2) 能按接线图正确接线。

(3) 掌握数字显示仪表、无纸记录仪的使用方法。

(4) 熟练进行数字显示仪表和无纸记录仪的校验。

🔵 本情境学习重点

(1) 盘上各类显示仪表接线。

(2) 数字显示仪表、无纸记录仪的使用。

(3) 数字显示仪表、无纸记录仪的校验。

🔵 本情境学习难点

(1) 盘上显示仪表接线与调试。

(2) 各类数字显示仪表的使用方法。

(3) 各类数字显示仪表的校验、调试与投运。

任务一　显示仪表的认知

🔵 任务引领

模拟显示仪表以指针或记录笔的位移（线位移或角位移）来模拟指示被测参数的大小及变化。这类仪表一般使用机械传动机构、磁电偏转机构或电机式伺服机构，因此，反应速度较慢，难以避免来回变差，容易造成读数多值性。但模拟显示仪表工作可靠，又能反映出被测参数的变化趋势，因此，目前工业生产中仍有大量的应用。

数字显示仪表是直接以数字形式显示被测参数值的仪表，具有反应速度快、精度高、读数直观、便于进行打印记录、方便和计算机通信等特点。因此，这类仪表得到了迅速的发展，在工业生产中被广泛应用。

图像显示仪表直接把工艺参数的变化量以文字、数字、符号和图像的形式在屏幕上进行显示。图像显示仪表是随着电子计算机的推广应用而迅速发展起来的一种新型显示设备。图像显示实质上是属于数字式显示方式，但可以模拟指针、记录笔显示，具有模拟式与数字式显示仪表两种功能，并具有存储、记忆能力，是现代自动测控系统不可缺少的终端设备。

任务要求

（1）熟悉数字显示仪表、无纸记录仪的结构、工作原理和功能特点。
（2）无纸记录仪与数字显示仪表有什么不同？

任务准备

问题引导：
（1）数字显示仪表主要由哪几部分组成？各部分的作用是什么？
（2）简述智能数字显示仪表的主要功能及特点。

任务实施

（1）通过查阅仪表使用说明书熟悉数字显示仪表和无纸记录仪的组成、功能及特点。
（2）熟悉数字显示仪表和无纸记录仪的各端子含义和接线图。

知识导航

一、模拟式显示仪表

在工业生产中，温度、压力、流量、物位、成分等被测工艺参数经过检测元件转换成与其相对应的物理量；或再经过变送器转换成统一标准信号，最后由显示仪表的指针与刻度标尺相比较指示出被测工艺参数的数值；或由记录笔在有一定标度的坐标记录纸上画出连续曲线，来显示被测工艺参数的值。这种显示方式通称为模拟式显示，相应的显示仪表则称为模拟式显示仪表。模拟式显示仪表是以仪表的指针（或记录笔）的线位移或角位移配合刻度盘的方法来模拟显示被测参数连续变化的仪表。这类仪表采用磁电偏转机构和电机伺服机构，测量速度较慢，但结构简单、工作可靠，能反映被测参数的变化趋势，所以仍在工业生产中使用。

模拟式显示仪表一般分为动圈式显示仪表和自动平衡式显示仪表两大类。

1.动圈式显示仪表

动圈式显示仪表的精度为1.0级，其结构简单、价格便宜、灵敏可靠、维修方便、体积小、重量轻，是我国中小企业广泛使用的常规仪表。

动圈式显示仪表（动圈表）可以与热电偶、热电阻、压力变送器、差压变送器及流量变送器等相配合，用来指示工业对象的温度、压力和流量等参数，也可以对直流毫伏信号进行显示。各种被测参数只要通过传感器或变送器转换成相应的电信号，就可由动圈表直接进行显示。在动圈表中增加一些附加控制电路，还可以实现报警及控制功能。动圈表外形如图3-1所示。

动圈表实际上是一种测量电流的仪表。其测量机构的核心是磁电式毫伏计，仪表指针的偏转角度与通过动圈的电流大小成正比。

动圈表按功能分为指示型和调节型两大类，其型号分别为XCZ和XCT。其中X表示显示仪表；C表示动圈式、磁电系；Z表示指示型；T表示调节型。

（1）XCZ-101型动圈指示仪 XCZ-101型动圈指示仪是与热电偶配合使用的一种动圈表。在使用时，必须注意以下几个问题。

① 考虑冷端温度补偿问题。如果只用补偿导线，则动圈表机械零点应调至室温；如果使用补偿导线和补偿电桥，则其机械零位调至补偿电桥平衡时的温度。

② 动圈表面板上标注的分度号必须与热电偶及补偿导线的分度号相一致，否则将产生极大的人为误差。

图 3-1　动圈式显示仪表

图 3-2　自动平衡式显示仪表

③ 动圈表不用时，应将其"1"、"4"端子短接，目的是增大阻尼，以防仪表在搬动过程中，动圈转动时，指针晃动而损坏仪表。使用时将短路线断开。

④ 正确使用外接调整电阻。在动圈仪表安装位置不变的情况下，每安装一次测温元件，都要重新调整一次外接调整电阻的数值，使动圈表外部电阻之和保持为 15Ω。

(2) XCZ-102 动圈指示仪　XCZ-102 型动圈指示仪是与热电阻配合使用的动圈表。由于动圈表要求输入的是毫伏信号，当配接热电阻测温时，必须通过不平衡电桥测量线路将热电阻阻值随温度的变化转换成毫伏信号的变化，再与动圈表表头相配合，指示出被测温度。所以，XCZ-102 型动圈表与 XCZ-101 型动圈表的表头结构相同，而测量线路不同。

热电阻在使用时，必须采用三线制连接，每根连接导线电阻规定为 5Ω，不足 5Ω 时通过调整电阻补足，调整阻值应精确到（5±0.01）Ω。

同样，XCZ-102 型动圈表与热电阻配用时，两者分度号应一致；动圈表不用时，"1"、"4"端子应短接。

2. 自动平衡式显示仪表

动圈表虽然结构简单、易于安装维护，但其精度低，可动部分易损坏，怕振动，阻尼时间较长，不便实现自动记录，不宜用于精密测量与控制。而自动平衡式显示仪表克服了上述缺点，可以对微弱的信号进行准确、快速的测量，测量精度高，可以自动记录。

自动平衡式显示仪表一般由测量线路、放大器、可逆电机、指示记录机构、传动结构、同步电动机、稳压电源等部分组成，主要用于电势和电阻信号的测量，与其他各种传感器或变送器配套，用于显示、记录各种参数。如与电量变送器配套后，可测量电压、电流、功率、频率等，与热电偶、热电阻或其他温度、压力、流量、物位、分析仪表配合，能显示、记录相应的参数。有的还附加一些积算、报警、程序控制和调节功能。

测量线路接受来自检测仪表的信号，驱动可逆电机转动，它一方面带动测量线路中的平衡机构重新平衡，另一方面带动指示和记录机构进行显示记录。自动平衡式显示仪表如图 3-2 所示。

自动平衡式显示仪表按测量线路的不同，分为电子电位差计和电子平衡电桥两种。

(1) 电子电位差计　电子电位差计是用来测量毫伏级电压信号的显示记录仪表，可以和热电偶配套使用测量温度，也可以测量其他能转换成电压信号的各种工艺参数。与热电偶配用时，可根据标尺上指针或记录笔的位置读得测量结果，从而实现对温度的自动连续的检测、显示和记录。

电子电位差计根据电压平衡原理工作，如图 3-3（a）所示。将待测电势与已知标准电势相比较，当两者差值为零时，被测电势就等于已知的标准电势。其工作原理相当于用天平称物体的重量。

电子电位差计的标准电势由测量桥路产生，测量桥路必须为不平衡电桥，否则无法进行测量。

电子电位差计本身带有冷端补偿电阻，所以热电偶配用电子电位差计时，只需使用补偿导线，而无需采用其他补偿方式。

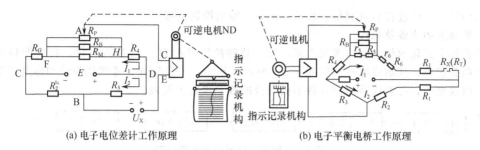

(a) 电子电位差计工作原理　　　　　　　　(b) 电子平衡电桥工作原理

图 3-3　自动平衡显示仪表工作原理图

使用电子电位差计测温时，应注意其分度号应与热电偶及补偿导线的分度号相一致，并要注意连接极性。

电子电位差计的型号用 XW 系列来命名，其中 X 表示显示仪表，W 表示直流电位差计。XW系列有许多品种，有条形指示仪、圆图记录仪、大型长图记录仪、小型长图记录仪、小型圆标尺指示仪等。

（2）电子平衡电桥　电子平衡电桥通常与热电阻配用来测量、指示和记录温度，也可以与其他电阻型变送器配用，测量、显示、记录与之相对应的工艺参数。其灵敏度和精度较高，应用十分广泛。

电子平衡电桥是根据电桥平衡原理工作的，如图 3-3（b）所示，测量桥路为平衡电桥。当温度变化时，对应的热电阻阻值发生变化，原有电桥失去平衡，通过自动调整，可使电桥重新处于平衡状态，利用平衡电桥测出热电阻的变化，就能测出待测温度。

电子平衡电桥与热电阻也采用三线制连接，热电阻与桥臂相连的两根连接导线的阻值应为 2.5Ω，不足 2.5Ω 时，可以通过调整电阻进行补足。

电子平衡电桥的基本结构与电子电位差计相比，除感温元件和测量桥路不同外，其他组成部分完全一样，大部分零部件都完全通用，甚至连整个仪表的外壳形状及尺寸大小都一样。

同样，电子平衡电桥在使用时，其分度号应与所用热电阻的分度号相一致。

电子平衡电桥有直流电桥和交流电桥两种。直流电桥的型号是 XQ 系列，交流电桥的型号是 XD 系列。

二、数字显示仪表

数字显示仪表（数显表）是采用数码技术，把与被测变量成一定函数关系的连续变化的模拟量变换成断续的数字量来显示的仪表。这类仪表机械结构简单、电路结构复杂、测量速度快、精度高、读数直观，便于进行数值控制和数字打印，也便于和计算机联用。所以，数字式显示仪表得到了广泛应用。

数字式显示仪表和模拟式显示仪表一样，与各种传感器或变送器配套后，可用来显示温度、压力、流量、物位、成分等不同的参数。

1. 数显表的特点及基本功能

（1）数字式显示仪表的特点

①结构紧凑，测量精度高、灵敏度高。

②测量速度快，从每秒几十次到每秒上百万次。

③数字显示，读数清晰、直观、准确、方便，可以方便地实现多点测量。

④便于与计算机联用。

（2）数字式显示仪表的基本功能　数字式显示仪表具有以下基本功能。

①输入信号一般为电压、电流或频率脉冲信号及开关信号等。

②以 0～9 数字形式及其单位符号显示被测参数的测量值。

③可对被测参数自动测量和显示，可对被测参数设定报警，当被测参数达到设定值时可输

出控制信号，并可进行多点测量、显示、报警、输出控制信号。

2. 数显表的构成及原理

普通数字式显示仪表由前置放大器、模，数转换器（A/D）、非线性补偿、标度变换和显示装置等部分组成，其组成原理框图如图 3-4 所示。其中，A/D 转换、非线性补偿和标度变换的顺序是可以改变的，可组成适用于各种不同场合的数字式显示仪表。

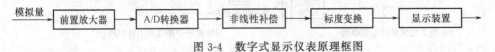

图 3-4 数字式显示仪表原理框图

由检测单元送来的信号先经变送器转换成电信号，由于信号较弱，通常需进行前置放大后才能进行 A/D 转换，把连续变化的模拟信号转换成断续变化的数字量，然后经非线性补偿、标度变换后，最后送入计数器计数并显示；同时，还可送往报警系统和打印机构，需要时也可把数字量输出，供其他计算单元使用；它还可与单回路数字调节器或计算机配套做定值控制等。

（1）A/D 转换　A/D 转换是数字式显示仪表的核心部分，其任务是将连续变化的模拟量转换成与其成比例的、断续变化的数字量，以便进行数字显示。要完成这一任务，必须用一定的计量单位使连续量整量化，才能得到近似的数字量。数字量的计量单位越小，同一模拟量转换的单位数字量越多，则断续的数字量越接近连续的模拟量，整量化的误差也就越小，转换精度越高。

常用的 A/D 转换器有双积分型（双斜率型）和逐次比较型。

其中，双积分型 A/D 转换器的工作原理是将一段时间内输入的电模拟量通过两次积分，变换成与其平均值成正比的时间间隔，然后由脉冲发生器和计数器来测量此时间间隔而得到数字量。它属于间接法测量，即电模拟量不是直接转换成数字量，而是首先转换成时间间隔这一中间量，再由中间量转换成数字量。

而逐次比较型 A/D 转换器为直接法测量，它是基于电位差计的电压比较原理（相当于用天平称重），用一个标准的可调电压与被测电压进行逐次比较，不断逼近，最后达到一致。当两者一致时，已知标准电压的大小，就表示了被测电压的大小，再将这个和被测电压相平衡的标准电压以二进制形式输出，就实现了 A/D 转换。

（2）非线性补偿　非线性补偿是为了使仪表显示的数字与被测参数成对应的比例关系而采取的各种补偿措施。因为大多数检测元件和传感器都存在着输入输出的非线性特性，在测量电路中，也往往存在着非线性元件或非线性转换，所以为了使仪表的输出与被测参数一一对应，在数字式显示仪表内一般都有非线性补偿环节。目前常用的方法有模拟式非线性补偿、非线性模/数转换补偿法、数字式非线性补偿法等。如检测元件或变送器的输入输出线性关系很好，或是对仪表的精度要求不高，非线性补偿环节也可省略。

（3）标度变换　标度变换的实质就是量程变换，它使仪表的显示数字能直接表征被测参数的工程量，即直接显示多少温度、压力、流量或液位，所以是一个量纲的还原。因为测量值与工程值之间往往存在一定的比例关系，测量值必须乘上某一常数，才能转换成数字式仪表所能直接显示的工程值。标度变换可以在模拟部分进行，也可以在数字部分进行。

（4）显示装置　数字显示装置通过计数器对所接受的脉冲信号进行计数，再经译码器等，将被测量结果用十进制数显示出来，以便操作人员能直接精确地读取所需的数据。常用数字显示器有辉光数码管显示器、发光二极管显示器、液晶显示器等。

随着现代工业控制技术的飞跃发展和新技术、新工艺的不断应用，以 CPU 为核心的新型显示仪表——智能化显示仪表已经越来越广泛地应用于各行各业。智能显示仪表包括智能数显表和图像显示仪表，后者常称为无纸记录仪或电子记录仪。无纸记录仪就是直接把工艺参数的变化量，以文字、图形、曲线、字符等多种方式在屏幕上进行显示的仪表。这类仪表是随着电子计算机的应用而发展起来的一种新型显示仪表，兼有模拟式显示仪表和数字式显示仪表的功能，并具有计算机大存储量的记忆能力与快速性功能，是现代计算机不可缺少的终端设备，也是计

图 3-5　智能显示仪表

算机综合集中控制不可缺少的显示装置。如图 3-5 所示。

（三）火电厂计算机监视系统认知

当前火电厂的测量参数的显示，主要是通过计算机屏幕进行。因此，测量系统的组成也发生了相应的变化，几乎所有参数的检测都纳入了计算机数据采集系统（DAS）。

数据采集系统的主要功能如下。

1. 数据采集与显示

（1）数据采集　生产过程的各种变量，如温度、压力、流量等称为模拟量；而设备状态，如泵、风机的启/停，阀门、挡板的开/关称为开关量。数据采集系统的数据采集是通过各种测量元件、变送器、开关接点、继电器等将模拟量和开关量信号引入计算机系统。对于模拟量中的温度信号，通常直接由测温元件引入计算机系统，这些测温元件通常为热电偶或热电阻；压力、流量、差压以及其他非电量的测量，通常要通过变送器，将过程变量转换成标准的电信号，如 4～20mA DC、0～10mA DC、0～20mA DC、1～5V DC、0～5V DC 等，其中 4～20mA DC 为变送器输出的国际通用标准信号。

对于一台大型火电机组来说，数据采集系统所要采集的数据面广而量大。一台 600MW 机组所要采集的模拟量和开关量的数据总和达 4000～6000 点，甚至更多，这些数据的测点分布在电厂的各个部位，仅主厂房内距集控室也常常有数百米的距离。数据采集通常有两种方法：一是将就地测量的测温元件、变送器、开关接点等用电缆引到电子设备间 DAS 系统的机柜内集中处理，I/O 卡件可有较好的工作环境，对系统的通信、扩展、接地和屏蔽等方面较为有利，为目前大多数大型分散控制系统（包含 DAS 系统）所采用，其缺点是需耗用大量的电缆；另一种方法是采用智能测量前端，智能测量前端可安装在环境条件恶劣的现场，由它们将现场的模拟量和开关量直接转换为数字信息，采用数字通信与远方的主机进行通信联系以构成 DAS 系统，目前已有分散控制系统将集中 I/O 模件和远程智能 I/O 前端结合起来应用，这种形式的应用既有 DAS 系统成熟的软件体系，又可根据现场分散设备的具体情况灵活配置远程智能 I/O 前端，这样可将远程智能 I/O 前端的应用范围扩大到大型火电机组。

（2）CRT 屏幕显示　CRT 屏幕显示的画面种类有以下几种。

①模拟图：用不同画面分别表示机组概貌和锅炉、汽轮机、发电机、厂用电等各局部工艺系统的流程，画面内辅以模拟、开关等参数，如流量、压力、温度、调节阀门开度等模拟量参数，辅机的启/停状态，阀门挡板的开/关状态等开关量信号。图 3-6 为某电厂操作员站的监控系统画面。

②棒状图：将同类参数用水平或垂直棒图排列在一起，形象地显示数值大小和越限情况。

③曲线图：可显示趋势曲线、历史曲线和机组启、停曲线等。

④相关图：以任一主要参数为中心，与若干与其相关的参数组成一幅画面，以便于对主要参数的综合监视和分析。

⑤成组显示：可从所有模拟量中任选若干个参数组成一幅画面，显示内容包括点号、名称、参数值、越限情况或成组开关量信息。

⑥检索类画面：包括标号检索、目录检索、模拟量报警及切除一览、开关量跳变等。

⑦报警类画面：当有报警产生时，相应的报警组在 CRT 画面上闪光，并有声音报警，报警

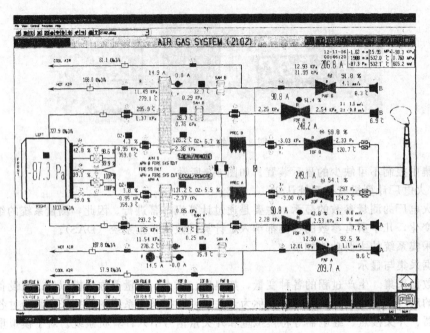

图 3-6　火电厂操作员站监控画面

确认后，闪光变为平光。

⑧模拟量控制画面：一幅画面显示一个或数个控制回路的变量、定值、输出以及控制回路的手动/自动状态切换和增/减操作。

⑨开关量控制画面：一幅画面显示一个或一组设备的启/停或开/关允许条件、启/停或开/关的操作及其状态。

⑩诊断显示：诊断显示包含了系统和子系统一级的信息，这些信息使操作者了解到可测故障的情况、可监视系统状态和一些性能指标等。从系统状态（system status）显示图上可方便地得到各子系统的工作状态。进入子系统状态（subsystem status）显示后，可进一步观察子系统的状态显示和诊断结果。故障以代码和简单说明的形式出现。如进入此显示中的 I/O 状态显示，还可得到各通道信息的标签（tag）。诊断信息（dignostic messages）画面反映了子系统的类型和状态、故障（事件）发生时间、单位时间内故障的次数、事件描述、类型等。系统性能（system performance）显示画面反映了 CPU 负荷率（包括现行值、平均值和最大值）、存储器利用率等，画面用数字或棒状图显示。

（3）CRT 显示画面的调用　一台大型火电机组有几百幅画面，例如一台 600MW 机组一般有 300 多幅。为了能在如此多的画面中尽快调用出所需的画面，通常设计了横向及纵向调用图，形成了一种倒"树"状结构。对于一般的画面，要求按键次数不超过 3 次；重要画面的调用，要求按键次数在 1~2 次。

2.在线性能计算

在线性能计算主要是定时进行经济指标计算，如锅炉效率、汽轮机效率、热耗、煤耗、厂用电率、补给水率等的计算，此外也包括二次参数计算；对来自 I/O 过程通道的信息进行二次计算，包括补偿计算，变化率、累计值、平均值、差值、平方根、最大值、最小值等的计算。在线性能计算的关键是要给出正确、合理的计算公式和可靠的现场测量数据。例如，600MW 机组的性能计算主要有六项。

①汽轮机效率：对高压缸、中压缸、低压缸分别计算热效率。

②锅炉效率：用热损失法和输入输出法两种方法计算。

③凝汽器性能：计算理想传热系数、实际传热系数以及两者的比值。

④给水加热器效率：主要计算三台高压加热器的端差、冷端温差、温升。

⑤预热器效率：计算总效率，以实际效率与理想效率之比表示。

⑥机组质量与能量平衡：计算汽耗、热耗、流量、机组热效率等。

3. 制表打印

制表打印一般分为定时制表打印和随机召唤打印两种，打印格式与方式可按用户要求编制。

（1）定时打印　分值（班）报表、日报表等，分别在每值（班）、每日的终了时，对预定的参数按小时测量值及平均值、累计值一次性打印。根据运行人员的需要，也可随时人工召唤上述制表的全天追补打印和即时制表打印。制表数据可以保留数天，像月报表和年报表这类长时间的报表，参数的采集、平均值、累计值等数量十分巨大，一般计算机内存容量不能满足，需有大容量的外存设备，如硬盘、光盘等。

（2）随机打印

①报警打印：参数越限及复位时，自动打印记录其点号、名称、参数实际值和相应的限值，以及越限和复位时间。报警打印也可由人工召唤打印。

②开关量变态打印：周期型开关状态变化时，能自动（或人工召唤）打印其点号、名称及操作性质和时间。

③事件顺序记录：当中断型开关动作时，按动作时间先后次序自动打印其点号、名称、动作性质和时间，时间分辨率达 1～3ms。大机组通常有 128 点或 256 点，如果 DAS 系统计算机的时间分辨率达不到 1～3ms 的指标，需另配置事件顺序记录仪（SOE）。

④事故追忆打印：对引起机组跳闸的事故，将事故发生前若干分钟（通常为 5～15min）及事故后若干分钟（通常为 5～15min），按一定的时间间隔（通常 10～20s）对指定的若干个参数变化值进行打印。

⑤CRT 屏幕显示拷贝：CRT 上显示的画面，包括模拟图、曲线及各种表格、参数等均可通过运行人员照原样拷贝（打印）下来。

4. 报警

参数越限或运行辅机跳闸需报警引起运行人员的注意，以对其及时调整，保证机组的安全运行。将实际测量得到的数值与设定的上、下报警限值比较，如超过，则报警，在 CRT 上的现时报警显示并发出声响，点标号闪光。当运行人员确认后，闪光停止。参数返回到正常值时，报警显示中原报警消失。鉴于报警的紧急程度和后果的严重程度不同，需对报警进行分类管理。

①调用报警汇总表。

②调用报警级别组。

③操作员动作请求。操作员动作请求报警确切地讲应为提醒。该项为提醒运行人员进行数据的存储，当硬盘某区储入数据已满时，则自动发出请求报警，请求操作人员将数据从硬盘存至软盘，然后空出该区继续存入数据。

请你做一做

（1）观察无纸记录仪显示过程检测与控制情境教学实训装置中的罐 03 水位、管道 1 的流量和泵 01 的出口压力。

（2）使用数字显示仪表显示管道 2 的流量。

任务二　显示仪表的使用

任务引领

在职业能力的指导下，基于工作过程，以行动导向为原则，以任务引领的方式，从对实训装置的台、盘上显示仪表的使用出发，按照工作行动的步序，依次进行 WP-80 数字显示仪表的使用、WP 无纸记录仪的使用等工作内容的学习，完成各种数字显示仪表的接线、参数设置、调试与故障排除任务。

任务要求

(1) 掌握各种数字显示仪表、无纸记录仪的基本操作方法。
(2) 无纸记录仪配热电偶时如何调整冷端温度？
(3) 掌握数字显示仪表、无纸记录仪的安装与调试方法。
(4) 合理选择校验方法和校验设备并熟练操作。

任务准备

问题引导：
(1) 某测温系统变送器输出 0～10mA 的直流电流信号，现要求显示仪表具有指示和记录功能。如果只有配 K 分度号热电偶的电子电位差计，试问是否可用？若可用，应采取什么措施？
(2) 什么是无纸记录仪？它有哪几种组态方式？
(3) 数字显示仪表、无纸记录仪如何校验？需提供哪些校验设备？

任务实施

(1) 简单操作数字显示仪表和无纸记录仪，操作内容如下。
①数字显示仪表的操作：接线；参数设置；显示实训装置中管道 1 入口流量。
②无纸记录仪的操作：接线；参数设置；同时显示实训装置中管道 1、管道 2、管道 3 流量和罐 03 的液位。
(2) 选择校验方法和校验设备，对数字显示仪表、无纸记录仪进行校验。

知识导航

一、WP-80 数字显示仪表的使用

（一）WP-80 仪表概述

1. 面板示意（图 3-7）

第一路第一报警　　　　　　　　　　　　　　第二路第一报警
第一路第二报警　　　　　　　　　　　　　　第二路第二报警

参数键　减　增　　复位键
　　　　少　加

图 3-7　面板示意

2. 仪表接线（图 3-8）

3. 仪表的自检

仪表在投入电源后先进行自检（图 3-9），可确认仪表设备号及版本号。自检完毕后，仪表自动转入工作状态，数字显示当前测量值。如要求再次自检，可按一下面板右下方的复位键，仪表将重新进入自检状态。

4. 仪表参数的设定

(1) 一级参数的设定　一级参数主要有报警上限值 AL1、下限值 AL2、上限回差值 AH1、下限回差值 AH2 等。方法：按住 SET 键，显示 SLK，再按 1 次显示"0000"，再按 1 次……根据提示进行。

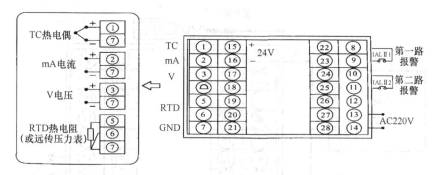

图 3-8　仪表接线

（2）二级参数的设定　二级参数主要有检测元件型号（K、Pt 等）、零点迁移值（PB1、PB2）、量程值（SLL、SLH）、比例系数（KK1、KK2）等。方法：同上操作，当仪表窗口显示 CLK 的设定值 0000 时调整 ▲ 键使之为"0132"的状态下，同时按下 SET 键和 ▲ 键 5s，仪表进入二级参数设定状态，每按 SET 键一次，即进行一项参数的设定。参数说明表、设定表及分度号设定参数请查阅该表说明书。

5.仪表主要技术参数

测量精度：0.5％FS+1 字。

显示方式：-1999～9999 数字显示。

控制报警：可选择 1～2 路上下限值报警，LED指示。

控制方式：为继电器 ON/OFF 带回差（用户可自由设定）。

温度补偿：0～50 数字式温度自动补偿。

保护方式：输入回路断线报警（热电偶或电阻输入时），输入超限报警。

图 3-9　仪表的自检

（二）WP-80 数字显示仪表校验

1.校验用仪器、仪表

①手动电位差计：一台。

②标准电阻箱：一台。

③标准电流表：一台。

④精密温度计：一支。

⑤信号发器：一台。

2.配接 K 型热电偶校验

（1）参数设定说明

· 分度号（若设置为 2 则为 K 型热电偶）；

· 小数点 SL1（0～3 可选）；

· 量程下限 SLL（待调）；

· 量程上限 SLH（待调）；

· 零点迁移 PB1（待调）；

· 量程比例 KK1（待调）。

说明：KK1＝预定量程/显示量程×原 KK1；PB1＝预定量程下限－显示量程下限×KK1＋

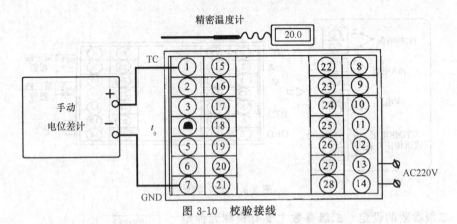

图 3-10　校验接线

原 PB1。

（2）校验接线（图 3-10）

（3）校验步骤

①图 3-10 中接线，注意正负极性，电源引入线应注意端子位置并接牢固。

②仪器仪表状态检查应符合要求；电位差计挡位及旋钮应在调整好的位置。

③经指导教师允许后上电。仪表进行自检，观察仪表指示。自检结束后仪表即指示被测温度值。

④仪表零点的检查。因该仪表后面自带冷端补偿，先去掉冷端补偿功能，将冷端比例系数 KK2 由"1.000"调为"0.000"，将输入回路用短接线临时短接一下，仪表复位后观察仪表指示应为"0000"，如果不为零，例如仪表指示为"-0005"时，则记取该下限显示值。

⑤量程的检查。数字表的预定量程应根据现场使用要求及选择的热电偶型号设置，例如测炉温时，选用 K 型热电偶，可确定量程范围为 0～1300℃，查得分度表 K 热电偶 1300℃的毫伏信号为 52.37mV，其中，0～1300℃称为仪表"预定量程"，0～52.37mV 称为仪表预定的电气量程，调整电位差计使其输出到 52.37mV（电气量程），则数字仪表应显示"1300"（℃）。如果不等，假定显示"1078"（℃），该值称为"显示量程"。

⑥表量程及零点的调整。

量程：确定放大系数 KK1，KK1＝预定量程/显示量程×原 KK1＝（1300－0）/［1078－（－5）］×1＝1300/1083≈1.2。

零点：确定零点迁移量，PB1＝预定量程下限－显示量程下限×KK1＋原 PB1＝0－（－5）×1.2＋0＝6。

⑦冷端补偿功能的调整。将冷端比例系数 KK2 恢复到 1.000 值，短接输入回路，仪表指示值应为环境温度，假定显示"0015"（℃），而用精密温度计测的环境温度为 21℃，则说明仪表冷端的零点迁移量 PB2 与冷端比例系数 KK2 不正确，应进行重新设置。设置时需测出数字仪表"显示量程"的数据。根据仪表的技术指标，其有效补偿范围为 0～50℃，因此，冷端补偿零点的显示值应在"0℃"温场下测出，冷端补偿的量程显示值应在"50℃"温场下获得。当仪表"显示量程"数据测出后，可按下述公式计算。

$$KK2＝预定量程/显示量程×原 KK2＝（50－0）/（t_1－t_0）×1$$

式中　t_1——仪表在 50℃温场下显示数据；

　　　t_0——仪表在 0℃温场下现实的数据。

为简化实训，考虑到仪表一般工作在常温下，在仪表误差允许范围内，这里只进行定温近似修正。方法如下：修正 PB2 值，如 PB2＝21－15＝6；或修正 KK2 值，KK2＝21/15＝1.4。

⑧表的开路试验。将输入回路开路，仪表应断偶报警，闪动指示"-H-"。

⑨仪表的示值校验。确定 K 型热电偶校验点：环境温度点至 1300℃之间均布 3 点。例如选

定 300、600、900 校验点，可用手动电位差计测得毫伏电压值 e_b（300，e_t），e_b（600，e_t），e_b（900，e_t），其误差为

$$\delta = 测量值 - 真实值 = e_f - (e_b + e_t)$$

式中 δ——仪表示值绝对误差；

e_f——分度表毫伏值（代表理想测量值）；

e_b——电位差计毫伏值（e_b 标准表读数，代表真实值1）；

e_t——环温毫伏值（标准温度计温度反查的分度值，代表真实值2）。

⑩仪表的报警试验。分别用设置一级参数的方法设置仪表上限 900℃、回差 20℃、下限 300℃、回差 10℃ 的值并进行试验，应符合要求。

⑪认真做好记录并计算误差值（表 3-1）。

表 3-1 配接热电偶校验记录表

序号	被校点/℃	e_f/mV	环温 e_t/mV	标准表读数 e_b/mV	绝对误差 δ
1					
2					
3					
4					
5					

允许误差 _____

基本误差 _____

结论 _____

3. 配接 Pt100 热电阻校验

(1) 参数设定说明

• 分度号（若设置为 8 为 Pt100 型热电阻）；

• 小数点 SL1（0~3 可选）；

• 量程下限 SLL（待调）；

• 量程上限 SLH（待调）；

• 零点迁移 PB1（待调）；

• 量程比例 KK1（待调）；

说明：KK1=预定量程/显示量程×原 KK1，PB1=预定量程下限－显示量程下限×KK1+原 PB1。

(2) 校验接线（图 3-11）

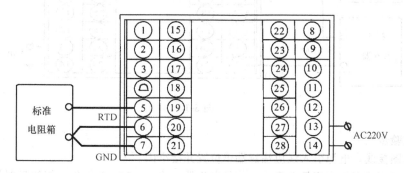

图 3-11 校验接线

(3) 校验步骤

①按图 3-11 接线，电源引入线应注意端子位置并接牢固。

②仪器仪表状态检查应符合要求；标准电阻箱应在100Ω挡位。

③经指导教师允许后上电，仪表进行自检，观察仪表指示。

④仪表零点检查：自检结束后仪表应指示"0000"，否则记取该下限显示值。

⑤仪表量程检查：查 Pt100 分度表 500℃ 电阻值 R_t，调电阻箱旋钮至 R_t 值，此时数字表显示值应为"500"，否则记取该上限显示值。

⑥仪表量程及零点的调整：重新进行 PB1 和 KK1 的设置。

⑦确定 Pt100 型热电阻校验点：0～500℃ 之间均布 3 点。

⑧认真做好记录并计算误差值（表 3-2）。

表 3-2　配接热电阻校验记录表

序号	被校点/℃	分度阻值 R_t/Ω	标准电阻箱读数 R_b/Ω	示值绝对误差 δ
1				
2				
3				
4				
5				

允许误差 _____

基本误差 _____

结论 _____

4. 配接 4～20mA 变送器校验

（1）参数设定说明

· 分度号 SLO（设置为 12）；

· 量程下限 SLL（待调）；

· 量程上限 SLH（待调）；

· 零点迁移 PB1（待调）；

· 量程比例 KK1（待调）；

说明：KK1＝预定量程/显示量程×原 KK1，PB1＝预定量程下限－显示量程下限×KK1＋原 PB1。

（2）校验接线（图 3-12）

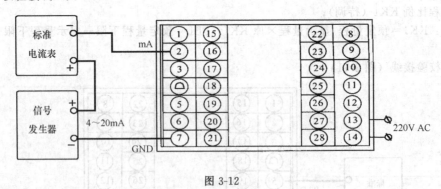

图 3-12

（3）校验步骤

①按上图接线，电源引入线应注意端子位置并接牢固。

②仪器仪表状态检查应符合要求：信号发生器应在 0～20mA 挡位，旋钮反时针调到零；标准电流表应调整好挡位和机械零点。

③经指导教师允许后上电，仪表进行自检，观察仪表指示。

④仪表零点检查：调整信号发生器电流值使标准电流表指示 4mA，数字仪表应指示

"0000"，否则记取仪表该下限显示值。

　　⑤仪表量程检查：改变信号发生器输出的值使标准电流表指示 20mA，数字显示应为"1000"，否则记取仪表该上限显示值。

　　⑥仪表量程及零点的调整：重新进行 PB1 和 KK1 的设置。

　　⑦确定校验点：0～1000℃之间均布 3 点。

　　⑧认真做好记录并计算误差值（表3-3）。

表 3-3　配接变送器配套校验记录表

序号	被校点	电流 I_f/mA	标准电流表读数 I_b/mA	示值绝对误差 δ
1				
2				
3				
4				
5				

允许误差＿＿＿＿＿＿＿＿＿＿＿＿＿＿＿＿＿＿＿

基本误差＿＿＿＿＿＿＿＿＿＿＿＿＿＿＿＿＿＿＿

结论＿＿＿＿＿＿＿＿＿＿＿＿＿＿＿＿＿＿＿＿＿

二、WP-R301C 无纸记录仪的使用

（一）无纸记录仪概述

1.仪表前面板及后面接线（图3-13）

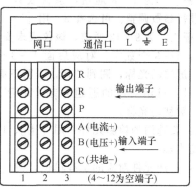

图 3-13　仪表前面板及后面接线

2.仪表主要技术参数

①显示器：图形液晶显示屏（5.4 英寸，320×240 点阵）。

②基本误差：0.2%F.S.。

③输入通道数：3 个（1～3）。

④检测类型：电流（mA）、电压（V）、热电阻（Cu、Pt）、热电偶（S、K）等。

⑤报警输出：上上限、上限、下限、下下限。

⑥记录时间：1～240s 可选。

⑦热电偶冷端补偿误差：±1℃。

⑧显示方式：数字、棒状图、实时曲线、历史曲线、报警列表。

（二）WP-R301C 无纸记录仪的校验

1.校验用仪器、仪表

①无纸记录仪：一台。

②手动电位差计：一台。

③精密温度计：一支。

④标准电阻箱：一台。

⑤标准电流表：一台。

⑥信号发生器：一台。

2. 配接 K 型热电偶校验

（1）组态的设定　先确定量程、报警值和使用的通道号（1～3）等作为已知条件，然后进行设置。下面以 1 通道接线为例，进行系统组态和模拟量设置。同时按住 □ 和 En 2s 后，进入组态参数设置状态：［密码］不设→按［确认］键→进行［系统组态］→再按［确认］键→进入组态界面。

● 系统组态

①设备名称、日期时间、记录间隔可用输入法修改。用［→］、［←］键移动光标，按［确认］键进入输入法，详见使用手册（下同）。

②通信地址、波特率、校验方法等参数默认。用［→］、［←］键移动光标。

③断偶报警、冷端补偿用［↑］、［↓］按键进行参数调整。其中，断偶报警应选最大值或错误标记，冷端补偿则调整到精密温度计指示的实际温度。

④系统组态设置完成后，用［→］、［←］键移动光标至［退出］，并按［确认］键后返回。

● 模拟输入

①输入板一：为 1～8 通道，该仪表只有 1～3 个数字，表明要使用的通道数；用［↑］、［↓］按键进行参数调整。可选择 3。用［→］、［←］键移动光标。

②输入板二：为 9～12 通道，该仪表未安装；用［→］、［←］键移动光标跳过。

③通道：1～3 个数字，对应后面 1～3 个接线端子，用［↑］、［↓］按键进行选择。用［→］、［←］键移动光标，调到"1"，表明下面的参数是对 1 通道进行设置。

④工位号：可给对应的通道号起个名字，例如 1 # 炉温。按［确认］键进入输入法；用［→］、［←］键移动光标。

⑤类型：要选用的检测元件，用［↑］、［↓］按键进行选择，选"K"型热电偶。用［→］、［←］键移动光标。

⑥单位：检测元件对应的工程单位，按［确认］键进入输入法，写入"℃"。用［→］、［←］键移动光标。

⑦量程、报警值：检测元件对应的物理量程、报警值及回差，按［确认］键用输入法根据命题要求进行写入，例如量程 0～1300℃，报警低低限 0℃，低限 800℃，高限 1000℃，高高限 0℃，回差 10 等。

⑧其他参数默认。用［→］、［←］键移动光标跳过；按［确认］键返回，写入确认后返回显示界面完成设置。更详细的设置方法请查阅仪表说明书。

（2）校验接线（图 3-14）

（3）校验步骤

①按图 3-14 接线，注意正负极性，电源引入线应注意端子位置并接牢固。

②仪器仪表状态检查应符合要求，电位差计挡位及旋钮应在调整好的预定位置。

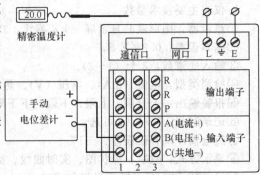

图 3-14　校验接线

③经指导教师允许后上电，仪表进行自检，观察仪表指示。自检结束后，仪表即指示被测温度值。

④仪表零点的检查：因该仪表后面自带冷端补偿，将输入回路用短接线临时短接一下，仪表复位后观察仪表指示应为环境温度，否则在系统组态中应调至精密温度计所指示的温度。

⑤仪表的开路试验：将输入回路开路，仪表指示量程预设值，例如最大或错误标记，否则在系统组态中应重新设定。

⑥仪表的示值校验：确定 K 型热电偶校验点，若测量范围为 0～1300℃，除选 0℃和 1300℃两个校验点外，再均匀选定三点，即 300℃、600℃和 900℃；用手动电位差计分别测得各校验点的毫伏电压值为 e_0、e_1、e_2、e_3、e_4，其中 e_0 值为负值，可临时用反接电位差计端子时输出的信号来测出。

其误差为

$$\delta = 测量值 - 真实值 = e_f - (e_t + e_0)$$

式中　δ——仪表示值绝对误差；

　　　e_f——分度表毫伏值（代表理想测量值）；

　　　e_t——电位差计在对应校验点的毫伏值（代表真实值1）；

　　　e_0——环境温度实测毫伏值（0℃校验点电位差计读数，代表真实值2）。

⑦仪表的显示模式观察与解读：按翻页键进行总貌→棒状图→实时曲线→历史曲线→报警浏览。

⑧认真做好记录并计算误差值（表 3-4）。

⑨指示值修正。根据误差可得到修正值，进入模拟输入组态画面，进行调整。

表 3-4　配接热电偶校验记录表

序号	被校点/℃	e_f/mV	环温 e_0/mV	标准表读数 e_t/mV	绝对误差 δ
1					
2					
3					
4					
5					

允许误差＿＿＿＿＿＿＿＿＿＿＿＿＿＿＿＿＿＿＿＿＿＿＿＿＿＿＿＿＿＿

基本误差＿＿＿＿＿＿＿＿＿＿＿＿＿＿＿＿＿＿＿＿＿＿＿＿＿＿＿＿＿＿

结论＿＿＿＿＿＿＿＿＿＿＿＿＿＿＿＿＿＿＿＿＿＿＿＿＿＿＿＿＿＿＿＿

0℃	300℃	600℃	900℃	1300℃
0mV	12.21mV	24.912mV	37.33mV	52.37mV

3. 配接 Pt100 热电阻校验

（1）组态的设定　先设定量程、报警值和使用的通道号（1～3）。下面以 1 通道接线为例，进行系统组态和模拟量设置。同时按住 ▢ 和 ▣En 2s 后，进入组态参数设置状态，设置方法可参考前面热电偶的设置。

（2）校验接线（图 3-15）

（3）校验步骤

①按图 3-15 接线，电源引入线应注意端子位置并接牢固。

②仪器仪表状态检查应符合要求，标准电阻箱应在 100Ω 挡位。

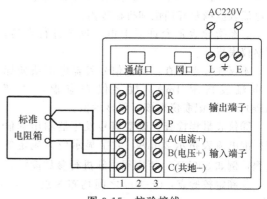

图 3-15　校验接线

③经指导教师允许后上电，仪表进行自检，观察仪表指示。

④确定 Pt100 型热电阻校验点：例如 0～500℃之间均布 3 点（200、300、400）。

⑤认真做好记录并计算误差值（表3-5）。

用电阻箱测出对应校验点的电阻值 R_{t0}、R_{t200}、R_{t300}、R_{t400}、R_{t500} 数据，其误差为

$$\delta = 测量值 - 真实值 = R_f - R_t$$

式中　δ——仪表示值绝对误差；

　　　R_f——分度表电阻值（代表理想测量值）；

　　　R_t——标准电阻箱的电阻值（代表真实值）。

注意：允许误差应为（上限－下限）×精度等级×100％，其中热电阻的下限不等于 0。

表 3-5　配接热电阻校验记录表

序号	被校点/℃	分度阻值 R_f/Ω	标准电阻箱读数 R_t/Ω	示值绝对误差/δ
1				
2				
3				
4				
5				

允许误差 ＿＿＿＿＿＿＿＿＿＿＿＿＿＿＿

基本误差 ＿＿＿＿＿＿＿＿＿＿＿＿＿＿＿

结论 ＿＿＿＿＿＿＿＿＿＿＿＿＿＿＿＿＿

4.配接 4～20mA 变送器校验

(1) 参数设定流程　先设定量程、报警值和使用的通道号（1～3）。下面按 1 通道接线为例，进行系统组态和模拟量设置。同时按住　和　2s 后，进入组态参数设置状态，设置方法可参考前面热电偶的设置。

(2) 校验接线（图 3-16）

(3) 校验步骤

①按图 3-16 接线，电源引入线应注意端子位置并接牢固。

②仪器仪表状态检查应符合要求，信号发生器应在 0～20mA 挡位，旋钮反时针调到零，标准电流表应调整好挡位和机械零点。

③经指导教师允许后上电，仪表进行自检，观察仪表指示。

④仪表零点检查：调整信号发生器电流值使标准电流表指示 4mA，数字仪表应指示"0"（kPa），否则记取仪表该下限显示值。

⑤仪表量程检查：改变信号发生器输出的值使标准电流表指示 20mA，数字显示应为规定的量程，例如 800kPa，否则须重新进行参数设置。

⑥确定校验点：0～800 之间均布 3 点，例如 200、400、600。认真做好记录并计算误差值（表3-6）。

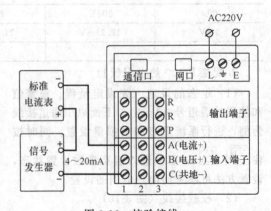

图 3-16　校验接线

表 3-6　配接变送器配套校验记录表

序号	被校点	预定电流 I_y/mA	标准电流表读数 I_p/mA	示值绝对误差 δ
1				
2				
3				
4				
5				

允许误差＿＿＿

基本误差＿＿＿

结论＿＿＿

⑦校验：用信号发生器发出电流信号，调到预定的校验点上，分别用精密电流表测得电流值为 I_{p0}、I_{p200}、I_{p400}、I_{p600}、I_{p800}，其误差为

$$\delta = 测量值 - 真实值 = I_y - I_p$$

式中　δ——仪表示值绝对误差；

　　　I_y——精密电流表在该校验点上的预定电流值（代表理想测量值）；

　　　I_p——精密电流表在该校验点上实际的电流值（代表真实值）。

请你做一做

完成实训装置盘、台、柜上仪表的安装与调试任务，具体内容如下。

①安装施工图、接线图的绘制。

②制定安装、调试工作计划及实施方案。

③练习操作各种显示仪表，包括参数设置、校验、接线和故障处理。

④在盘、台、柜上安装各显示仪表并正确配线。

⑤进行各路检测显示系统的调试，对故障进行检查和处理。

小结

（1）模拟式显示仪表一般分为动圈式显示仪表和自动平衡式显示仪表两大类，以仪表的指针（或记录笔）的线位移或角位移配合刻度盘的方法来模拟显示被测参数连续变化的仪表。

（2）数字显示仪表是采用数码技术，把与被测变量成一定函数关系的连续变化的模拟量变换成断续的数字量来显示的仪表，可与各种传感器或变送器配套使用。

（3）WP-80 数字显示仪表校验包括：显示精度校验、配接 K 型热电偶校验、配接 Pt100 热电阻校验、配接 4～20mA 变送器校验等。

（4）WP-R301C 无纸记录仪校验包括：显示精度校验、配接 K 型热电偶校验、配接 Pt100 热电阻校验、配接 4～20mA 变送器校验等。

复习思考

（1）常用模拟式显示仪表分为哪两大类？各有什么特点？

（2）数字显示仪表主要由哪几部分组成？各部分的作用是什么？

（3）某测温系统变送器输出 0～10mA 的直流电流信号，现要求显示仪表具有指示和记录功能。如果只有配 K 分度号热电偶的电子电位差计，试问是否可用？若可用，应采取什么措施？

（4）测温时，由于粗心将 K 分度号热电偶与 E 分度号热电偶的电子电位差计相连接，当电子电位差计指示在 500℃时，被测的实际温度为多少（室温为 20℃）？

（5）简述智能数字显示仪表主要功能及特点。

（6）简述数字显示仪表的校验方法和校验步骤。

（7）简述无纸记录仪的校验方法和校验步骤。

学习情境四 压力测量仪表的安装与检修

压力是表征生产过程中工质状态的基本参数之一,只有通过压力及温度的测量才能确定生产过程中各种工质所处状态。在火力发电厂热力生产过程中,压力则是重要参数之一,如主蒸汽压力、汽包压力、给水压力等。压力测量仪表对于保证机组安全运行和人身安全起着十分重要的作用。

通过压力测量,还可以监视各重要压力容器,如除氧器、加热器等以及管道的承压情况,防止设备超压爆破。此外压力及差压的测量还广泛地应用在流量和液位的测量中;在一定的条件下,测量压力还可间接得出温度、流量和液位等参数。表 4-1 列举了部分压力测点及变送器设备。

表 4-1 某电厂部分压力测点及变送器

序号	测点名称	数量/台	设备名称	形式及规范	安装地点
1	主蒸汽压力	2	压力变送器	0~26.7MPa	—
2	锅炉给水压力	1	压力变送器	0~35MPa	保护柜
3	省煤器入口锅炉给水压力	1	压力变送器	0~35MPa	保护柜
4	高温过热器出口蒸汽压力	2	压力变送器	0~35MPa,带 HART 协议	保护柜
5	A 磨煤机分离器出口风粉混合物压力	2	压力变送器	0~30MPa,STD924-EIA	保护柜
6	炉膛压力	1	压力变送器	STD924—EIA,带 HART 协议 −4000~4000Pa	保护柜

由此可见,正确测量和控制压力对保证生产工艺过程的安全性和经济性有重要意义。如何正确使用与维护压力测量仪表呢?

本学习情境将完成两个学习性工作任务:

任务一 弹簧管压力表的安装与检修;

任务二 电容式压力(差压)变送器的安装与检修。

教学目标

(1) 理解弹性式压力表的测压原理。

(2) 熟悉弹簧管压力表的结构原理、动作过程。

(3) 会校验、调整、安装、投运、维护弹簧管压力表。

(4) 会进行弹簧管压力表的选用。

(5) 了解普通电容式变送器的结构、工作原理和转换电路。

(6) 掌握变送器的校验与调整方法。

(7) 会安装电容式变送器,并能正确投用差压测量系统。

本情境学习重点

(1) 弹性式压力表的测压原理。

(2) 弹簧管压力表的结构原理与动作过程。

（3）弹簧管压力表的选用、校验与调整方法。

（4）电容式压力（差压）变送器的特性和检测原理。

（5）电容式压力（差压）变送器的校验与调整方法。

（6）电容式压力（差压）变送器的安装与投运。

本情境学习难点

（1）弹簧管压力表的基本结构及工作原理。

（2）弹簧管压力表的校验方法。

（3）弹簧管压力表安装与投运方法。

（4）电容式压力（差压）变送器转换原理。

（5）电容式压力（差压）变送器的安装、投运与故障分析处理。

任务一　弹簧管压力表的安装与检修

子任务一　弹性式压力表的认识与选用

任务引领

用弹性敏感元件来测压的仪表称为弹性式压力表。它是基于弹性敏感元件的变形输出（力或位移）来实现压力测量的，然后通过传动机构直接造成压力（或差压）的指示，也可以通过某种变送方法实现压力（或差压）的远距离指示。根据弹性敏感元件的类型不同，弹性压力表通常可分为弹簧管压力表、膜盒式微压计、电接点压力表等几种类型。

任务要求

（1）正确描述压力测量的方法和压力测量仪表的类型。

（2）弹性式压力表的结构及测压原理。

（3）能正确进行测量仪表的选型，具体包括：

①学会根据工业生产的工艺要求选择压力表的类型；

②学会根据压力参数的大小范围选择压力表的量程大小；

③根据测量的精度要求选择压力表精度等级；

（4）会正确分析压力测量误差的产生原因和减小误差的方法。

任务准备

问题引导：

（1）什么是压力？描述压力大小的单位有哪些？

（2）压力测量的方法有哪些？

（3）弹簧管压力表的结构及测压原理。

（4）通常在压力表的采购和订货中应明确哪些事项？

任务实施

（1）教师对各类压力测量仪表进行实物演示与操作示范。

（2）结合实物认识各类压力测量仪表的结构并分析测量原理。

（3）绘制压力检测系统图，并对误差进行分析。

（4）请到实习电厂进行调研，了解各类压力测量仪表的安装位置与运行情况。

一、压力的定义

压力是指物体单位表面积所承受的作用力，在物理学上称为压强，这里所讨论的压力均指流体对器壁的压力，在国际单位制（SI）和我国法定计量单位中，压力的单位是"帕斯卡"，简称"帕"，符号为"Pa"。

$1Pa=1N/m^2$，即 1N 的力均匀作用在 $1m^2$ 的面积上所形成的压力为 1Pa。过去采用的压力单位"工程大气压"（$1kgf/cm^2$）、"毫米汞柱"（mmHg）、"毫米水柱"（mmH_2O）等，均应换算为法定计量单位帕，其换算关系见表 4-2。

表 4-2　压力单位换算表

单位名称	符号	与 Pa 换算关系	单位名称	符号	与 Pa 换算关系
标准大气压	atm	$1atm=1.013×10^5Pa$	毫米汞柱	mmHg	$1mmHg=1.33×10^2Pa$
工程大气压	kgf/cm^2	$1\ kgf/cm^2=9.81×10^4Pa$	毫米水柱	mmH_2O	$1mmH_2O=9.81Pa$

由于地球表面存在着大气压力，物体受压的情况也各不相同，为便于在不同场合表示压力数值，所以引用了绝对压力、表压力、负压（真空）和压力差（差压）等概念。

（1）绝对压力　指作用于物体表面积上的全部压力，其零点以绝对真空为基准，又称总压力或全压力，一般用大写字母 P 表示。

（2）大气压力　指地球表面上的空气柱重量所产生的压力，以 P_a 表示。

（3）表压力　指绝对压力与大气压力之差，一般用 P_g 表示。测压仪表一般指示的压力都是表压力，表压力又称相对压力。

（4）负压　当绝对压力小于大气压力，则表压力为负压，负压又可用真空度表示，负压的绝对值称为真空度。如测炉膛和烟道气的压力均是负压。

（5）差压　任意两个压力之差称为差压。如静压式液位计和差压式流量计就是利用测量差压的大小来知道液位和流体量的大小的。差压测量时，习惯上把较高一侧的压力称为正压，较低一侧的压力称为负压，而这个负压并不一定低于大气压，同样，这个正压也并不一定是高于大气压力，与前述的正压、负压概念不能混淆。这些概念的关系表示在图 4-1 上。

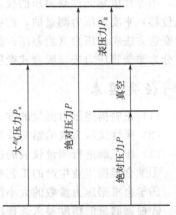

图 4-1　各种压力之间的关系

二、压力测量仪表的类型

常用于测量压力和真空的仪表，按照信号转换原理的不同，大致可分为以下几种。

1. 重力平衡方法

（1）液柱式压力表　基于液体静力学原理。被测压力与一定高度的工作液体产生的重力相平衡，可将被测压力转换成为液柱高度差进行测量，例如 U 形管压力表、单管压力表、斜管压力表等。这类压力表的特点是结构简单、读数直观、价格低廉；但一般为就地测量，信号不能远传；可以测量压力、负压和压差；适合于低压测量，测量上限不超过 0.1～0.2MPa；精确度通常为±（0.02%～0.15%）。高精度的液注式压力表可用作基准器。

（2）负荷式压力表　基于重力平衡原理。其主要形式为活塞式压力表，被测压力与活塞以及加在活塞上的砝码的重量相平衡，将被测压力转换为平衡重物的重量来测量。这类压力表测量范围宽、精确度高（可达±0.1%）、性能稳定可靠，可以测量正压、负压和绝对压力，多用作压力校验仪表。单活塞压力表测量范围达 0.04～2500MPa。

2.机械力平衡方法

这种方法是将被测压力经变换元件转换成一个集中力,用外力与之平衡,通过测量平衡时的外力可以测得被测压力。力平衡式仪表可以达到较高的精度,但是结构复杂。这种类型的压力变送器、差压变送器在电动组合仪表和气动组合仪表系列中有较多应用。

3.弹性力平衡方法

此种方法利用弹性元件的弹性变形特性进行测量。被测压力使测压弹性元件产生变形,因弹性变形而产生的弹性力与被测压力相平衡,测量弹性元件的变形大小可知被测压力。此类压力表有多种类型,可以测量压力、负压、绝对压力和压差,其应用最为广泛,如弹簧管压力表、波纹管压力表及膜盒式微压计等。

4.物性测量方法

基于在压力的作用下,测压元件的某些物理特性发生变化的原理。

(1)电测式压力表 利用测压元件的压阻、压电等特性或其他物理特性,可将被测压力直接转换成为各种电量来测量。例如电容式变送器、扩散硅式变送器等。

(2)其他新型压力表 如集成式压力表、光纤压力表等。

表 4-3 中为工业上常用测压仪表类型及主要技术性能。

表 4-3 测压仪表类型及其主要技术性能

类型	原理	测量范围/kPa	精度等级	优缺点	主要用途
液柱式压力表	将被测压力转换成液柱高度差,利用力学平衡原理或微差法进行测量	$0\sim2.66\times10^2$	0.5 1.0 1.5	结构简单,使用方便,但测量范围窄,只能测量低压或微压	用来测量低压、微压或真空度,以及作为标准计量仪器
弹性式压力表	将压力转换成弹性体的变形后,进行机械变换成位移或转角,指示出被测压力值	$-10^8\sim10^5$	0.2 0.25 0.35 0.5 1.0 1.5 2.5	测量范围宽,结构简单,使用方便,价格便宜,可制成电子式压力表的一次元件,使用广泛	测压力、压差、真空度,可现场使用,也可集中电测,具有记录、发信报警、远传性能,可作温度、压力指示
电气式压力表	将压力转换成弹性体的变形后,二次变换成电参数,如电压、电流、电阻、电感、电容、频率等进行测量	$7\times10^{-1}\sim5\times10^5$	0.2~1.5	测量范围广,便于远传集中控制	用于压力、压差需要远传集中控制的地方及需要电信号的地方
活塞式校正压力表	通过介质转换成活塞上所加砝码的重量,产生相应的压力油进行测量,是一种利用平衡法测量的标准压力校正仪表	$(-10^8\sim2.5\times10^2)\sim(5\times10^3\sim2.5\times10^5)$	一等 0.02 二等 0.05 三等 0.2	测量精度高,但价格较贵,结构复杂	用于检定精密压力表和普通压力表

三、弹性式压力表的构成及其工作原理

弹性式压力表的组成一般包括几个主要环节,如图 4-2 所示。弹性元件是仪表的核心部分,其作用是感受压力并产生弹性变形,弹性元件采用何种形式要根据测量要求选择和设计;在弹性元件与指示机构之间的变换放大机构,其作用是将弹性元件的变形进行变换和放大;指示机构主要是指针与刻度标尺,用于给出压力指示值;调整机构适用于调整仪表的零点和量程。常见弹性式压力表有弹簧管压力表、膜盒式微压计、电接点压力表等。

1.弹簧管压力表

(1)弹簧管测压原理 弹簧管压力表是最常用的直读式测压仪表,它可用于测量真空或 $0.1\sim10^3$ MPa 的压力。弹簧管(又称为波登管)是用一根扁圆形或椭圆形截面的管子弯成圆弧形而制

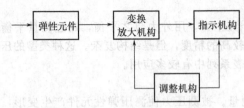

图 4-2　弹性式压力计的组成框图

成的。管子开口端固定在仪表接头座上,称为固定端。压力信号由接头座引入弹簧管内。管子的另一端封闭,称为自由端。当固定端通入被测压力时,弹簧管承受内压,其截面形状趋于变成圆形,刚度增大,弯曲的弹簧管伸展,中心角 γ 变小,封闭的自由端外移。自由端的位移通过传动机构带动压力表指针转动,指示被测压力。单圈弹簧管的工作原理如图 4-3 所示。设弹簧管受压力作用前的内外半径分别为 R_1、R_2,中心角为 γ;受压力作用后的内外半径为 R'_1、R'_2,中心角为 γ',并假设受压力前后弹簧管的弧长基本不变,则

$$R_1\gamma = R'_1\gamma', \quad R_2\gamma = R'_2\gamma'$$

两式相减可得

$$\gamma(R_2 - R_1) = \gamma'(R'_2 - R'_1)$$

因为 $R_2 - R_1 = 2b$,$R'_2 - R'_1 = 2b'$,所以 $2b\gamma = 2b'\gamma'$。由于弹簧管变形后 $2b' > 2b$,由上式可知必然 $\gamma' < \gamma$,即弹簧管的自由端发生一个角位移 $\Delta\gamma$。

设 $b' = b + \Delta b$,$\gamma' = \gamma - \Delta\gamma$,可得

$$b'\gamma' = (b + \Delta b)(\gamma - \Delta\gamma)$$

变换后得

$$\gamma = \Delta b(\gamma/b) + \Delta b$$

由上式可见,弹簧管中心角 γ 愈大,椭圆形截面的短轴愈小,角位移 $\Delta\gamma$ 就愈大。所以,增加弹簧管圈数、做成螺旋形或涡卷形多圈弹簧管,可以加大灵敏度和做功能力。多圈弹簧管常用于压力记录仪。

在相同的角度 γ 下,弹簧管椭圆(扁圆)形截面的短轴愈小,其灵敏度愈高,弹簧管长短轴的比值一般为 2~3。

同时也不难看出,圆形截面的弹簧管在压力增加时,其自由端不会发生移动。在一定压力下,弹簧管的输出位移除了和弹簧管的原始中心角 γ、截面形状等参数有关外,还与弹簧管的材料性质(弹性模量 E 和泊松系数 γ)、壁厚 h、圈径 R 等有关,所以上述式子还不能全面反映弹簧管所受压力与输出位移之间的关系,目前只能以实验得到经验公式。

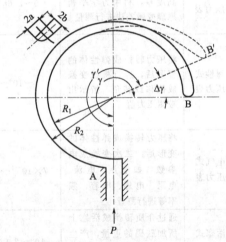

图 4-3　单圈弹簧管工作原理

(2)弹簧管压力表的结构　弹簧管压力表的结构如图 4-4 所示。弹簧管的自由端通过拉杆带动扇形齿轮转动,指示出压力值。它主要由弹簧管和一组传动放大机构等部分组成。

压力表中的游丝的一端与小齿轮轴固定,另一端固定在支架上,借助于游丝的弹力使小齿轮与扇形齿轮始终只有一侧啮合面啮合,这样可以消除扇形齿轮与小齿轮之间因有啮合间隙而产生的测量误差,可见它是用于消除齿轮对指示值的影响。

弹簧管的自由端用拉杆和扇形齿轮相连,扇形齿轮又与中心小齿轮相啮合。扇形齿轮与小齿轮起位移放大作用,并将弹簧管自由端的位移转变为指针的角位移。其具体动作过程如下:被测压力介质由接头通入,迫使弹簧管产生弹性变形,其自由端向外扩张,通过拉杆 6 使扇形齿轮 7 做逆时针方向偏转,进而带动中心小齿轮 8 做顺时针方向偏转。于是,与小齿轮同轴的指针 9 便在刻度盘 11 上指示出被测压力的数值。单圈弹簧管压力表应用最广泛,一般的准度等级为 1.0~2.5 级,精密的为 0.35 级、0.5 级。

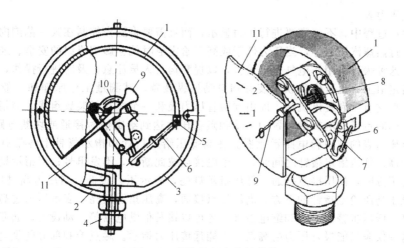

图 4-4　弹簧管压力表的结构

1—弹簧管；2—支管；3—外壳；4—接头；5—带有铰轴的销子；6—拉杆；7—扇形齿轮；8—小齿轮；
9—指针；10—游丝；11—刻度盘

（3）检定压力表用的工作介质　测量上限不超过 0.25MPa 的压力表，工作介质为清洁的空气，或无毒、无害和化学性能稳定的气体。测量上限为 0.25～250MPa 的压力表，工作介质为无腐蚀性的液体。测量上限 400～1000MPa 的压力表，工作介质为药用甘油和乙二醇混合液或根据标准器所要求使用的工作介质。注意，标准器与压力表使用液体为工作介质时，它们的受压点应在同一水平面上，否则应考虑由液柱高度差所产生的压力误差。

2.膜盒式微压计

膜盒式微压计常用于火电厂锅炉风烟系统的风、烟压力测量及锅炉炉膛负压测量。其结构如图 4-5 所示。测量范围为 150～4000Pa，精度等级一般为 2.5 级，较高的可达到 1.5 级。

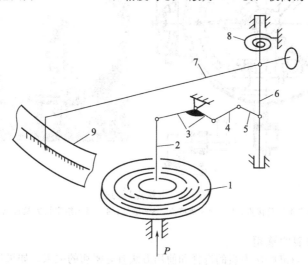

图 4-5　膜盒微压计原理结构图

1—膜盒；2—推杆；3—铰链块；4—拉杆；5—曲柄；6—转轴；7—指针；8—游丝；9—刻度盘

仪表工作时，压力信号从引压口、导压管引入膜盒 1 内，使膜盒产生变形。膜盒中心处向上的位移，通过推杆 2 使铰链块 3 做顺时针转动，从而带动拉杆 4 向左移动。

拉杆 4 又带动曲柄 5 使转轴 6 逆时针转动，从而使指针也逆时针转动而进行压力值指示。游丝 8 可以消除传动间隙的影响。

3.电接点压力表

在热力生产过程中，不仅需要进行压力显示，而且需要将压力控制在某一范围内。例如，锅炉汽包压力、过热蒸汽压力等，当压力低于或高于给定值时就会影响机组的安全、经济运行。而电接点压力表这种表计可用作电气发讯设备，以提醒运行人员注意，及时进行操作，保证压力尽快地恢复到给定值上；也可作为联锁装置和自动操纵装置。其测量工作原理和一般弹簧管压力表完全相同，但它有一套发讯机构，即由弹簧管压力表和一个电接触装置组成。当指针在刻度盘上指示压力的同时也带动电接触装置的活动触点在压力达到给定值时接通或切断电路。如图4-6所示是电接点压力表的结构和电路示意图。在高低压给定指针和指示指针上各带有电接点。当指示指针位于高、低压给定指针之间时，三个电接点彼此断开，不发讯号；当指示指针位于低压给定值指针之下方时，低压接点接通，低压指示灯亮，表示压力过低；当压力高过压力上限时，即指示指针位于高压给定指针的下方，高压接点接通，高压指示灯亮，表示压力过高。电接点压力表除作为高、低压报警信号灯和继电器外，还可以接其他继电器等自动设备，起联锁和自动操纵作用。但这种仪表只能报告压力的高低，不能远传压力指示。触点控制部分的供电电压，交流的不得超过380V，直流的不得超过220V。触点的最大容量为10V·A，通过的最大电流为1A，使用中不能超过上述电功率，以免将触头烧掉。电接点压力表的准确度一般为1.5～2.5级。目前有一种磁助电接点压力表，接触装置的电接触信号针上安装有可调整的永磁体，此磁体可以增加接点压力及加快接触动作，从而可以使触点接触可靠，减少电弧，在一定程度上避免仪表由于工作环境的振动或介质压力不稳定造成触点的频繁动作。在指针的下部有两个指针，一个为高压给定指针，一个为低压给定指针，利用专用钥匙在表盘的中间旋动给定指针的销子，将给定指针拨到所要控制的压力上限和下限值上。

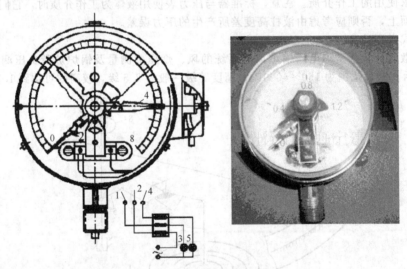

图4-6　电接点压力表

1—低压给定指针及接点；2—指针及接点；3—绿灯；4—高压给定指针及接点；5—红灯

四、弹簧管压力表的选用

压力测量的准确与可靠跟压力表的选择和使用方法有着密切的关系，如果选用不当，不仅不能正确反映压力的大小，还可能引起生产事故。选用压力表的原则是：根据生产工艺过程中被测介质的性质、现场环境、经济适用等条件，合理地考虑压力表的类型、量程、精确度等级和指示形式。

压力表的选用应根据工艺生产过程对压力测量的要求，结合其他各方面的情况，加以全面地考虑和具体地分析。一般应该考虑以下几个方面的问题。

1.仪表类型的确定

仪表类型的选用必须满足工艺生产的要求。如是否需要远传变送、自动记录或报警；是否进行多点测量；被测介质的物理化学性质（如温度、黏度、腐蚀性、易燃易爆性）是否对测量仪表提出特殊要求；现场环境条件（如湿度、温度、磁场、振动）对仪表类型是否有特殊要求等。总之，根据工艺要求来确定仪表类型是保证仪表正常工作及安全生产的重要前提。同时，应本着既能满足精度要求，又要经济合理的原则，正确选择压力仪表的型号、量程和精度等级。

普通弹簧管压力表可用于大多数压力测量场合。压力表的弹簧管多采用铜合金、合金钢，而氨用压力表的弹簧管不允许采用铜合金，因为氨对铜的腐蚀性极强。

氧气压力表禁油，因为浓氧气对油脂有强氧化作用，容易引发燃烧、爆炸，所以校验氧气压力表时，不能像普通压力表那样采用变压器油作工作介质。

压力表在特殊测量介质和环境条件下的类型选择可考虑如下因素。

①在腐蚀性较强、粉尘较多和淋液等环境恶劣的场合，宜选用密闭式不锈钢及全塑压力表。

②测量弱酸、碱、氨类及其他腐蚀性介质时，应选用耐酸压力表、氨压力表或不锈钢膜片压力表。

③测量具有强腐蚀性、含固体颗粒、结晶、高黏稠液体介质时，可选用隔膜压力表。

④在机械振动较强的场合，应选用耐振压力表或船用压力表。

⑤在易燃、易爆的场合，如需电接点信号时，应选用防爆电接点压力表。

⑥测量氨、氧气、氢气、氯气、乙炔、硫化氢等介质时，应选用专用压力表。

此外，压力表的类型按螺纹接头及安装方式分为直接安装压力表、嵌装（盘装）压力表、凸装（墙装）压力表。

直接安装压力表分为径向直接式（径向无边，如型号 Y-100，老标准称Ⅰ型表）、轴向直接式（轴向无边，如型号 Y-100Z，老标准称Ⅳ型表）两种。轴向直接式中，外壳公称直径在 60mm 及以下的为轴向同心直接式，在 100mm 及以上的为轴向偏心直接式。

嵌装（盘装）压力表用于在仪表盘上开孔嵌装，分为轴向嵌装式（轴向前边，如型号 Y-100ZT，老标准称Ⅲ型表）、径向嵌装式（径向前边，如型号 Y-100TQ）。径向嵌装式应用极少，标准中也未规定此形式。

凸装（墙装）压力表用于在墙上或仪表盘上安装，安装后仪表突出于墙或仪表盘，分为径向凸装式（径向后边，如型号 Y-100T，老标准称Ⅱ型表）、轴向凸装式（轴向后边，一般很少采用）。

2.仪表量程的确定

仪表的测量范围是指仪表可按规定的精度对被测量进行测量的范围，它是根据操作中需要测量的参数大小来确定的。

为了保证弹性元件能在弹性变形的安全范围内可靠地工作，压力表量程的选择不仅要依据被测压力的大小，还应考虑被测压力变化的速度。测量稳定的压力时，被测介质最大工作压力不应超过压力表满量程的 2/3。测量脉动压力时，则不应超过满量程的 1/2。为了保证测量的精确度，最小工作压力不应低于压力表满量程的 1/3，即被测压力 P 应满足下列范围。

测量平稳压力

$$\frac{1}{3}P_\mathrm{m} < P < \frac{2}{3}P_\mathrm{m}$$

测量波动压力

$$\frac{1}{3}P_\mathrm{m} < P < \frac{1}{2}P_\mathrm{m}$$

所选压力表的量程范围数值应与国家标准规定的数值相一致。我国的测压仪表按系列生产，其标尺上限的刻度值为 1.0、1.6、2.5、4.0、6.0（$\times 10^n$ MPa）。其中，n 为整数。为了减小相对误差，仪表的标尺上限值不能取得过大，考虑到弹性元件有滞后效应，仪表的标尺上限不能取得太小。

例　已知测点压力约为 10MPa，试选用测压仪表的标尺上限值。

解　若属平稳压力，可得

$$P_m > \frac{3}{2}P = \frac{3}{2} \times 10 = 15\text{MPa}$$

此外

$$P_m < 3P = 3 \times 10 = 30\text{MPa}$$

根据以上计算范围，选用标尺上限系列值为 $0 \sim 16\text{MPa}$ 或 $0 \sim 25\text{MPa}$。

若属波动压力，可得

$$P_m > 2P = 2 \times 10 = 20\text{MPa}$$

根据这个范围，选用标尺上限系列值为 $0 \sim 25\text{MPa}$。

3. 仪表精度等级的确定

仪表精度是根据工艺生产上所允许的最大测量误差来确定的，即由控制指标和仪表量程决定。所选用的仪表越精密，其测量结果越精确可靠，但相应的价格也越贵，维护量越大。通常，在满足工艺要求的前提下，应尽可能选用精度较低、价廉耐用的仪表。测压仪表的精度等级是按国家标准系列化规定和仪表的质量确定的。目前我国规定的精度等级，标准仪表有 0.05，0.1，0.16，0.2，0.25，0.35 等；工业仪表有 0.5，1.0，1.5，2.5，4.0 等。实际选用时，应按被测参数的测量误差要求和仪表的量程范围来确定。

选择精度等级的计算方法如下。

① 根据测量最小压力时相对误差的要求，精确度的计算公式为

$$精确度 = \frac{被测压力最小值}{测量上限} \times 被测压力最小值允许的相对误差$$

② 根据允许基本误差选择精确度的计算公式为

$$精确度 = \frac{允许基本误差的绝对值}{测量上限}$$

根据以上讨论，对于 300MW 机组的饱和蒸汽压力 17.93MPa 的检测，通常选用弹簧管压力测量仪表，精度为 1.5 级，外径为 $\phi150\text{mm}$，径向接头，压力表的标尺上限为 25MPa。

⬤ 请你做一做

识读压力表或压力变送器的铭牌，查阅压力表和压力变送器的产品手册，弄清楚每种压力表、压力变送器的特点，思考一下实训装置中为何选择这些仪表和传感器。了解当前压力检测技术的进展情况。

子任务二 弹簧管压力表的校验与调整

⬤ 任务引领

压力表的校验工作可以用比较法或重量法来进行。比较法是将被校压力计（被校表）与标准压力计（标准表）在压力表校验台上产生的某一定值的压力或某一负压进行比较。重量法是被校表与活塞压力计上的标准砝码在活塞内的压力下进行比较。前者用来校验精度在 1 级以下的各种工业用仪表，而后者用于校验精度在 0.5 级以上的各种标准表。

工业上使用普通压力表的校验均采用比较法，国家有规定的检定规程。

⬤ 任务要求

(1) 学会选择标准压力表。
(2) 学会压力校验台的调整与使用。
(3) 能正确熟练进行压力表的校验。
(4) 会进行压力表的调整。
(5) 熟悉示值校验方法。

任务准备

问题引导：

(1) 校验用的标准压力表如何选择？

(2) 详细描述压力表的校验方法，零位、量程调整方法与操作步骤。

(3) 压力校验台如何使用？

(4) 阅读仪器仪表使用说明书，了解仪表应用要求。

任务实施

(1) 准备仪器设备，安装压力表。

(2) 准备记录表。

(3) 进行压力表各点示值校验，记录数据，计算误差，判断是否合格。

(4) 进行压力表调整，再校验，再调整，直至合格为止。

知识导航

一、任务目的

(1) 进一步熟悉弹簧管压力表的结构组成和工作原理。

(2) 掌握弹簧管压力表的校验方法。

(3) 学会弹簧管压力表的零位、量程、线性的调整方法。

二、标准压力表的选择

(1) 对精度为 0.5 级以下的普通压力表或真空表，可以采用与标准表比较的方法进行校验，为此，需选用符合以下要求的标准压力表或真空表。

①量程应比被校表大一个等级，或至少要求与被校表相同。如被校为 1.6MPa，标准表应当用 2.5MPa 为宜，或至少为 1.6MPa。

②精度应比被校表高两个等级，即要求基本误差的绝对值不应超过被校表的 1/4～1/3 的标准压力表。如被校表为 1.5 级，标准表应选用 0.5 级。

(2) 对精度为 0.5 级及以上 (或要求较高的重要测点) 的压力表，需用活塞式压力计校验 (即砝码比较法)。

三、校验点的读取与选定

选定校验点读取仪表示值时，按下述方法之一进行。

①先加信号按被校表读取示值，当达到校验点后再读取标准表示值 (即按被校表定点)。一般均宜用此法。

②先按标准表读取示值，将信号加至校验点，然后再读取被校表示值 (按标准表定点)。

③使用活塞式压力计时，则以砝码所示数值为标准做定点校验。

④校验点一般不少于 5 点，并应均匀分布在全量程内，其中包括零点及最大点。如使用中不能达到最大量程，可从实际出发，校验至足够使用的最大范围即可，但在校验报告中应予注明。

⑤对于主要仪表，其使用范围应加校 1～2 点。

四、校验前的一般性检查

符合下列要求时，方可进行校验，否则应先做检修处理。一般性检查应达到的具体条件如下。

①仪表刻度盘平整清洁，分度线、数字、精度及单位符号应清晰易读，盘面喷漆不应有明显的损坏，各部螺丝、零件齐全。

②玻璃完好清洁，嵌装严密，无反光及影响读数的缺陷。

③仪表接头螺纹无滑扣、乱扣。仪表六方 (或四方) 接头的平面应完好，无严重滑方现象。

④仪表指针平直完好，不掉漆，嵌装规整，与铜套铆合牢固，与表盘或玻璃不蹭不刮。

⑤电接点仪表的接点装置外观完好，接点无明显斑痕、缺陷，并在其明显部分标有电压和接点容量数值。拨针器好用，信号引出接线端子完好，螺丝齐全并有完好的外盖。

五、所需设备

①标准活塞式压力校验台：一台。

②0.5级以上标准压力表：一块。

③被校压力表：一块。

④起针器：一个。

⑤扳手：两把。

⑥大、小螺丝刀：各一把。

六、方法步骤

对于普通工业压力表，用标准压力表比较法校验；对于标准压力表，则用标准砝码比较法进行校验。

1. 标准压力表比较法（图4-7）

（1）调整压力校验台的水平度，并将校验台的油杯充满工作油。

（2）在校验台上相应位置装好标准压力表和被校压力表。

（3）关闭至活塞荷重、标准表、被校表的针形阀，开油杯针形阀，将手轮逆时针旋转退出丝杠到底，重复几次，排掉活塞中的空气，关油杯针形阀，开标准表、被校表的针形阀。

（4）定校验点。一般仪表选5个校验点，包括零点和满刻度点，其余3点均布在刻度盘上有读数的点上。精度较高的校验点要更多些。

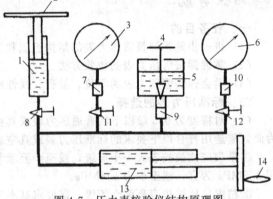

图 4-7　压力表校验仪结构原理图

1—活塞式压力泵；2—砝码托盘；3—标准压力表；4—油杯阀；5—油杯；6—被校压力表；7、9、10—两端螺母；8、11、12—截止阀；13—手摇压力泵；14—手轮

（5）做正行程校验。按预定的压力校验点顺时针缓慢旋转手轮，依次加压到被校表的校验点压力，读出标准表的数值，做好记录。

（6）做反行程校验。耐压3min，按预定的压力校验点逆时针缓慢旋转手轮，依次减压到被校表的校验点压力，读出标准表的数值，做好记录。

注意：正行程校验时加压不要超过校验点压力，反行程校验时减压不要低于校验点压力。压力降至下限值时，打开油杯针形阀，防止将压力抽至负压。

（7）根据灵敏度和分辨率的定义，比较被校表和标准表的灵敏度和分辨率。

本实训不用砝码进行试验，至活塞荷重的针形阀在试验中始终关闭。至标准表和被校表的针形阀旋转的圈数不能过多。有压力时不能打开油杯针形阀。旋转手轮丝杠要保持水平，不能压弯变形。

注意：如果示值校验误差不合格，可进行零位、量程、线性的调整。具体如下。

（1）零位调整。用专用起针器取下指针重新安装。仪表指针的安放：对于有挡针柱（零位限制钉）的压力表而言，当标准表加压到约满刻度的1/3时，将被校表的指针安放在与所加压力相应的刻度上，然后去除压力，指针应紧靠挡针柱；对于无挡针柱的仪表，指针的安放可在无压力的情况下进行，将其定在零位线上。在定针时，注意用力方向应与中心齿轮垂直，切勿偏斜，以免中心轮轴弯轴。定针应牢固，并与表盘有一定的距离，以保证整个刻度范围内不蹭盘。

（2）量程调整。取下指针，打开表盘，看到压力表的传动放大机构，如图4-8所示。改变拉杆4与扇形齿轮3间的连接位置即可实现量程的调整，调整的实质是改变拉杆与扇形齿轮的夹角，从而改变了传动机构的放大系数。调整的方法是松开连接螺钉，改变连接位置后重新上紧，若连接点往外移则放大系数变小，连接点往里移则放大系数变大。在实训过程中加入满量程压力后可根据示值情况进行判断、调整。重复上述对零位、量程的调整，使二者均符合要求，注意仪表放大系数与仪表量程成反比。

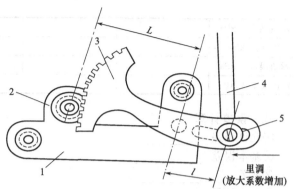

图 4-8 弹簧管压力表内部放大机构调整图
1—夹板；2—小齿轮；3—扇形齿轮；4—拉杆；5—调整螺丝

（3）线性的调整。线性是指被测介质压力与指针回转角之间为线性关系。从压力表的刻度盘上可以看到其刻度是均匀分布的，说明压力表是一种线性指示仪表，但是否为线性有待于在实训中验证并进行调整。给压力表加入50％压力（以标准压力表的读数为准），观察被校压力表的指示值，它应在50％位置或其附近，且误差在允许范围内，否则应进行调整。调整的机理：如图4-8所示，正常情况下，当压力为最大量程的一半时，弹簧管自由端所引拉杆4与扇形齿轮3的中心线成90°，此时调整螺丝5应在滑槽的中部，若大于或小于90°，就会使指示产生非线性误差，为此必须调整拉杆4与扇形齿轮3的夹角。调整的方法如下。

①旋转底板法。

a.若仪表示值前大后小：旋松底板固定螺丝，将底板向反时针方向旋转（使夹角变小）。

b.若仪表示值前小后大：旋松底板固定螺丝，将底板向顺时针方向旋转（使夹角变大）。

②调整拉杆长度法。对拉杆长度可调的仪表，增大拉杆长度时，使夹角变小，以调整仪表示值的前大后小的不均匀度，反之则相反。

③游丝转矩的调整（调小误差）。游丝起反力矩作用，对低压表尤其重要，游丝的松紧直接影响指针能否回零和到达测量上限，并影响指示的均匀度，对零点的影响也较大。若指针不回零且前边指示小，误差亦较小时，可分离中心齿轮与扇形齿轮的咬合，旋转小轮轴，把游丝放松或卷紧。具有非线性误差的压力表，仅调一项往往不能满足要求，为此，需同时进行综合调正。

注意：线性的调整往往会影响零位和量程，为此还需要用前面的方法对零位和量程进行调整，待三项均符合要求之后，便可进行示值误差的再校验。

2.标准砝码比较法

活塞式压力计处于标准工作状态后（要求仪器完好，找好水平，充满工作液，排除空气等），关紧油杯阀门，转动加压手轮并旋转砝码盘，使活塞升到合适的工作位置或厂家的标志处（如无厂家标志和限制器，活塞杆升起高度应为浸入活塞筒长度的2/3～3/4，有限制器时，活塞不应触及限制器）。先做压力表上升校验，在砝码盘上，加上仪表校验点的相应砝码后，转动手轮加压使活塞升到工作位置，然后用手旋转砝码盘（±20转/分）读取仪表示值和砝码重量。以此类推，校验其他各点，当升压校验至最大刻度点后，需再略微升压，然后缓慢降压，逐一进行最大刻度点及以下各点的下降校验。降压时，必须防止活塞突然下降，减去砝码时，也应使仪表缓慢指示到相应的校验点上。

注意：活塞式压力校验台水平调整应符合要求，使用的砝码编号必须与校验台的编号一致，否则会产生很大附加误差。

七、实训数据记录

填表4-4。

表4-4 数据记录表

校验点/kPa					
正行程/kPa					

示值误差 δ/kPa			
反行程/kPa			
示值误差 δ/kPa			
示值变差 Δ/kPa			

八、误差计算

①允许误差_____。

②基本误差_____。

③变差_____。

④鉴定结果_____。

请你做一做

(1) 根据子任务一中选用的普通压力表，合理选择校验调整方法和校验用的标准表，对其进行示值校验，判断其是否合格，不合格者则进行调整，直到合格为止。

(2) 请校验一台标准弹簧管压力表，并回答以下问题。

①如何选择校验点？对各校验点读数时是读被校表还是标准表？为什么？

②如何调整弹簧管压力表的零位、量程、线性度？

③使用砝码比较法校验压力表时应注意哪些问题？为什么？

子任务三　压力测量仪表的安装与投运

任务引领

压力表安装方法不正确、安装位置选择不适当，不仅影响参数的测量结果，带来测量误差，而且影响到系统控制质量、设备运行安全。压力表安装完成后，应严格按一定操作步骤投运。

任务要求

(1) 学会选择取压点位置。

(2) 能合理确定取压装置的形式。

(3) 会安装取压装置、引压管。

(4) 会安装压力表。

(5) 会进行投用前的检查。

(6) 能正确操作使压力测量仪表投入运行。

(7) 会排除压力测量仪表的故障。

任务准备

问题引导：

(1) 如何选取取压点位置和方向？

(2) 如何确定取压装置的形式？

(3) 引压管敷设时有什么要求？

(4) 压力测量仪表安装包括哪些工序？

(5) 压力测量仪表投运之前要做哪些检查？

(6) 如何操作压力测量仪表使之投入运行？

(7) 压力测量仪表的一般故障有哪些？

任务实施

(1) 准备工具、材料和仪器设备。

(2) 进行定位开孔。

(3) 进行取压装置、引压管、压力表的安装。

(4) 压力测量仪表投入前检查。

(5) 压力测量系统投运。

(6) 若有故障及时排除。

知识导航

一、压力取样口的选择

所选择的取压点应能反映被测压力的真实大小。要选在被测介质流束稳定的直管段部分，不要选在管路拐弯、分叉、死角或其他易形成旋涡的地方。

①水平或倾斜管道上压力测点的安装方位如图4-9所示。对于气体介质，应使气体内的少量凝结液能顺利流回工艺管道，不至于因为进入测量管路及仪表而造成测量误差，取压口应在管道的上半部。对于液体介质，则应使液体内析出的少量气体能顺利地流回工艺管道，不至于因为进入测量管路及仪表而导致测量不稳定，同时还应防止工艺管道底部的固体杂质进入测量管路及仪表，因此取压口应在管道的下半部，但是不能在管道的底部，最好是在管道水平中心线以下并与水平中心线成0°～45°夹角。对于蒸汽介质，应保持测量管路内有稳定的冷凝液，同时也要防止工艺管道底部的固体杂质进入测量管路和仪表，因此蒸汽的取压口应在管道的上半部及水平中心线以下，并与水平中心线成0°～45°夹角。

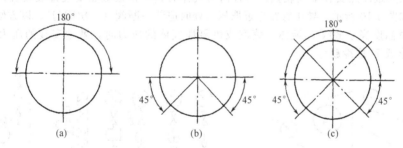

图4-9 水平或倾斜管道上压力测点的安装方位

(a) 流体为气体时；(b) 流体为液体时；(c) 流体为蒸汽时

②测量低于0.1MPa压力的测点，其标高应尽量接近测量仪表，以减少由于液柱引起的附加误差。

③测量汽轮机润滑油压的测点，应选择在油管路末段压力较低处。

④凝汽器的真空测点应在凝汽器喉部的中心点上选取。

⑤煤粉锅炉一次风压的测点，不宜靠近喷燃器，否则将受炉膛负压的影响而不真实。其测点位置应离喷燃器不小于8m，且各测点至喷燃器间的管道阻力应相等。二次风压的测点应在二次风调节门和二次风喷嘴之间。由于这段风道很短，因此，测点应尽量离二次风喷嘴远一些，同时各测点至二次风喷嘴间的距离应相等。

⑥炉膛压力的测点应能反映炉膛内的真实情况。若测点过高，接近过热器，则负压偏大；测点过低，距火焰中心近，则压力不稳定，甚至出现正压（对负压锅炉而言），故一般取在锅炉两侧喷燃室火焰中心上部。炉膛压力测点应从锅炉水冷壁管的间隙中选取。由于水冷壁管的间隙很小，如制造厂没有预留孔，可占用适当位置的看火孔或将测点处相邻两根水冷壁管弯成U形。

⑦锅炉烟道上的省煤器、预热器前后烟气压力测点，应在烟道左、右两侧的中心线上。对于大型锅炉，则可在烟道前侧或后侧选取，此时测点应在烟道断面的四等分线的 1/4 与 3/4 线上；左、右两侧压力测点的安装位置必须对称，并与相应的温度测点处于烟道的同一横断面上。

二、导压管的敷设与安装

1.压力信号导管（导压管）的选择与安装

被测压力信号是由导压管传输的，导压管会影响压力测量的质量。

①在被测压力变化时，导压管的长度和内径会影响整个测量系统的动态性能。工程上规定导压管的长度一般不超过 60m，测量高温介质时不应短于 3m。导压管的内径一般在 7～38mm 之间。测量的动态性能要求越高、介质的黏度越大、介质越脏污导压管越长，导压管的内径应越大；反之应小些。导压管内径与其长度及被测介质的关系见表 4-5。

表 4-5　导压管内经与其长度及被测介质的关系

被测介质	导压管最小内径/mm		
	长度<16m	长度在 16～45m	长度在 45～90m
水、水蒸气、干气体	7～9	10	13
湿气体	13	13	13
低、中黏度的油品	13	19	25
脏液体、脏气体	25	25	38

②导压管的敷设至少要有 3/100 的倾斜度，在测量低压时，最小倾斜度应增大到 5/100～10/100；在测量差压时，两根导压管应平行布置，并尽量靠近，使两管内介质的温度相等。当导压管内为液体时，应在其最高点安装排气装置；当管内为气体时，应在最低点安装排液装置，以免形成气塞或水塞，如图 4-10 所示。导压管在靠近取压口处时应装关断阀（一次阀门），以方便检修。

③当测量温度高于 60℃ 的液体、蒸汽或可凝性气体的压力时，就地安装的压力表的取源部件应带有环形或 U 形冷凝弯。

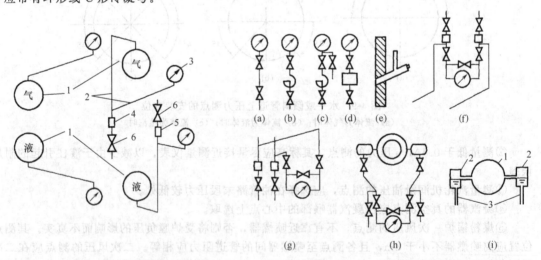

图 4-10　压力信号导管的布置示意
1—被测对象；2—压力信号导管；3—仪表（或变送器）；4—排液罐；5—排气罐；6—排水（气门）

图 4-11　导压信号管路附件的配置
1—被测管道；2—平衡容器；3—信号管道

2.导压管中的附件及其配置

在进行压力或差压测量时，导压管中经常装设的附件有一次、二次阀门，排气、排液阀门，泄压阀门，环形盘管，隔离容器，集气器，沉降器，平衡容器等。对于这些附件的配置如图 4-11 所示。

一次阀门主要用于截断测压系统，二次阀门主要用于截断压力表，见图 4-11（a）；环形盘管见图 4-11（b）、（c），装在二次阀门之前，主要隔离高温介质，以防其进入压力表；隔离容器安装在一次阀门之后，主要隔离腐蚀性介质或黏度大的介质，以防其进入压力表，见图 4-11（d）；沉降器安装在取压点处，见图 4-11（e），主要用于混合物的压力测量，防止固相物质对管路的阻塞；当导压管中的介质为气体、蒸汽时，在导压管的最低处或可能积液的地方要加装沉降器和排液阀，见图 4-11（g），以防管路系统的液塞；当导压管路中的介质为液体时，在导压管路的最高处或可能积气的地方安装集气器和排气阀门，以防管路系统的气塞，见图 4-11（f）；在进行蒸汽差压 ΔP 的测量时，在导压管上要加装平衡容器，见图 4-11（h）；由于蒸汽在导压管中可能会产生凝结水附加的液柱压力而造成测量误差，所以加装平衡容器后应使两个压力管路中的凝结水高度保持相等并为定值，见图 4-11（i），这就克服了信号管路中凝结水的影响。

3. 导压管铺设

①导压管粗细要合适，内径为 6～10mm，长度不超过 50m，以减少压力指示的迟缓。如超过 50m，应选用能远距离传送的压力计。

②导压管水平安装时应保证有 1∶20～1∶10 的倾斜度，以利于排出其中积存的液体或气体。

③当被测介质易冷凝或冻结时，须加保温或伴热管线。

④取压口到压力计之间应装有切断阀，以备检修压力计时使用。切断阀应装在靠近取压口的地方。

三、弹簧管压力表的安装

压力表安装的正确与否，直接影响到测量的准确性和压力表的使用寿命。

1. 压力仪表安装原则

仪表应安装在便于观察、维护和操作方便的地方，周围应干燥和无腐蚀性气体。因为仪表内有许多金属部件、电气零件，如果安装地点很潮湿或有腐蚀性气体，就会使传动机构及其他金属部件受到腐蚀，使零件松动和损坏，从而影响仪表的正常运行和缩短使用寿命。在实际安装中，如环境不够理想，就应采取措施，主要是提高仪表的密闭性，如将仪表外壳穿线孔堵塞、不留孔隙等。

仪表安装地点应避开强烈振动源，否则应采取防振动措施。

压力仪表（含变送器）的安装位置与测点有标高差时，仪表的校验应通过迁移的方法，消除因液柱引起的附加误差。测量汽轮机润滑油压力的仪表，其安装最佳标高与汽轮机轴中心线重合，以正确反映轴承内的油压。

仪表安装的环境温度应符合制造厂规定。温度太低，会使仪表内的介质冻结；温度过高，会影响弹性元件的特性。

弹性元件对温度的变化较敏感，如弹性元件与温度较高的介质接触或受到高温的辐射，弹性就要改变，而使测量时产生误差。当测量介质温度大于 70℃时，就地压力表仪表阀门前应装如图 4-12 所示的环形管或 U 形管，使仪表与高温介质间有一缓冲冷凝液。环形管或 U 形管的制作图见图 4-13，其弯曲半径不应小于导压管外径的 2.5 倍。

在测量剧烈波动的介质压力时，应在仪表阀门后装设缓冲装置，如图 4-14 所示。

就地压力表的安装高度一般为 1.5m 左右，以便于读数、维修。

2. 着地仪表安装要点

着地仪表如采用无支架方式安装，应符合下列各点要求。

①仪表与支持点的距离应尽量缩短，最大不应超过 600mm。

②导管的外径不应小于 14mm。

③不宜在有振动的地点采用此方式。

④带有电气接点或电气传送器的压力表不宜采用此方式。

⑤在可以短时间停用的设备或管路上采用此法安装压力表时，可取消其仪表阀门。

3. 远传压力表安装要点

压力表与支持点距离超过 600mm 时，应采用支架，并符合下列各点要求。

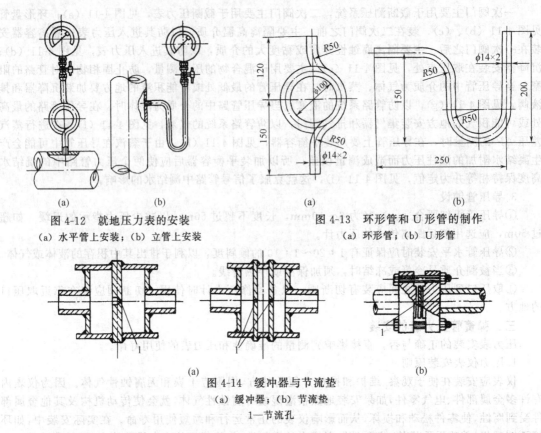

图 4-12 就地压力表的安装

(a) 水平管上安装；(b) 立管上安装

图 4-13 环形管和 U 形管的制作

(a) 环形管；(b) U 形管

图 4-14 缓冲器与节流垫

(a) 缓冲器；(b) 节流垫

1—节流孔

①仪表导管可在仪表阀门前或后用支架固定，导管中心线离墙距离应在 120～150mm 之间。

②当两块仪表并列安装时，仪表外壳间距离应保持 30～50mm。

③在有振动的地点安装时，应采用铸铁型压力表支架，并在支架与固定壁间衬入厚度约 10mm 的胶皮垫，且铸铁的减振性能较好。

4. 压力表的安装高度

①测量低压的压力表或变送器的安装高度宜与取压点的高度一致。

②着地安装的压力表不应固定在振动较大的工艺设备或管道上。

③测量高压的压力表安装在操作岗位附近时，宜距地面 1.8m 以上，或在仪表正面加保护罩。

④当取压口与压力表不在同一高度时，应对仪表读数进行高度差的修正，修正公式如下。

仪表在测点上方

$$P_d = P_c - H\rho g$$

仪表在测点下方

$$P_d = P_c + H\rho g$$

式中　P_d——仪表示值；

P_c——被测压力；

H——仪表与被测压力管道高度差；

ρ——被测介质密度；

g——重力加速度。

四、压力测量系统的投用与故障排除

1. 压力表使用前的工作

①检查一、二次阀门，管路及接头处应连接正确牢固，二次阀门排污门已关闭，接头锁母不

渗漏，盘根添加适量，操作手轮和紧固螺丝与垫圈齐全完好。

②压力表及固定卡子应牢固。

③电触点压力表应检查和调整信号装置部分。

2.压力表的使用

应先关闭排污阀，然后缓慢打开根部阀，以免造成仪表受冲击而损坏，根部阀全开后要倒回半圈，以方便下次检修。

3.压力表的故障排除

弹簧管压力表常见故障与处理方法如表4-6所示。

表4-6 弹簧管压力表常见故障与处理方法

故障	现象	故障原因	排除方法
指示值不合格	各点差数一致	指针位置不当	重新校验定针
	指示值出现前快后慢或前慢后快	①传动比不当 ②中心齿轮轴没处在表盘的中心点 ③弹簧管扩展移动与压力成非正比例系	①调整连杆在扇形齿轮上的滑动位 ②旋松下夹板与表基座上的两个螺钉，调整机芯 ③做弹簧管弯曲校正
	其中一、二点超差	拉杆与扇形齿轮角不对	调整角度
	轻敲后变差太大	①机械传动部分有摩擦，孔径磨损大，连杆螺钉松动 ②指针不平衡，游丝有摩擦或没调整好 ③指针与表盘间有摩擦，指针与铜轴颈间松动	①消除摩擦部位，缩孔，调整螺钉，润滑加油 ②更换指针，消除游丝相碰处并调整紧度 ③消除摩擦，铆紧指针
在现场工作的压力表指示比实际值偏低或偏高		①指针错位 ②压力表安装地点高于测压点（偏低）或低于测压点（偏高）	①拆下压力表，重新校验指针 ②更改压力表安装地点或加以修正
压力表在校验中指针跳动		①机芯活动部分及轴孔磨损太大 ②弹簧管自由端与连杆结合螺钉处不活动，扇形齿轮与连杆上螺钉不活动 ③中心齿轮、扇形齿轮有缺齿或毛刺 ④指针与刻度盘或玻璃摩擦 ⑤上、下夹板组装后不平行，游丝碰上、下夹板 ⑥指针不平衡	①缩孔，调整间隙，更换零件 ②修理调整螺钉与孔间隙，润滑加油 ③对齿轮进行修齿或修理 ④消除摩擦部位 ⑤拆机芯，调整上下夹板，调整游丝 ⑥更换指针或调整指针平衡
在生产中压力表指针快速抖动		①引入被测介质波动太大 ②四周有高频振动	①加缓冲装置（缓冲管、缓冲器），关小仪表阀门 ②加防振装置
压力表在工作中没有指示		①中心齿轮和扇形齿轮被游丝卡住 ②连杆端头处螺钉振掉 ③弹簧管漏 ④通入压力表导压部分堵塞（阀门、垫） ⑤弹簧管内腔堵塞 ⑥因磨损，中心齿轮和扇形齿轮不能咬合	①将游丝与齿轮脱开，修复或更新 ②将螺钉恢复好 ③补焊或更换弹簧管 ④拆下压力表，加压检查堵塞部位 ⑤用压力泵抽吸，或烫开后用钢丝疏通 ⑥更换机芯

故障	现象	故障原因	排除方法
指针不回零		①机械传动部分不灵活，有摩擦 ②游丝松紧不当或表内没有游丝 ③指针不平衡，指针与铜轴颈间松动 ④弹簧管产生"弹后效应" ⑤管路有堵塞，表内有压力 ⑥指针错位	①调整摩擦部分，润滑加油 ②调整游丝松紧度，加装游丝 ③更换指针，铆紧指针 ④做弹簧管校正或更换弹簧管 ⑤拆下压力表，疏通导压管及压力表 ⑥重新校验指针
指针指示达不到满度		①中心齿轮和扇形齿轮咬合不当 ②连杆太短 ③更换机芯时，传动比选择不当 ④新更换的弹簧管自由端位移量太小（加压满量程时）	①调整合位置 ②更换连杆 ③选择合适的机芯 ④更换合适的弹簧管
表内有液体		①壳体与表蒙水密性不够 ②弹簧管泄漏	①检查并更换表接头处、表蒙处胶圈 ②补焊或更换弹簧管

请你做一做

安装一台弹簧管压力表，并使其投入运行。

任务二　电容式压力（差压）变送器的安装与检修

子任务一　电容式压力（差压）变送器的认识与选用

任务引领

电容式变送器是一种精度高、稳定性好、结构简单、使用方便的压力、差压变送器，目前广泛应用于电力、石油、化工、冶金、食品等具有较高检测技术水平的行业，可连续测量流体介质的压力、差压、流量、液位等热工参数，并将它们转换成直流电流信号。本任务主要以美国罗斯蒙特公司生产的 1151 系列电容式压力（差压）变送器为研究对象。

任务要求

（1）熟悉电容式压力（差压）变送器的结构特点及测压原理。
（2）学会选用合适的压力（差压）变送器。具体包括：
①学会根据工业生产的工艺要求选择压力表的类型；
②学会根据压力参数的大小范围选择压力表的量程大小；
③根据测量的精度要求选择压力表精度等级；
（3）会正确分析压力测量误差的产生原因和减小误差的方法。

任务准备

问题引导：
（1）压力变送器的作用是什么？
（2）结合实物描述电容式压力（差压）变送器的结构，并分析测量原理，其输入输出信号、供电电源各是多少？

(3) 选用压力变送器主要考虑哪些因素？

(4) 通常在压力表的采购和订货中应明确哪些事项？

● 任务实施

(1) 教师对电容式压力（差压）变送器进行实物演示与操作示范。

(2) 结合实物认识电容式压力（差压）变送器的结构并分析测量原理。

(3) 绘制压力检测系统图，并对误差进行分析。

(4) 请到实习电厂进行调研，了解各类压力测量仪表的安装位置与运行情况。

● 知识导航

一、电容式压力（差压）变送器特点

电容式压力（差压）变送器在结构上由测量和转换两部分串联构成，如图 4-15 所示。被测差压 ΔP 作用在金属膜片上，使膜片产生微小位移 Δd，引起差动电容的电容量发生变化，再由测量电路和放大输出电路将电容量的变化转换为标准电流信号。它采用 24V DC 集中供电，4～20mA DC 电流信号控制，是两线制传输式仪表。作为一种新型压力变送器，1151 电容式压力变送器具有以下主要特点。

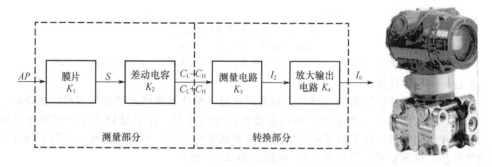

图 4-15 1151 电容式压力变送器的总体结构

1.结构方面

因为采用微位移式工作原理，并以差动电容作为检测元件，整个变送器无机械传动和机械调整部分。感测部分零部件很少，测量电路也不复杂。整个仪表重量大约只有力平衡式变送器的三分之一，体积约为二分之一，因此结构简单、体积小、重量轻。另外，变送器结构组件化，线路板插件化，基型品种的外型尺寸统一，压力、差压感测部分只采用一种结构形式，对于不同的测量范围，只需改变测量膜片的厚度即可，所以通用化、系列化程度高，安装维护方便。

2.性能方面

变送器除中央测量膜片作为可动电极产生微小位移之外，无其他可动零部件，而且电容的相对变化量较大。测量膜片采用预先张紧工艺，所受压力与位移呈线性关系，故准确度高（±0.2%～±0.5%）、线性度好。由于结构简单，测量膜片的质量小，故动态响应快、耐振动、冲击。固定电极采用球面形状，过载保护性能好。敏感部件采用全焊接对称式结构，可承受环境温度影响以及介质温度、压力急剧变化的影响。此外，静压影响也极小。因此，电容式压力变送器能满足现代工业生产对检测变送仪表提出的高准确度、高稳定性、高可靠性的要求。

3.使用方面

电容式压力变送器品种齐全，测量范围为 0.123kPa～7MPa，最高工作压力为 32MPa，被测压力最高可达到 42MPa，仪表的调整使用也方便。

二、测量部分的结构原理

测量部分的作用是把被测压力或差压的变化转换成差动电容值的变化。

1. 测量部分的结构

电容式压力变送器采用球面结构。图 4-16 所示为该变送器的结构示意图，测量部分主要由测量膜片、固定电极、刚性绝缘体、隔离膜片、基体、充灌液、引线等组成。测量膜片与固定结构间有两个电容器 C_H 和 C_L。当被测差压 ΔP 进入变送器的高低压室时，经隔离膜片和充灌液的传递作用在测量膜片上，则测量膜片发生挠曲，产生与差压成比例的微小位移 Δd。因此，测量膜片与固定电极之间距离发生变化，使 C_H 减小、C_L 增大。这样，就将被测差压转换成电容量的变化。

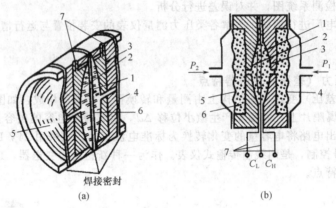

图 4-16　测量部分结构示意图

(a) 结构图；(b) 结构示意图

1—测量膜片（可动极板）；2、3—固定电极；4、5—隔离膜片；6—充灌液；7—引线

2. 差压——位移转换

本变送器中，无论被测差压高或低，都采用金属平膜片做敏感元件以得到相应的位移。平膜片形状简单，根据它的压力-位移物理特性和微小位移的情况，在测量较高压力时采用结构尺寸恰当的厚膜片，测量较低压力时采用张紧的（具有预紧应力的）薄膜片。两种情况下均可得到良好的线性特性。设测量膜片位移为 Δd，被测差为 ΔP，则有

$$\Delta d = K_1 \Delta P$$

式中，K_1 为与膜片结构尺寸的材料性质有关的比例数。

3. 位移——电容转换

固定电极是球面形的，它们与平膜片分别构成球面电容 C_H 和 C_L。由于固定电极球面的球体半径较大，固定电极与可动电极间距离较小，所以球面容器的特性近似于平行板电容器的特征。下面用平行板电容器来讨论位移 Δd 与电容间的转换关系。

差动平行板电容器如图 4-17 所示，其电容量可表示为

$$C_H = \frac{\varepsilon A}{d_0 + \Delta d}, \quad C_L = \frac{\varepsilon A}{d_0 - \Delta d}$$

式中　ε——极板间介质的介电常数；

　　　A——电容极板的有效面积；

　　　d_0——极板间初始距离，m；

　　　Δd——可动电极的位移，m。

上式中电容 C_H 和 C_L 与可动电极位移 Δd 之间呈非线性关系。如果取电容之差比电容之和，解得

$$\frac{C_L - C_H}{C_L + C_H} = \frac{\Delta d}{d_0} = K_2 \Delta d$$

将 $\Delta d = K_1 \Delta P$ 代入上式，可得

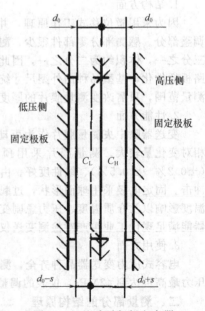

图 4-17　差动平行板电容器

$$\frac{C_L - C_H}{C_L + C_H} = K_1 K_2 \Delta P$$

该式即为电容式变送器测量部分差压-电容转移关系式,由此可得出以下结论。

① 比值 $\dfrac{C_L - C_H}{C_L + C_H}$ 与被测差压成正比 ΔP。

② 比值 $\dfrac{C_L - C_H}{C_L + C_H}$ 与介电常数 ε 无关,从设计原理上消除了介电常数的变化带来的误差。

③ 如果差动电容结构完全对称,可得到良好的线性转换关系。

由上述分析可知,如果在转换部分设计一种电路,使电路中电流

$$I_i = K_3 \frac{C_L - C_H}{C_L + C_H}$$

则

$$I_i = K_3 K_2 K_1 \Delta P$$

那么就可将被测差压 ΔP 成比例地转换成电流信号。

三、转换部分的工作原理

转换部分的作用是将电容比 $\dfrac{C_L - C_H}{C_L + C_H}$ 的变化转换成标准输出电流信号(4~20mA DC),同时还具有零点调整、零点迁移、量程调整、阻尼调整、线性调整等功能。

电容式压力变送器的转换部分电路方框图如图 4-18 所示。转换部分电路又可分为测量电路和放大输出电路两部分。测量电路包括振荡器、解调器和振荡控制放大器,任务是将电容比 $\dfrac{C_L - C_H}{C_L + C_H}$ 转换成电流信号 I_i。放大输出电路包括电流控制放大器、电流转换器、调零电路、调量程电路、电流限制器和电压调整器,放大输出电路的作用是将 I_i 转换成 4~20mA DC 的统一信号。

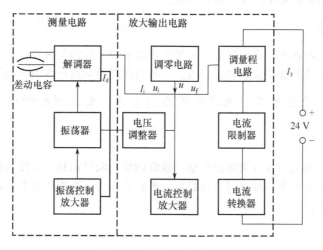

图 4-18　转换电路方框图

四、电容式压力变送器的选用

在工业生产中,对压力变送器进行选型、确定检测点与安装等是非常重要的。变送器的选用的基本原则是依据实际工艺生产过程对压力测量所要求的工艺指标、测压范围、允许误差、介质特性及生产安全等因素,确保经济合理、使用方便。

1. 压力介质的特性

气体、液体或有腐蚀性的物质会不会破坏变送器中与这些介质直接接触的材料。这些因素将决定是否选择直接的隔离膜及选择直接与介质接触的材料。

2. 工作的温度范围

通常一个变送器会标定两个温度范围，即正常操作的温度范围和温度可补偿的范围。正常操作温度范围是指变送器在工作状态下不被破坏的时候的温度范围，在超出温度补偿范围时，可能会达不到其应用的性能指标。温度补偿范围是一个比操作温度范围小的典型范围，在这个范围内工作，变送器肯定会达到其应有的性能指标。温度变化从两方面影响着其输出，一是零点漂移，二是影响满量程输出。

3. 所测的压力量程

理解所测压力特点：绝压、表压、相对压力；压力量程、动态范围、抗过载压力值。绝压是被测点的绝对压力值，表压是被测点的压力值与大气压力值的差值，相对压力是两个指定的压力点之间的压力差值。先确定系统中要确认测量压力的最大值，一般要选被测最大压力的 1.5 倍作为压力变送器的量程，这主要是考虑到压力峰值的持续不规则波动，避免瞬间的峰值导致压力变送器损坏，延长变送器的使用寿命。

4. 安装接口形式

安装螺纹的要求，公制、英制、螺距等。

5. 工作环境

一定要考虑到将来变送器的工作环境，湿度如何，会不会存在强烈的撞击或振动等。

上述五点基本上决定了所选压力变送器的原理、变送器机械结构形式。

6. 精度

决定精度的因素有非线性、迟滞性、重复性、灵敏度、零点偏置的温度的特性等，但主要是非线性、迟滞性、重复性。精度越高，价格也就越高。

7. 工作后需要保持稳定度——时漂

变送器在经过超时工作后会产生"漂移"，因此很有必要在购买前了解变送器的时漂，这种预先的工作能减少将来使用中出现的种种麻烦。

● 请你做一做

识读压力变送器的铭牌，查阅压力变送器的产品手册，弄清楚每种压力变送器的特点，思考一下实训装置中为何选择这些仪表和传感器。了解当前压力检测技术的进展情况。

子任务二　电容式压力（差压）变送器的调校

● 任务引领

电容式压力变送器的调校分为零位调整、量程调整、阻尼调整、线性调整等几部分。与压力表的校验相似，用压力发生器提供测量过程范围的标准压力，观察压力变送器的输出值，比较实际输出值和理论输出值，以进行校验。

● 任务要求

(1) 熟悉电容式压力（差压）变送器调校的原理。
(2) 能熟练调校电容式压力（差压）变送器。
(3) 能熟练进行变送器量程的迁移。

● 任务准备

问题引导：
(1) 压力变送器一般检查的内容是什么？
(2) 压力变送器调校的项目各有哪些？
(3) 压力变送器的量程迁移分哪几种？如何迁移？

（4）阅读仪器仪表使用说明书，了解仪表应用要求。

◉ **任务实施**

（1）准备仪器设备。

（2）进行一般检查。

（3）进行压力变送器的零点、量程调整，各点示值校验，记录数据，计算误差，判断精度是否合格。

（4）进行压力变送器的线性调整、阻尼调整。

（5）进行量程迁移。

◉ **知识导航**

一、压力变送器的零位检查及量程校验

1. 回零检查

按三阀组的开关顺序（此法为一般仪表，不包括带隔离液仪表）。

①关闭正压阀。

②打开平衡阀。

③关闭负压阀。

④将表堵头螺钉松开排堵。

⑤检查并调整仪表零位。

⑥投用及清洁现场。

2. 变送器零位、量程校验

将标准压力信号发生器、标准电流表、24V DC 电源及连接件、导线等，按调校接线图 4-19 所示正确接线。

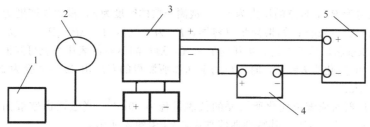

图 4-19　电容式压力变送器调校接线图

1—加压设备；2—差压显示仪表；3—变送器；4—0.2 级直流毫安表（数字毫安表）；5—24V DC 电源

①将仪表正、负压室通大气，接通电源稳定 3min 后，将阻尼时间置最小，此时变送器为 4mA，否则调整零点螺钉，使之输出为 4mA。

②给变送器正压室输入量程信号，负压室通大气，变送器输出为 20 mA，若有偏差，调整量程螺钉，使之输出为 20mA。

③重复步骤①、②使之符合要求为止。

④将测量范围分为 5 点，按 0%、25%、50%、75%、100% 逐点输入信号，变送器的输出值应在允许范围内，若超差，反复调整零位、量程。

⑤投用仪表并告知工艺。

⑥填写校验单。

3. 导压管打压

①关闭一次阀，打开排污阀。

②待排污干净后将打压泵连接好，关闭三阀组正负压阀，打开平衡阀。

③打压待压力在一定情况下时，将一次阀打开，进一步打压，至导压管导通，关闭一次阀打压，重复操作，使导压管畅通。

④疏通后投用仪表并告知工艺。

⑤清理现场卫生。

二、电容式压力变送器的迁移

应用压力变送器测量差压时，如果压力变送器的正、负压室与容器的取压点处在同一水平面上，就不需要迁移。而在实际应用中，出于对设备安装位置和便于维护等方面的考虑，测量仪表不一定都能与取压点在同一水平面上；又如被测介质是强腐蚀性或重黏度的液体，不能直接把介质引入测压仪表，必须安装隔离液罐，用隔离液来传递压力信号，以防被测仪表被腐蚀。这时就要考虑介质和隔离液的液柱对测压仪表读数的影响。为了能够正确指示测量值，压力变送器必须做一些技术处理，即迁移。迁移分为无迁移、负迁移和正迁移。

1. 无迁移

将压力变送器的正、负压室与容器的取压点安装在同一水平面上，如图 4-20 所示。

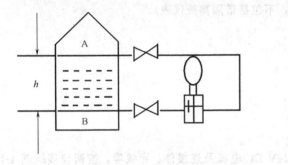

图 4-20　无迁移原理图

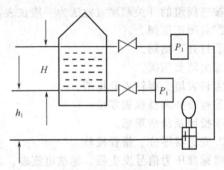

图 4-21　负迁移原理图

设 A 点的压力为 P_-，B 点的压力为 P_+，被测介质的密度为 ρ，重力加速度为 g，则 $\Delta P = P_+ - P_- = \rho g h + P_- - P_- = \rho g h$；如果为敞口容器，$P_-$ 为大气压力，$\Delta P = P_+ = \rho g h$。由此可见，如果压力变送器正压室和取压点相连，负压室通大气，通过测 B 点的表压力就可知液面的高度。

当液面由 $h = 0$ 变化为 $h = h_{max}$ 时，压力变送器所测得的差压由 $\Delta P = 0$ 变为 $\Delta P = \rho g h_{max}$，输出由 4mA 变为 20mA。

假设压力变送器对应液位变化所需要的仪表量程为 30kPa，当液面由空液面变为满液面时，所测得的差压由 0 变为 30kPa，其特性曲线如图 4-23 中的 a 所示。

2. 负迁移

如图 4-21 所示，为了防止密闭容器内的液体或气体进入压力变送器的取压室，造成导压管的堵塞或腐蚀，在压力变送器的正、负压室与取压点之间分别装有隔离液罐，并充以隔离液，其密度为 ρ_1。

当 $H = 0$ 时，$P_+ = \rho_1 g h_1$，$P_- = \rho_1 g (H + h_1)$，$\Delta P = P_+ - P_- = -\rho_1 g H$。

当 $H = H_{max}$ 时，$P_+ = \rho_1 g h_1 + \rho g H$，$P_- = \rho_1 g (H + h_1)$，$\Delta P = P_+ - P_- = \rho g H - \rho_1 g H = (\rho - \rho_1) g H$。

当 $H = 0$ 时，$\Delta P = -\rho_1 g H$，在压力变送器的负压室存在一静压力 $\rho_1 g H$，使差压变送器的输出小于 4mA。当 $H = H_{max}$ 时，$\Delta P = (\rho - \rho_1) g H_{max}$，由于在实际工作中 $\rho_1 \gg \rho$，所以在最高液位时，负压室的压力也远大于正压室的压力，使仪表输出仍小于实际液面所对应的仪表输出，这样就破坏了变送器输出与液位之间的正常关系。为了使仪表输出和实际液面相对应，就必须把负压室导压管这段 H 液柱产生的静压力 $\rho_1 g H$ 消除掉，要想消除这个静压力，就要调校压力变送器，也就是对压力变送器进行负迁移，$\rho_1 g H$ 这个静压力叫做迁移量。

调校压力变送器时，负压室接入信号，正压室通大气。假设仪表的量程为 30kPa，迁移量

$\rho_1 g H = 30\text{kPa}$，调校时，负压室加压 30kPa，调整压力变送器零点旋钮，使其输出为 4mA。之后，负压室不加压，调整差压变送器量程旋钮，直至输出为 20mA，中间三点按等刻度校验。输入与输出的关系见表 4-7。

表 4-7 负迁移时变送器输入与输出的关系

量程/%	0	25	50	75	100
输入/kPa	−30	−22.5	−15	−7.5	0
输出/mA	4	8	12	16	20

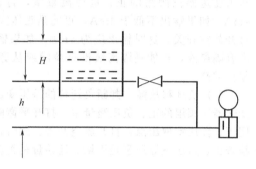

当液面由空液面升至满液面时，变送器差压由 $\Delta P = -30\text{kPa}$ 变化至 $\Delta P = 0\text{kPa}$，输出电流值由 4mA 变为 20mA，其特性曲线如图 4-23 中的 b 所示。

3. 正迁移

在实际测量中，变送器的安装位置往往与最低液位不在同一水平面上，如图 4-22 所示。容器为敞口容器，差压变送器的位置比最低液位低 h 距离，$\Delta P = P = \rho g H + \rho g h$。

当 $H = 0$ 时，$\Delta P = \rho g h$，在差压变送器正压室存在一静压力，使其输出大于 4mA。

图 4-22 正迁移原理图

当 $H = H_{max}$ 时，$\Delta P = \rho g H + \rho g h$，变送器输出也远大于 20mA，因此，也必须把 $\rho g h$ 这段静压力消除掉，这就是正迁移。

调校时，正压室接输入信号，负压室通大气。假设仪表量程仍为 30kPa，迁移量 $\rho g h = 30\text{kPa}$。输入与输出的关系见表 4-8。

表 4-8 正迁移时变送器输入与输出的关系

量程/%	0	25	50	75	100
输入/kPa	30	37.5	45	52.5	60
输出/mA	4	8	12	16	20

其特性曲线如图 4-23 中的 c 所示。如果现场所选用的压力变送器属智能型，能够与 HART 手操器进行通信，可以直接用手操器对其进行调校。

4. 测量范围、量程范围和迁移量的关系

压力变送器的测量范围等于量程和迁移量之和，即测量范围＝量程范围＋迁移量。如图 4-23 所示，a 量程 30kPa，无迁移量，测量范围等于量程，为 30kPa；b 量程为 30kPa，迁移量为 −30kPa，测量范围为 −30～0kPa；c 量程为 30kPa，迁移量为 30kPa，测量范围为 30

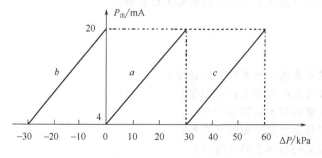

图 4-23 测量范围、量程范围和迁移量的关系

～60kPa。

由此可见，正、负迁移的输入、输出特性曲线为不带迁移量的特性曲线沿表示输入量的横坐标平移，正迁移向正方向移动，负迁移向负方向移动，而且移动的距离即为迁移量。

综上所述，正、负迁移的实质是通过调校压力变送器改变量程的上、下限值，而量程的大小不变。如果从负压室来看，也可以简单理解为正迁移，好比在负压室增加 pgh 迁移量，而正迁移好比在负压室减少 pgh 迁移量。

5.带迁移的压力变送器故障分析

（1）正迁移故障　判断正迁移的压力变送器在现场使用过程中测量是否准确，首先应关闭压力变送器三阀组的正、负压测量室，打开平衡阀及仪表放空堵头，此时仪表输出应低于 4mA，如果输出不低于 4mA，可能是正压室引线或三阀组有些堵。其次，关闭正压室取压点，打开放空开关，这时输出应为 4mA。如果输出低于 4mA，可能是迁移量变小或零位偏低；若灌有隔离液，可能是隔离液没有灌满或从旁处漏掉；如果输出高于 4mA，说明迁移量变大或零位偏高。

（2）负迁移故障　判断负迁移的差压变送器在现场使用过程中测量是否准确，首先关闭压力变送器三阀组的正、负压测量室，打开平衡阀及仪表放空堵头，仪表输出应为 20mA。其次，关闭正、负压室取压点，打开放空开关，此时，仪表输出应为 4mA，如果不为 20mA 或 4mA，应检查正、负压室导压管是否堵、迁移量是否改变、零位是否准确、隔离液是否流失等。

🔵 请你做一做

如果将量程扩大一倍，请调整压力变送器。

子任务三　电容式压力（差压）变送器的安装与投运

🔵 任务引领

变送器安装方法不正确、安装位置选择不适当，不仅影响参数的测量结果，带来测量误差，而且影响到系统的控制质量和设备运行的安全。变送器安装完成后，应严格按操作步骤将变送器正确投入到检测控制系统中。

🔵 任务要求

（1）熟练选择压力变送器的安装地点和附件。
（2）能做好压力变送器安装前的准备工作。
（3）正确进行压力变送器及附件的安装。
（4）能正确熟练地对差压变送器进行投运操作。
（5）熟悉压力测量变送系统的故障现象。
（6）能排除压力测量变送系统的故障。
（7）能对电容式压力（差压）变送器的故障进行检修。

🔵 任务准备

问题引导：
（1）压力变送器的安装地点和附件如何选择？
（2）压力变送器安装前的准备工作有哪些？
（3）压力变送器安装的基本原则是什么？
（4）压力测量仪表投运之前要做哪些检查？
（5）差压变送器投运的具体步骤有哪些？
（6）电容式压力（差压）变送器的故障现象主要有哪些？如何检修？

任务实施

(1) 准备工具、材料和仪器设备。

(2) 进行定位开孔。

(3) 进行取压装置、导压管、压力表的安装。

(4) 压力测量仪表投入前检查。

(5) 压力测量系统调试与投运。

(6) 若有故障，及时排除。

知识导航

一、压力变送器安装时的测点选择

变送器测量结果的准确性不仅与变送器本身的精度等级有关，而且还与变送器的安装、使用是否正确有关。

压力检测点应选在能准确、及时地反映被测压力的真实情况的位置。因此，取压点不能处于流束紊乱的地方，即要选在管道的直线部分，即离局部阻力较远的地方。

测量高温蒸汽压力时，应装回形冷凝液管或冷凝器，以防止高温蒸汽与测压元件直接接触。

测量有腐蚀性、高黏度、有结晶等介质时，应加装充有中性介质的隔离罐。隔离罐内的隔离液应选择沸点高、凝固点低、化学与物理性能稳定的液体，如甘油、乙醇等。

压力变送器安装高度与取压点相同或相近。

二、压力变送器和差压变送器的安装

压力变送器和差压变送器的安装一般采取"大分散、小集中、不设变送器小室"的原则，以使其布置地点靠近取源部件。安装地点应避开强烈振动源和电磁场，环境温度应符合制造厂的规定（环境温度对变送器内的半导体元件特性影响较大）。

测量蒸汽或液体微工作压力的压力变送器，其安装位置与测点的标高差引起的水柱压力应小于变送器的零点迁移最大值，否则将无法测量。例如，某汽轮机轴封蒸汽工作压力为 20kPa，选用量程为 35kPa 的 1151 电容式压力变送器。由于迁移后的量程上下限均不得超过量程极限，若测点与变送器的标高差大于 3.5m 时，通过迁移的办法将无法满足测量要求。因此，本例安装时，应使变送器与测点的标高差小于 3.5m。

单元组合仪表的变送器、1151 系列电容式变送器、E 系列扩散硅电子式变送器等，由环形夹固定在垂直或水平安装的管状支架上，如图 4-24 所示，管状支架直径为 45～60mm。对于有防冻（或防雨）要求的变送器，应安装在保温箱（或保护箱）内。根据保温箱（或保护箱）箱体尺寸的大小，可安装 1～6 台。图 4-25 所示为电容式压力变送器、差压变送器在保温箱（或保护箱）内三列双层时（6 台变送器）的安装方式。双层布置时，一般上层安装差压变送器，下层安装压力变送器。箱体内的变送器导压管可以从箱侧后壁的预留孔引进。导压管引入处应密封。变送器的排污管及排污阀门一律安装在箱体外，如图 4-26 所示。对无防冻（或防雨）要求的变送器，采取支架安装方式。

三、差压变送器的投用与故障排除

1. 差压变送器的投用

差压变送器有正压室与负压室，初次接触的人往往在操作过程中会损坏变送器。其操作的原则是：防单向受压；防出

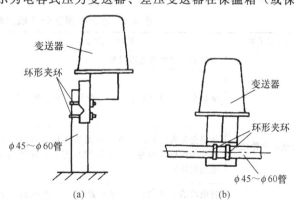

图 4-24　单元组合仪表等变送器的安装方式

(a) 安装在垂直管道上；(b) 安装在水平管道上

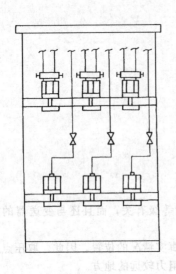

图 4-25　电容式变送器在保温箱(保护箱)内的安装图

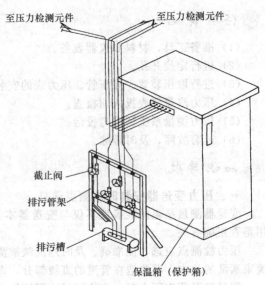

图 4-26　变送器的排污管及排污阀门的安装

现环流。所谓单向受压是指差压计所受工作静压远远大于其所测量的差压值,一旦正、负压室一边受到静压作用必会造成测量元件损坏。所谓出现环流是指一、二次阀门和平衡阀门都打开时,在节流件产生的差压作用下,高温测量介质由一次阀门正→二次阀门正→平衡阀门→二次阀门负→一次阀门负构成环路,使得仪表管内冷凝水被冲走。高温介质会直接危及仪表安全。因此,在进行阀门的操作时应避免上述情况的发生。

　　具体操作步骤:确认一次阀门是否关闭,二次阀门与平衡阀门是否关闭,排污阀门是否关闭,确认都已经关闭后投入变送器电源,首先开启平衡阀门,然后打开一次阀门,观察没有问题后进行排污;排污必须根据介质情况操作,有蒸汽的必须小心开启排污阀门,不要将排污阀门开足,排污时见到有蒸汽冒出,立即关闭排污阀门,否则容易造成人员的烫伤,也容易使盘内仪表受潮,更容易造成线路短接,损坏仪表设备;排污完毕,关好排污阀门,然后才能缓慢开启二次阀门正压门,关闭平衡阀门,最后开启二次阀门负压门。到此,整个操作步骤完成。

　　注意,停机时且该表不投用的状态下,必须将平衡阀门打开,以此来作为变送器的一项保护措施。

　　2.压力测量变送系统故障及解决方法

　　压力测量变送系统的故障及解决方法如表 4-9 所示。

表 4-9　压力测量变送系统的故障及解决方法

故障现象	检查与测试	解决办法
变送器无输出	查看变送器电源是否接反	把电源极性接正确
	测量变送器的供电电源,是否有 24V 直流电压	必须保证供给变送器的电源电压≥12V。如果没有电源,则应检查回路是否断线、检测仪表是否选取错误(输入阻抗应≤250Ω)等
	如果是带表头的,检查表头是否损坏(可以先将表头的两根线短路,如果短路后正常,则说明是表头损坏)	表头损坏的则需另换表头
	将电流表串入 24V 电源回路中,检查电流是否正常	如果正常,则说明变送器正常,此时应检查回路中其他仪表是否正常
	电源是否接在变送器电源输入端	把电源线接在电源接线端子上

续表

故障现象	检查与测试	解决办法
变送器输出 ≥20mA	变送器电源是否正常	如果小于12V DC，则应检查回路中是否有大的负载，变送器负载的输入阻抗应符合 $R_L \leqslant$（变送器供电电压－12V）/0.02A
	实际压力是否超过压力变送器的所选量程	重新选用适当量程的压力变送器
	压力传感器是否损坏，严重的过载有时会损坏隔离膜片	需发回生产厂家进行修理
	接线是否松动	接好线并拧紧
	电源线接线是否正确	电源线应接在相应的接线柱上
变送器输出 ≤4mA	变送器电源是否正常	如果小于12V DC，则应检查回路中是否有大的负载，变送器负载的输入阻抗应符合 $R_L \leqslant$（变送器供电电压－12V）/0.02A
	实际压力是否超过压力变送器的所选量程	重新选用适当量程的压力变送器
	压力传感器是否损坏，严重的过载有时会损坏隔离膜片	需发回生产厂家进行修理
压力指示不正确	变送器电源是否正常	如果小于12V DC，则应检查回路中是否有大的负载，变送器负载的输入阻抗应符合 $R_L \leqslant$（变送器供电电压－12V）/0.02A
	参照的压力值是否一定正确	如果参照压力表的精度低，则需另换精度较高的压力表
	压力指示仪表的量程是否与压力变送器的量程一致	压力指示仪表的量程必须与压力变送器的量程一致
	压力指示仪表的输入与相应的接线是否正确	压力指示仪表的输入是4～20mA的，则变送器输出信号可直接接入；如果压力指示仪表的输入是1～5V，则必须在压力指示仪表的输入端并接一个精度在千分之一及以上、阻值为250Ω的电阻，然后再接入变送器的输入
	变送器负载的输入阻抗应符合 $R_L \leqslant$（变送器供电电压－12V）/0.02A	如不符合，则根据其不同采取相应措施，如升高供电电压（但必须低于36V DC）、减小负载等
	多点纸记录仪没有记录时输入端是否开路	如果开路：不能再带其他负载；改用其他没有记录时输入阻抗≤250Ω的记录仪
	相应的设备外壳是否接地	设备外壳接地
	是否与交流电源及其他电源分开走线	与交流电源及其他电源分开走线
	压力传感器是否损坏，严重的过载有时会损坏隔离膜片	需发回生产厂家进行修理
	管路内是否有沙子、杂质等堵塞管道，有杂质时会使测量精度受到影响	需清理杂质，并在压力接口前加过滤网
	管路的温度是否过高，压力传感器的使用温度是－25～85℃，但实际使用时最好在－20～70℃以内	加缓冲管以散热，使用前最好在缓冲管内先加些冷水，以防过热蒸汽直接冲击传感器，从而损坏传感器或降低使用寿命
仪表指示逐渐下降，甚至回零	可能三阀组的平衡阀泄漏	先紧固三阀组的平衡阀，如不行，更换新三阀组
	可能被测气体带液严重	排放积液，最好将表头移至管道上方

续表

故障现象	检查与测试	解决办法
仪表指示不准	可能零位不准或漂移	重新调整零位，并检查是否零漂
	①未带冲洗油的仪表，可能正负导压管、膜盒处有杂质堵塞	①疏通并把杂质排放干净
	②带冲洗油的仪表，可能正负导压管、膜盒处有重介质堵塞	②打冲洗油或用打压泵疏通
	③带反吹扫的仪表，可能正负引压管、膜盒处有杂质堵塞，反吹扫系统有些堵	③疏通并把杂质排放干净
	可能导压管、三阀组、平衡阀、膜盒、各接头处有泄漏	检查泄漏点并处理好
	可能量程不准	重新校验仪表
	可能仪表膜盒有损坏	检查、确认膜盒是否完好，如果有问题，需更换新仪表
	可能供电电压偏低	检查电路，排除其相应故障
仪表变化不灵敏	可能阻尼过大	调整阻尼
	可能正负导压管、膜盒处有杂质堵塞或不畅通	疏通并把杂质排放干净，或打冲洗油
	可能调节阀动作不灵敏	检查并处理好调节阀故障
仪表波动较大	可能阻尼过小	调整阻尼
	可能工艺本身就波动	和工艺一起确认
	可能 PID 参数调节不当	协助工艺调整 PID 参数

◉ 请你做一做

请根据实训系统中水泵出口处的压力大小和测量精度的要求，选择合适的压力表和压力变送器，设计出该实训装置中压力的自动检测和变送系统，并完成该自动检测和变送系统的仪表调整、迁移、安装与接线、投用及故障排除等任务。

◉ 小结

(1) 在工业生产过程中，压力的测点多且测量范围宽。因此，确保压力测量的准确可靠，是保证生产安全、经济运行的重要条件。

(2) 压力（差压）测量系统主要有以下两类：

①压力 P（取压口）→导压管→弹簧管压力表或膜盒式压力表。

②压力 P（或 ΔP）→导压管→压力（压差）变送器→显示、记录或控制仪表。

(3) 弹性式压力表是根据弹性元件受压后产生弹性变形的原理制成的。弹性元件有膜片、膜盒、波纹管和弹簧管等，弹簧管使用较多。

(4) 弹簧管压力表在被测压力的作用下，弹簧管产生弹性变形，其自由端产生位移。该位移再经齿轮动机构进行放大并转换为指针的角位移。由于自由端的位移与被测压力成正比，仪表指针便指示出压力的大小。它用于测量真空、中压和高压，应用十分广泛。弹簧管压力表除用于压力的指示外，如装有上、下限给定针及附加相应的电气线路，可构成电接点压力表，用于上、下限报警。

(5) 弹簧管压力表在使用时为了确保压力测量准确，除正确选用压力表外，还要注意正确安装，对测压系统中取压口的位置选择和安装、连接管道的敷设和切断阀的安装等尤其需要注意。

(6) 膜盒式压力表。膜盒在被测压力作用下，其自由端产生位移，该位移借助于连杆传动机构的传递和放大，带动指针显示被测压力值。它主要用于微压的测量。

(7) 压力变送器是将压力信号转换为电信号的变送器，以实现压力的远程检测和控制。压力信号的变送方法很多，本书中主要讲述 1151 系列电容式变送器，其作用是将压力、差压、流量、液位等热工参数转换成 4～20mA DC 的统一信号，便于显示和自动控制。电容式变送器的基本原理是将被测压力、差压转换成电容量的变化，再经测量电路转换为 4～20mA DC 的统一信号。

（8）压力变送器安装之前要进行校验、调整与迁移，安装时要注意选择测点位置和相关附件，投运时要正确操作。

（9）压力测量系统的故障主要有无指示、指示偏大、指示偏小、指示错误等现象。排除故障的顺序：检查电源是否正常→输入压力是否正常→量程范围是否正常→压力传感器与显示仪表接线是否正确→压力传感器的阻抗是否匹配→显示记录仪表是否故障→外壳是否接地→传感器是否受损→导压管是否堵塞→管道温度是否正常。

复习思考

1. 填空题

（1）压力是指（　　）作用在单位面积上的力。

（2）压力的法定计量单位为（　　），符号表示为（　　）。

（3）1Pa 的物理意义是：（　　　　　　　）。

（4）"Pa"的单位太小，工程上习惯以"帕"的 1×10^6 倍为压力单位，即（　　），符号表示（　　）。

（5）1atm＝（　　）Pa＝（　　）mmH_2O＝（　　）mmHg＝（　　）kgf/cm^2。

（6）$1kgf/cm^2$＝（　　）Pa＝（　　）mmH_2O＝（　　）mmHg＝（　　）atm。

（7）绝对压力是指（　　　　　）。

（8）表压力指（　　　　　）。

（9）表压力为正时简称（　　），表压力为负时表示（　　　　）。

（10）液柱式压力计是基于（　　　　）的原理进行测量。

（11）绝对压力、表压力、大气压的关系为（　　　　）。

（12）按工作原理分，压力测量仪表可分为（　　）、（　　）、（　　）、（　　）等。

（13）液柱式压力计一般常用于（　　）、（　　）和（　　）的测量，也可作为实验室中精密测量低压和校验仪表之用。

（14）弹性式压力测量仪表常用的弹性元件有（　　）、（　　）、（　　）等。

（15）波纹管式压力计采用（　　）作为压力位移的转换元件，其目的是（　　）。

（16）弹簧管压力表主要由（　　）、（　　）、（　　）以及（　　）等几部分组成。

（17）弹簧管压力表的游丝主要是用来（　　）。

（18）测量乙炔用的压力表，其弹簧管不得用（　　）弹簧管。

（19）电测型压力表是基于（　　）来进行压力测量的仪表。

（20）常见的电测型压力表有（　　）、（　　）、（　　）、（　　）、（　　）、（　　）等。

（21）电容式压力测量仪表是以（　　）而工作的。

（22）平板型电容器的电容量的表达式为 $C = \varepsilon S / (3.6\pi d)$，式中 ε 表示（　　），S 表示（　　），d 表示（　　）。

（23）电容式压力测量仪表多以改变（　　）来实现压力—电容的转换。

（24）差动电容式差压变送器主要包括（　　）和（　　）两部分。

（25）仪表的量程选择是根据（　　）的大小来确定的。

（26）仪表的精度主要是根据生产允许的（　　）来确定的。

（27）常用的压力校验仪器是（　　）和（　　）。

（28）压力表的校验一般分为（　　）和（　　）两大类，而静态校验法又有（　　）

和（　）两种。

(29) 一块压力表在现场的安装一般包括（　）、（　）和（　）等内容。

(30) 测量液体压力时，取压点应在（　），测量气体压力时，取压点应在（　）。

2. 简答题

(1) 何谓压力？压力和压强是一回事吗？

(2) 1个标准大气压的物理意义是什么？

(3) 压力的量值是怎样传递的？

(4) 压力测量的一般方法有哪些？

(5) 液柱式压力表的原理是什么？有什么优缺点？

(6) 弹性式压力表的测量原理是什么？有什么特点？

(7) 一般弹簧管压力表的传动放大分几级放大？为哪几级？

(8) 弹簧管压力表指针抖动大有哪些可能原因？

(9) 弹簧管压力表指针不回零有哪些可能原因？

(10) 怎样确定压力表的量程？

(11) 电容式压力变送器的调校分哪几部分？

(12) 怎样投用刚安装在现场的一块压力表？

(13) 测量蒸汽压力时，压力表的安装有何特殊要求？

3. 论述题

(1) 大气压一般为绝对压力100kPa，为何这么大的压力未把人体压扁？

(2) 表压力一定比绝对压力大吗？为什么？

(3) 一台负压侧密封了100kPa ABS的压力变送器，量程范围为0~100kPa ABS，将它搬到青藏高原，放到大气中，所测得的输出电流为20mA吗？为什么？

(4) 活塞式压力计可以同时拿来校验普通压力表和氧压表吗？为什么？

(5) 压力值在12MPa左右，能否选用量程范围为0~16MPa的压力表来测量？为什么？

(6) 检测一在线使用的电容式压力变送器的输出电流，能否将万用表的表笔直接并联在变送器的两根接线上？为什么？

(7) 怎样选择一块合适的压力表？

(8) 测量高压的压力表，对仪表本身及其安装有何特殊要求？

(9) 活塞式压力计经出厂标定后，可以拿到任何地方使用而不再标定正确吗？为什么？

(10) 压力表在安装中对导压管的敷设有何要求？

(11) 压缩式真空计的工作原理是什么？

4. 计算题

(1) 一表压指示150kPa，当地大气压力为100kPa，若用一绝压表去测量应指示多少？

(2) 1m水柱在4℃的标准重力加速度下所产生的压力为多少？

(3) 一压力计的精度为0.5级，测量范围是0~500kPa，它的最大允许误差为多少？

(4) 安装在锅炉下方5m处测锅炉气相压力的压力表示值为500kPa，则锅炉气相压力实际为多少？

(5) 调校1台量程范围为0~200kPa的压力变送器，当输入压力为150kPa时，输出电流为多少？

(6) 有一块0~10MPa、精度为1.5级的普通弹簧管压力表，其校验结果见表4-10，问此表是否合格？

(7) 一被测介质压力为1.0MPa，仪表所处环境温度为$t_a=55℃$，用一弹簧管压力表进行测量，要求测量精度δ_a为1%，请选择该压力表的测量范围P_d和精度等级δ_d？（温度系数β为0.0001。）

表 4-10　校验结果

标准表示值/MPa		0	2.5	5.0	7.5	10.0
被校表示值/MPa	正行程	0.01	2.46	4.98	7.42	9.98
	反行程	0.03	2.58	5.01	7.58	10.0

（8）一真空压力表量程范围为 $-100 \sim 500 \mathrm{kPa}$，校验时最大误差发生在 $200 \mathrm{kPa}$，上行程和下行程时校准表指示为 $194 \mathrm{kPa}$ 和 $205 \mathrm{kPa}$，问该表是否满足其 1.0 级的精度要求？

（9）一台 1151 绝对压力变送器，量程范围为 $0 \sim 80 \mathrm{kPa}$（绝压），校验时采用刻度范围为 $100 \sim 0 \mathrm{kPa}$ 的标准真空压力计，若当地大气压力为 $98 \mathrm{kPa}$，则当变送器输出为 $12 \mathrm{mA}$ 时，真空压力计指示的读数为多少？

（10）有一台差压变送器，其测量范围为 $0 \sim 31.1 / 186.8 \mathrm{kPa}$，试求最小量程、最小测量范围、最大量程、最大测量范围和量程比。

（11）二线制变送器在工作区内，当变送器输出端电压为 $10.8 \mathrm{V}$、回路电阻为 600Ω 时，其最小电源电压是多少？

（12）二线制变送器在工作区内，当变送器输出端电压为 $10.8 \mathrm{V}$ 时，最大回路电阻是多少？

（13）用差压变送器测开口容器内液位，其最低和最高液位到差压变送器的距离分别为 $h_1 = 1 \mathrm{m}$、$h_2 = 3 \mathrm{m}$，如图 4-27 所示。若被测介质密度 $\rho = 980 \mathrm{kg/m^3}$，试求：

①变送器的量程为多少？

②是否需要迁移？

③迁移量是多少？

④是正迁移还是负迁移？

（14）如图 4-28 所示，用差压变送器测闭口容器液位，已知 $h_1 = 0.5 \mathrm{m}$、$h_2 = 2 \mathrm{m}$、$h_3 = 1.4 \mathrm{m}$，被测介质密度 $\rho = 850 \mathrm{kg/m^3}$，负压管隔离液为水。试求：

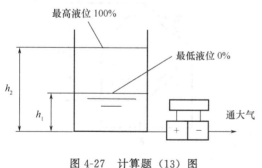

图 4-27　计算题（13）图

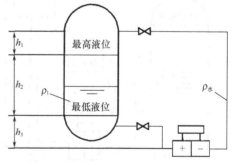

图 4-28　计算题（14）图

①变送器量程？

②是否需要迁移？迁移量是多少？

（15）变送器点对点连接如图 4-29 所示。变送器最小需要 $12 \mathrm{V}$ 工作电压，使用的是 $24 \mathrm{V}$ 稳压电源，设电流回路的最大电流是 $21 \mathrm{mA}$，试求该回路允许的最大回路电阻。如果 AI 输入端的负载电阻为 250Ω，试求导线电阻和其他设备的电阻之和不得超过多少。

（16）变送器现场总线连接（多挂接）如图 4-30 所示。假设有 15 台设备，工作电压为 $12 \mathrm{V}$，每台消耗 $4 \mathrm{mA}$ 电流，使用 $1000 \mathrm{m}$ 导线（电缆），电缆的电阻率为 $22 \Omega / \mathrm{km}$，试求电源电压和电阻的功耗。

（17）当差压式变送器投入工作状态时，试说明三阀组的正确操作步骤和操作的目的性。

（18）1151 压力变送器的测量范围原为 $0 \sim 100 \mathrm{kPa}$，现零位迁移 100%，当变送器输出为 4、10，12、15、20（m）时，对应的输入压力分别是多少？

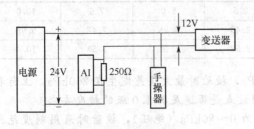

图 4-29　计算题（15）图　　　　　　　　　图 4-30　计算题（16）图

（19）测 0～1000kPa 的模拟差压变送器，当输出电流为 10mA 时，变送器输出差压为多少？

（20）有一储油罐如图 4-31 所示，现采用 1151 压力变送器测量罐内的液位。罐内液体介质的密度 $\rho_1 = 1200$kg/m^3，变送器的负压室充水，水的密度 $\rho_2 = 1000$kg/m^3。图中，$a = 2$m、$b = 2.5$m、$c = 5$m。试求：

①变送器的零点迁移量为多少？应采用何种迁移（正向或负向)？

②变送器的测量范围是多少？

③若按上述迁移量和测量范围调校好仪表后，假定在初步试运行时，罐内液体介质为水，变送器负压室仍充水，这时变送器输出指示值 $L_1 = 50\%$，则其罐内实际水位 L_2 为多少（％)？

（21）压阻式传感器电桥如图 4-32 所示，若 $R_1 = R_2 = 100\Omega$，$R_4 = 102\Omega$，$R_3 = 98\Omega$，$E = 20$V，求 ΔU_0？

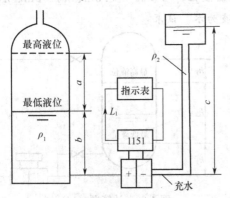

图 4-31　计算题（20）图

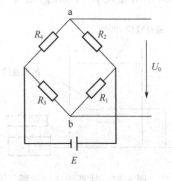

图 4-32　计算题（21）、（22）图

（22）压阻式传感器电桥如图 4-32 所示，电桥平衡时，$R_1 = 227\Omega$，$R_2 = 448\Omega$，$R_3 = 1414\Omega$，求 R_4。

5. 作图题

（1）用图表示出大气压力、表压力、绝对压力、负压力之间的关系。

（2）试画出调校 1151 压力变送器的电路连接图。

（3）试画出弹性式压力表测量管道液体压力的管路敷设图，其中压力表安装在被测管道上方。

（4）画出校验一台绝对压力变送器的接线图。

（5）一弹簧管压力表在大气中测一设备内压力为 0，将表移到真空中测该设备内压力，指示还为 0 吗？请画图说明。

学习情境五 流量测量仪表的安装与检修

学习情境描述

在工业生产过程中，流量是反映生产过程中物料、工质或能量的产生和传输的量。在热力发电厂中，流体（水、蒸汽、燃料油等）的流量直接反映设备效率、负荷高低等运行情况。因此，连续监视流体的流量对于热力设备的安全、经济运行有着重要意义。表5-1为流量测点举例，表中列举了某火电厂600MW机组部分流量测点、传感元件、变送设备及其形式等参数。

表 5-1 流量测点举例列表

序号	测点名称	数量	单位	设备名称	形式及规范	安装地点
1	锅炉给水流量测量装置	1	套	长颈喷嘴	刻度流量1900t/h，最大流量1900t/h，常用流量1807.9t/h，最小流量158t/h，管道内径416mm，管道外径508mm，节流件材料15NiCuMoNb5，L_1=6000mm，L_2=12200mm，L_3=1300mm，取样孔3对，管道法兰成套供货，对焊，水平安装	就地
2	锅炉给水流量	3	台	差压变送器	0～60kPa，常用54.34kPa，静压35kPa，带HART协议	保护柜
3	一级减温水流量测量装置	1	套	标准喷嘴		就地
4	二级减温水流量测量装置	1	套	标准喷嘴		就地
5	再热器减温水流量	1	台	差压变送器	0～40kPa，常用0.8163kPa，静压20kPa，带HART协议	保护柜
6	A磨煤机入口一次风量流量测量装置	2	只	威力巴管	插入式，垂直安装，直管段长度1900mm	就地
7	层燃烧器固定端二次风流量测量装置	1	只	机翼	机头直径0.089m，机翼数13，收缩比0.6428，机翼全长0.267m	就地
8	供油母管油量	1	只	质量流量计		就地

本学习情境主要完成以下四个工作任务：

任务一 流量测量仪表的认知与选型；
任务二 差压式流量计的安装与检修；
任务三 电磁流量计的安装与检修；
任务四 涡街流量计的安装与检修。

教学目标

(1) 了解各种流量测量仪表的结构及原理。
(2) 能根据测量要求正确选择合适的流量计。
(3) 会安装与检修差压式流量计，判断差压式流量计的一般故障并进行排除。
(4) 会安装电磁流量计，能根据故障现象判断电磁流量计故障原因并正确处理。
(5) 会安装涡街流量计，能根据故障现象判断涡街流量计故障原因并正确处理。
(6) 能对检修专用工具进行规范操作使用。
(7) 能结合安装与检修安全注意事项进行文明施工。

(8) 会检索与阅读各种电子手册及资料，应用英语分析技术资料。

(9) 会规范书写检修记录报告。

本情境学习重点

(1) 各种流量计的结构及原理。

(2) 流量计的选型。

(3) 各种流量计的安装、一般故障判断及排除方法。

本情境学习难点

(1) 各种流量计的安装。

(2) 各种流量计的一般故障判断及排除方法。

任务一　流量测量仪表的认知与选型

任务引领

工业上常用的流量测量的方法主要有三种，即速度式、容积式和质量式，各种类型中由于测量原理不同或者测量装置不同又有多种形式的流量测量仪表。实际使用中如果能正确选用合适的流量测量仪表，不仅能提高测量精度，为经济核算和计量提供准确的依据，也能使流量控制达到较好的效果，使生产管理更有序。

任务要求

(1) 正确描述各种流量测量仪表的结构及工作原理。

(2) 能说出各种流量测量仪表的特点。

(3) 能根据流体的种类、测量范围、显示形式、测量准确度、现场安装条件、使用条件、经济性等方面进行正确选型。

任务准备

问题引导：

(1) 什么是流量？流量的单位有哪些？流量测量的方法有哪些？流量测量仪表有哪些类型？

(2) 描述工业上各种常用的流量测量仪表的结构和工作原理。

(3) 描述工业上各种常用的流量测量仪表的特点和应用场合。

(4) 流量测量仪表的选型原则是什么？

任务实施

(1) 教师启动实训装置，进行系统控制演示与操作示范，观察流量计的数字显示。

(2) 教师采用设问的方式将新课引入探讨中。

(3) 学生归纳并进行小组总结。

①实训装置中都有哪几类流量测量仪表？

②结合实物归纳不同流量测量仪表的结构和功能特点。

(4) 根据测量介质的相态、测量范围、安装条件、使用条件等正确进行流量测量仪表的选型。

知识导航

一、流量测量的方法、类型

单位时间内通过管道横截面的流体数量称为瞬时流量 q，简称流量，即

$$q = \frac{dQ}{dt}$$

式中 dQ——流体数量，单位取质量或体积的相应单位；

dt——时间间隔，单位为 s、min 或 h。

按物质量的单位不同，流量有"质量流量 q_m"和"体积流量 q_v"之分，它们的单位分别为"kg/s"和"m³/s"。上述两种流量之间的关系为

$$q_m = \rho q_v$$

式中 ρ——被测流体密度。

瞬时流量是判断设备工作能力的依据，它反映了设备当时是在什么负荷下运行的，所以流量监测的内容主要在于监督瞬时流量。一般人们所说的流量指的是瞬时流量。

从 t_1 至 t_2 这一段时间间隔内通过管道横截面的流体数量称为流过的流体总量。例如，在 24h 内汽轮机消耗的主蒸汽量，热力网 24h 内对外供应的热汽（水）量等。检测流体总量是为热效率计算和成本核算提供必要的数据。显然，流体流过的总量可以通过在该段时间内瞬时流量对时间的积分得到，所以流体总量又称为积分流量或累计流量。

$$Q = \int_{t_1}^{t_2} q \, dt$$

流体总量的单位是"kg"、"m³"。流体总量除以得到总量的时间间隔就称为该段时间内的平均流量。测量瞬时流量的仪表称作流量表（或流量计）；测量总量的仪表称为计量表，它通常由流量计再加积分装置组合而成。

在表示流量大小时，要注意所使用的单位的不同。由于流体的密度受压力、温度的影响，所以在用体积流量表示流量大小时，必须同时指出被测流体的压力和温度的数值。当流体的压力和温度参数未知时，在标准状态下，已知介质的密度 ρ 为定值，所以标准体积流量和质量流量之间的关系是确定的，能确切地表示流量。

流量仪表按结构原理和特点的大致分类如表 5-2 所示。

表 5-2 流量测量仪表的分类

类型	典型产品	工作原理	主要特点
差压式流量计	标准孔板，标准喷嘴，差压变送器，智能流量计	流体通过节流装置时，其流量与节流装置前后的差压有一定的关系；差压变送器将差压信号转换为电信号送到智能流量计进行显示	技术比较成熟，应用广泛，仪表出厂时不用标定
速度式流量计	叶轮式流量计（水表）	叶轮或涡轮被流体冲转，其转速与流体的流速成正比	简单可靠
	涡轮式流量计		精度高，测量范围大，灵敏，耐压高，信号能远传，但寿命短
容积式流量计	椭圆齿轮流量计 罗茨流量计 刮板流量计	椭圆形齿轮或转子被流体冲转，每转一周便有定量的流体通过	精确灵敏，但结构复杂，成本高
超声波流量计	超声波流量计	超声波在流动介质中传播时的速度与在静止介质中传播的速度不同，其变化量与介质的流速有关	非接触式测量，对流场无干扰、无阻力，不产生压损，安装方便，可测量有腐蚀性和黏度大的流体，输出线性信号
电磁流量计	电磁流量计	导电性液体在磁场中运动，产生感应电动势，其值和流量成正比	适于测量导电性液体
质量流量计	直接式质量流量计	利用流体在振动管内流动时所产生的与质量流量成正比的科氏力的原理来制成	测量范围大、精度高，测量管内无零部件，可测量其他流量计难以测量的含气流体、含固体颗粒液体等；可同时测量流体的质量、密度、温度等
涡街流量计	涡街流量计	在流动的流体中放置一个旋涡发生体，就会在其下游两侧产生两列有规律的旋涡，即卡门涡街，其旋涡频率正比于流体速度	具有量程宽，无可动部件，运行可靠，维护简单，压力损失小，具有一定的计量精度等优点

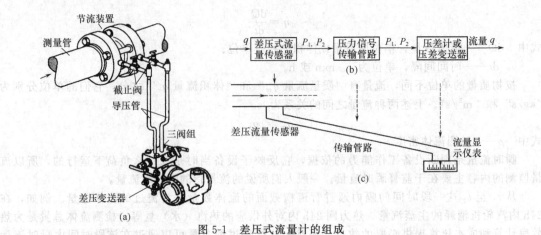

图 5-1　差压式流量计的组成

(a) 差压式流量计实物图；(b) 信号变换过程框图；(c) 仪表组成示意图

二、差压式流量计的认知

（一）差压式流量计的构成

差压式流量计由节流装置、导压管和差压变送器（或差压计）三部分组成，如图 5-1 所示。

节流装置是使流体产生收缩节流的节流元件和压力引出的取压装置的总称，用于将流体的流量转化为压力差。节流元件的形式很多，如孔板、喷嘴、文丘里管等，但以孔板的应用最为广泛。

导压管是连接节流装置与差压计的管线，是传输差压信号的通道。通常，导压管上安装有平衡阀组及其他附属器件。

差压变送器用来测量压差信号，并把此压差转换成流量指示记录下来。

（二）差压式流量测量原理

差压式流量计是基于流体流动的节流原理工作的。在流体管道内，加一个孔径较小的阻挡件，当流体通过阻挡件时，流体产生局部收缩，部分位能转化为动能，收缩截面处流体的平均流速增加，静压力减小，在阻挡件前后产生静压差，这种现象称为节流，阻挡件称为节流件。对于一定形状和尺寸的节流件，一定的测压位置和前后直管段，一定参数的流体和其他条件下，节流件前后产生的压差值随流量而变，流量与压差之间有确定的关系。因此，可通过测量压差来测量流量。这就是节流原理。图 5-2 所示为流体流经孔板时的压力和流速变化情况。

截面 1 处流体未受节流件影响，流束充满管道，流束直径为 D，流体压力为 P'_1，平均流速为 $\bar{v}_1$，流体密度为 ρ_1。

截面 2 是节流件后流束收缩为最小的截面。对于孔板，它在流出孔以后的位置；对于喷嘴，在一般情况下，该截面的位置在喷嘴的圆筒部分之内。此处流束中心压力为 P'_2，平均速度为 $\bar{v}_2$，流体密度为 ρ_2，流束直径为 d'。

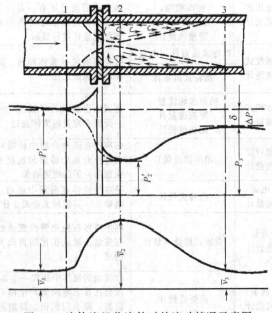

图 5-2　流体流经节流件时的流动情况示意图

进一步分析流体在节流装置前后的变化情况可知以下结论。

①沿管道轴向连续向前流动的流体，由于遇到节流装置的阻挡（近管壁处的流体受到节流装置的阻挡最严重），流体的一部分压头转化为静压头，节流装置入口端面近管壁处的流体静压 P_1 升高（即 $P_1 > P'_1$），即比管道中心处的静压力大，形成节流装置入口端面处的径向压差。这一径向压差使流体产生径向附加速度 v_r，从而改变流体原来的流向。在 v_r 的影响下，近管壁处的流体质点的流向就与管中心轴线相倾斜，形成了流束的收缩运动。同时，由于流体运动有惯性，所以流束收缩最严重（即流束最小截面）的位置不在节流孔中，而位于节流孔之后，并且随流量大小而改变。

②由于节流装置造成流束局部收缩，同时流体保持连续流动状态，因此在流束截面积最小处的流速达最大。根据伯努利方程式和位能、动能的互相转化原理，流束收缩截面积最小的流体的静压力最低。流束最小截面上的点的流动方向完全与管道中心线平行，流束经过最小截面以向外扩散，这时流速降低，静压升高，直到又恢复到流束充满管道内壁的情况。图中，实线代表管壁处静压力，点划线代表管道中心处静压力。涡流区的存在导致流体能量损失，因此，在流束充分恢复后，静压力不能恢复到原来的数值 P'_1，静压力下降的数值就是流体经节流件的压力损失 ΔP。从上述可看出，节流装置入口侧的静压力 P_1 比出口侧的静压力 P_2 要大。前者称为正压，常以"+"标记，后者称为负压，常以"−"标记。并且，流量 q 愈大，流束局部收缩和位能、动能的转化也愈显著，节流装置两端的差压 ΔP 也愈大，即 ΔP 可以反映 q，这是节流式流量计的工作原理。

（三）压差与流量之间的关系

压差与流量之间的关系式可通过伯努利方程和流动连续性方程来推导。设流经水平管道的流体为不可压缩性流体，并忽略流动阻力损失，对截面 1 和 2 可写出下列伯努利方程和流动连续性方程

$$\frac{P_1}{\rho} + \frac{\overline{v}_1^2}{2} = \frac{P'_2}{\rho} + \frac{\overline{v}_2^2}{2}$$

$$\rho \frac{\pi}{4} D^2 \overline{v}_1 = \rho \frac{\pi}{4} d'^2 \overline{v}_2$$

可以注意到，质量流量 $q_m = \rho \frac{\pi}{4} d'^2 \overline{v}_2$，将上两式代入该式可得

$$q_m = \sqrt{\frac{1}{1 - \left(\frac{d'}{D}\right)^4}} \frac{\pi}{4} d'^2 \sqrt{2\rho(P'_1 - P'_2)}$$

由于上式中的 $P'_1 - P'_2$ 不是角接取压或法兰取压所测得的压差 ΔP，式中的 d' 对于喷嘴，等于节流件开孔直径 d，对于孔板，小于开孔直径 d。上式没有考虑流动过程中的损失，这种损失对于不同形式的直径比 β（$\frac{d}{D}$）是不同的，所以上式还不是要求的流量公式。上式中的 $P'_1 - P'_2$ 用从实际取压点测得的压差 ΔP 代替，用节流件开孔直径 d 代替 d'，并引入一流出系数 C 或流量系数 α，则

$$q_m = \frac{C}{\sqrt{1 - \beta^4}} \frac{\pi}{4} d'^2 \sqrt{2\rho\Delta P}$$

$$q_m = \alpha \frac{\pi}{4} d^2 \sqrt{2\rho\Delta P}$$

流量系数 α 是一个影响因素复杂的实验系数，对于节流法流量测量具有重要的意义。α 和 C 由实验决定，但从前面分析可以看出，α 和 C 的值与节流件形式、β 值、雷诺数 Re_D、管道粗糙度及取压方式等有关。在节流件形式、β 值、管道粗糙度及取压方式等完全确定的情况时，α 只与雷诺数 Re_D 有关。当 Re_D 大于某一数值时，α 可认为是一个常数，因此节流式流量计应工作在界限雷诺数以上。α 与 Re_D 及 β 的关系可由相关的资料查得。

流量系数 α 和流出系数 C 之间的关系是

$$\alpha = \frac{C}{\sqrt{1-\beta^4}} = EC$$

式中　E——渐近速度系数。

上式只适用于不可压缩性流体。对于可压缩性流体，为方便起见，规定公式中的 ρ 为节流件前的流体密度 ρ_1，C 或 α 取相当于不可缩流体的数值，而把全部的流体可压缩性影响用一流束膨胀系数 ε 来考虑。流束膨胀系数 ε 与节流件形式、β 值、$\Delta P/P_1$ 及气体等熵指数 k 有关，也可以查阅相关图表求得。

当流体为不可压缩性流体时，$\varepsilon=1$，所以流量公式可以写成

$$q_m = \frac{C}{\sqrt{1-\beta^4}}\varepsilon\frac{\pi}{4}d^2\sqrt{2\rho_1\Delta P} = \alpha\varepsilon\frac{\pi}{4}\beta^2 D^2\sqrt{2\rho_1\Delta P}$$

流量公式中各量的单位为：质量流量 q_m，kg/s；直径 d 和 D，m；密度 ρ_1，kg/m³；差压 ΔP，Pa。

在节流装置、显示仪表以及流体性质确定以后，上述各项系数均为常数，因此上述公式可变成下列形式

$$q_m = K\sqrt{\Delta P}$$

式中　K——与流体性质和管道局部阻力系数等有关的常数。

上式说明，当 K 为定值时，流量与压差的平方根成正比关系，这就是压差与流量之间的定量关系。

（四）标准节流装置

从图 5-1 可知差压式流量计中节流装置产生的压差信号，通过压力传输管道引致差压变送器，经差压变送器转换成电信号或气信号送至显示仪表。标准节流装置包括标准节流件、取压装置和前后直管道。

1.标准节流件

节流件的形式有很多，有标准孔板、标准喷嘴、文丘里管等，如图 5-3 所示。

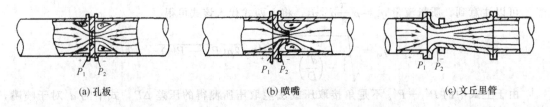

(a) 孔板　　　　　　　　　　(b) 喷嘴　　　　　　　　　　(c) 文丘里管

图 5-3　标准节流装置示意图

标准节流装置只适用于测量直径大于 50mm 的圆形截面管道中的单相、均质流体的流量。它要求流体充满管道，在节流件前后一定距离内不发生流体相变或析出杂质现象，流速小于音速，流动属于非脉动流，流体在流过节流件前，其流束与管道轴线平行，不得有旋转流。下面介绍标准节流件及其取压装置。

（1）标准孔板　标准孔板是用不锈钢或其他金属材料制造，入口边缘尖锐、圆形开孔，出口为圆锥面的圆形薄板。孔板开孔直径 d 是一个重要的尺寸，其值应取不少于四个单测值的平均值，任意单测值与平行值之差不超过 0.05％。图 5-4 所示为标准孔板的结构图。图中所注的尺寸在"标准"中均有具体规定。标准孔板的结构最简单，体积小，加工方便，成本低，因而在工业上应用最多。但其测量精度较低，压力损失较大，而且只能用于清洁的流体。

（2）标准喷嘴　标准喷嘴是由两个圆弧曲面构成的入口收缩部分和与之相接的圆柱形喉部组成的，如图 5-5 所示。孔径尺寸 d 是喷嘴的关键尺寸。此外，如尺寸 E、r_1、r_2 等均须符合"标准"规定。标准喷嘴的取压方式仅采用角接取压。标准孔板与标准喷嘴的选用，除了应考虑

加工难易、静压损失 ΔP（孔板比喷嘴大）多少外，尚须考虑使用条件满足与否。标准喷嘴的形状适应流体收缩的流型，所以压力损失较小，测量精度较高。但它的结构比较复杂，体积大，加工困难，成本较高。由于喷嘴的坚固性，一般选择喷嘴用于高速的蒸汽流量测量。

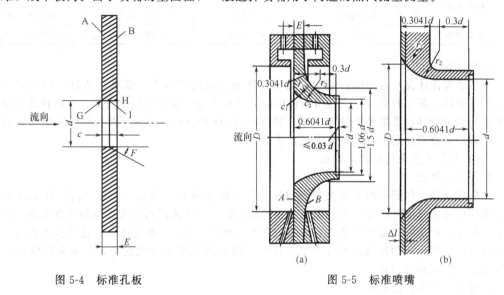

图 5-4　标准孔板　　　　　　　　　图 5-5　标准喷嘴

（3）文丘里管　文丘里管具有圆锥形的入口收缩段和喇叭形的出口扩散段。如图 5-3（c）所示。它能使压力损失显著地减少，并有较高的测量精度。但其加工困难，成本最高，一般用在有特殊要求如低压损、高精度测量的场合。它的流道连续变化，所以可以用于脏污流体的流量测量，并在大管径流量测量方面应用较多。

2. 取压装置

标准节流装置规定了由节流件前后引出差压信号的几种取压方式，有角接取压、法兰取压、径距取压等，如图 5-6 所示。图中 1—1、2—2 所示为角接取压的两种结构，适用于孔板和喷嘴。1—1 为环室取压，上、下游静压通过环缝传至环室，由前、后环室引出差压信号，故取压可以

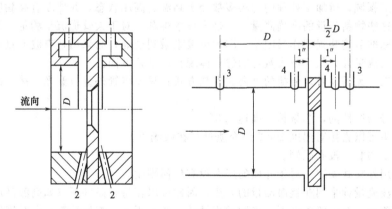

图 5-6　节流装置的取压方式

均匀；2—2 表示钻孔取压，取压孔开在节流件前后的夹紧环上，这种方式在大管径（$D >$ 500mm）时应用较多。3—3 为径距取压，取压孔开在前、后测量管段上，适用于标准孔板。4—4 为法兰取压，上、下游侧取压孔开在固定节流件的法兰上，适用于标准孔板。取压孔大小及各部件尺寸均有相应规定，可以查阅有关手册。

表 5-3 列出了标准节流装置的使用范围，可供查阅。

表 5-3　标准节流装置的使用范围

节流件形式	取压方式	适用管道内径/mm	直径比 β	雷诺数 Re_D
标准孔板	角接取压	50～1000	0.22～0.80	$5 \times 10^3 \sim 10^7$
	法兰取压	50～760	0.20～0.75	$8 \times 10^3 \sim 10^7$
标准喷嘴	角接取压	50～500	0.32～0.80	$2 \times 10^4 \sim 2 \times 10^6$

3.测量管段

为了确保流体流动在节流件前达到充分发展的湍流速度分布，要求在节流件前后有一段足够长的直管段。最小直管段长度与节流件前的局部阻力件形式及直径比有关，可以查阅手册。节流装置的测量管段通常取节流件前 $10D$、节流件后 $5D$ 的长度，以保证节流件的正确安装和使用条件，整套装置事先装配好后整体安装在管道上。

（五）差压式流量计的相关设备

1.开方运算器

差压式流量计包括标准节流装置、差压变送器和流量显示仪表。工业上流量显示仪表标尺一般都是以流量分度的，并刻出最大流量处的压差值。由于流量与压差之间为开方关系，因此模拟显示仪表标尺上的流量分度是不均匀的，愈接近标尺上限，分格愈大，这造成读数困难。对于要进行流量积算求得累计流量或者要将流量信号输入调节系统的流量计，必须对流量信号进行线性化，即实现开方运算。

2.温度、压力补偿装置

由于差压式流量计的节流装置是在额定压力和温度以及正常流量下设计计算的，因此，差压式流量计只有在额定压力工况下，流量公式中的系数 K 才为定值，其流量和压差之间才有确定的对应关系。一旦流体的状态偏离设计状态，将产生测量误差，尤其在主蒸汽流量的测量中误差较大。这是因为实际运行中，蒸汽压力是经常变化的，造成流量公式中的系数 K 也要发生变化，其中蒸汽密度 ρ 的变化对系数 K 的影响最大，所引起的测量误差也大。在机组滑参数运行、变工况下运行以及启停过程中所引起的测量误差就更大，有时蒸汽流量指示值会比给水流量指示值大一倍多。因此，必须对蒸汽的密度，即对蒸汽的压力和温度参数进行校正。

三、超声波流量计的认知

在石油化工领域，所加工处理的物料多数处于高温、高压状态，并伴随有高黏度、易燃、易爆等特点，对这些物料流量的准确测量一直是个技术难题。对于大管道流量测量，采用差压式流量计测量时，标准节流装置制作很困难，测量也很难做到准确，而采用超声波流量计则不然。比较于其他类型的流量计，超声波流量计的优点体现在以下几方面。

①无需停工，无需断管，便捷的外夹式安装方式；只要将管外壁打磨光，抹上硅油，使其接触良好即可。

②输出信号为线性的，测量精度高达 0.5%。

③标准探头可以直接对温度 200℃的介质进行在线测量。

④对于介质的黏度没有限制。

⑤由于采用外夹式安装，对于介质的压力没有任何限制。

由于超声波流量计采用非接触测量的方法，因此可以在特殊条件下（如高温高压、防爆、强腐蚀等）进行测量。在一般条件下，接触式流量计（如差压式、流量计等）会对流体的流动产生一定的阻力，而且在黏性比较大的流体中使用时，精度会显著降低；而超声波流量计不会产生附加阻力，也很少受流体黏性的影响。可见，超声波流量计属于非接触式测量，对流体场无干扰，无阻力件，不产生压力损失。

（一）超声波及其在检测中的工作原理

声波是一种机械波，是机械振动在媒质中的传播过程，当振动频率在十余赫到万余赫时可以引起听觉，也称可闻声波。更低频率的机械波称为次声波。20kHz 以上频率的机械波称为超声波，这是人耳听不见的。超声波的波长较短，近似做直线传播，在固体和液体媒质内衰减比电磁波小，能量容易集中，可形成较大强度，产生剧烈振动，并能引起很多特殊作用。

超声波换能器的作用是使其他形式的能量转换成超声波的能量（发射换能器）和使超声波能量转换成其他易于检测的能量形式（接收换能器）。在超声波检测中最常用的是压电换能器。

（二）超声波流量计的测量原理

超声波流量计的测量原理是：超声波在流动介质中传播时，其传播速度与在静止介质中的传播速度不同，其变化量与介质流速有关，测得这一变化量就能求得介质的流速，进而求出流量。

例如超声波在顺流和逆流中的传播情况，如图 5-7 所示，图中 F 为发射换能器，J 为接收换能器，v 为介质流速，C 为介质静止时声速。顺流中超声波的传播速度为 $C+v$，逆流中超声波的传播速度为 $C-v$，顺流和逆流之间速度差与介质流速 v 有关。测得这一差别可求得流速 v，进而通过计算得到流量值 $q_V = Av$。测量速度差的方法很多，常用的有时间差法、相位差法和频率差法。

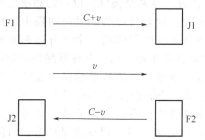

图 5-7　超声波在顺流、逆流中传播情况

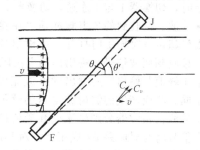

图 5-8　超声波在管壁间的传播

图 5-8 所示为超声波在管壁间的传播轨迹。介质静止时超声轨迹为实线，它与轴线之间的夹角为 θ。当介质平均流速为 v 时，传播的轨迹为虚线所示，它与轴线间夹角为 θ'。速度 C_v 为两个分速度（v 和 C 的）向量和，为了使问题简化，认为 $\theta = \theta'$（因为在一般情况 $C \gg v$），这时可得 $C_v = C + v\cos\theta$。下面推导各种超声波流量计基本公式时就用这一结论。

（三）时间差法超声波流量计的结构原理

时间差法是通过测量逆流和顺流中超声波传播的时间差来测量流速的。图 5-9 所示为时间差法超声波流量计的原理方框图。安装在管道两侧的换能器交替地发射和接收超声脉冲波，设顺流传播时间为 t_1，逆流传播时间为 t_2，有下列关系式。

$$t_1 = \frac{D/\sin\theta}{C + v\cos\theta} + \tau$$

$$t_2 = \frac{D/\sin\theta}{C - v\cos\theta} + \tau$$

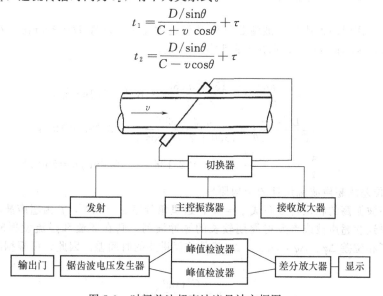

图 5-9　时间差法超声波流量计方框图

式中　D——管道直径；

　　　τ——超声波在管壁内传播所用的时间。

　两者差值

$$\Delta t = \frac{2D\cot\theta}{C^2 - v^2}v \approx 2\frac{D\cot\theta}{C^2}v$$

即

$$v = \frac{C^2\tan\theta}{2D}\Delta t$$

　　对于已安装好的换能器和已定的被测介质，式中 D、θ 和 C 都是已知常数，体积流量等于介质流速乘以管道面积，故和时间差 Δt 成正比。如图 5-9 所示，主控振荡器以一定频率控制切换器，切换器如图 5-10 所示。超声波顺流传播时，切换器 1 与 2 连通，切换器 3 与 4 连通，超声波逆流传播时，切换器 1 与 4 连通，切换器 2 与 3 连通，由此，使两个换能器以一定频率交替发射和接收脉冲波。接收到的超声脉冲信号由接收放大器放大。发射与接收的时间间隔由输出门获得，当发射超声波时输出门打开，由输出控制的锯齿波电压发生器输出一个上升速率不变的信号，一旦接收到回波信号，输出门马上关闭，这样使锯齿波发生器输出一个良好线性的锯齿波电压，其电压峰值与输出门所输出的方波宽度成正比。由于逆流和顺流传播的超声波所获得的方波宽度不同，相应产生的锯齿波电压的峰值也不相等。其工作波形如图 5-11 所示，利用主控振荡器控制的峰值检波器分别将逆流和顺流的锯齿波电压峰值检出后送到差分放大器进行比较放大。这个信号将与时间差 Δt 成正比，对其进行一定的运算处理，可以得到流量信号。时间差法中，声速 C 受介质温度、密度等变化的影响，且声速的温度系数并非常数。由时间差法的基本流量方程式可知，如果声速变化时，由此产生的流量测量的相对误差将等于声速相对误差的两倍，这是由于时差 Δt 的数值很小。

图 5-10　切换器结构

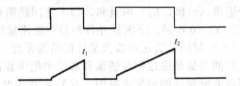

图 5-11　时间差法测时差的波形图

　【例 5-1】　用时间差法超声波流量计测某管道中流量。已知 $D = 300\text{mm}$，$C = 1500\text{m/s}$，$\theta = 30°$，$\Delta t = 10^{-6}\text{s}$，求顺流传播所用时间和体积流量。

　　解：

$$v = \frac{C^2\tan\theta}{2D}\Delta t = \frac{1500^2\tan30°}{2\times0.3}\times10^{-6} = 2.165\text{m/s}$$

$$t_1 = \frac{D/\sin\theta}{C + v\cos\theta} = \frac{0.3/\sin30°}{1500 + 2.165\cos30°} = 3.995\times10^{-4}\text{s}$$

$$q_V = \frac{\pi}{4}D^2v = \frac{3.14}{4}\times0.3^2\times2.165 = 0.1526\text{m}^3/\text{s} = 550\text{t/h}$$

　（四）相位差法超声波流量计的结构原理

　　连续超声波振荡的相位可以写成 $\varphi = \omega t$，这里角频率 $\omega = 2\pi f$，f 为超声波的振荡频率。如果换能器发射连续超声波或者发射周期较长的脉冲波列，则在顺流和逆流发射时接收到的信号之间就产生了相位差 $\Delta\varphi$，$\Delta\varphi = \omega\Delta t$，$\Delta t$ 就是前面讲述的时间差。因此，可根据时间差法的流速公式得到

$$v = \frac{C^2\tan\theta}{2\omega D}\Delta\varphi$$

图 5-12 所示为相位差法超声波流量计的方框图。换能器采用双通道形式，振荡器发出连续正弦波电压激励发射换能器。经过一段时间后，此超声波被接收换能器接收。调相器用来调整相位检波器的起始工作点及零点。放大器把接收换能器输出的信号放大后送到相位检波器。相位检波器输出的直流电压信号与相位差 $\Delta\varphi$ 成正比，即与介质流量成正比。相位法测量的精度比时间法高。

（五）频率差法超声波流量计的结构原理

频率差法超声波流量计的工作原理是，超声换能器向被测介质发射超声脉冲波，经过一段时间此脉冲波被接收并放大，放大了的信号再去触发发射电路，使发射换能器再次向介质发射超声脉冲流，系统形成振荡。设顺流的振荡频率为 f_1，逆流时振荡的频率为 f_2，则

$$f_1 = \left[\frac{D}{(C + v\cos\theta)\sin\theta} + \tau \right]^{-1}$$

$$f_2 = \left[\frac{D}{(C - v\cos\theta)\sin\theta} + \tau \right]^{-1}$$

$$\Delta f = f_1 - f_2 \approx \frac{\sin 2\theta}{D\left(1 + \frac{\tau C\sin\theta}{D}\right)^2} v$$

$$v = \frac{D\left(1 + \frac{\tau C\sin\theta}{D}\right)^2}{\sin 2\theta} \Delta f$$

式中，τ 为固定迟延时间，即超声波经过塑料楔、管壁和衬材传播所需要的时间以及电信号滞后时间之和。

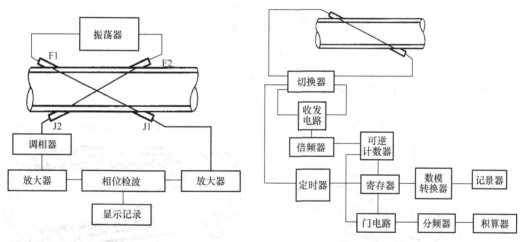

图 5-12　相位差法超声波流量计的方框图　　　　图 5-13　频率差法超声波流量计方框图

在 Δf 的表达式中，括号内的第二项包含声速 C，而在大口径管道中，这一项非常小，因此即使声速 C 发生变化也几乎不影响测量结果。

图 5-13 所示为频率差法超声波流量计方框图。定时器控制切换器，使两个超声换能器交替发射超声脉冲波，由收发两用电路来发射和接收信号。顺流和逆流的重复频率分别选出后进行 M 倍频，倍频器输出 Mf_1 及 Mf_2 的频率信号送去可逆计数器进行频率差的运算，得到 $M\Delta f$ 的值，经过一定的运算处理，可以算出流量值。

除了液体流量的测量，在气体和气粉体（双相流体）流速测量方面，超声波方法也有其可取之处。在气体介质方面可测出瞬时和脉动流速，它还能同时测出气体温度。在火电厂中采用气动方式输送煤粉燃料，需要测得煤粉的质量流量，通常的方法难以获得满意的结果。超声波法可以单独测量粉状物质的点速度（如超声多普勒法），也可以测量煤粉气流的流速（如相差法等），然后根据粉状材料

颗粒大小计算颗粒物质的流速；或者配合以气粉体密度测量，获得气粉体质量流量。

超声波流量计虽然具有许多的优点，但也存在一些缺点：当液体中有气泡或有噪声时，会影响声波传播；超声波流量计实际测定的是流体速度，它将受速度分布不匀的影响，虽可以校正，但不十分准确，故要求超声波流量计前后分别有 $10D$ 和 $5D$ 的直管道长度；另外，从以上的分析可知，超声波流量计结构较复杂，成本较高。

四、电磁流量计的认知

在生产过程中，有些液体具有导电性，故可以利用电磁感应的方法来测量其流量。根据电磁感应的原理制成的电磁流量计，能够测量酸、碱、盐溶液以及含有固体颗粒（矿浆、供暖热水、污水）等液体的流量，但不能测量气体和蒸汽的流量。

（一）电磁流量计的测量原理

电磁流量计的原理是法拉第电磁感应定律，图 5-14 是其原理示意图，在工作管道的两侧有一对磁极，另有一对电极安装在与磁力线和管道垂直的平面上。当导电流体以平均速度 v 流过直径为 D 的测量管道段时切割磁力线，于是在电极上产生感应电势 E，电势方向可由右手定则判断。如磁场的磁感应强度为 B，则电势

$$E = C_1 BD v$$

式中　C_1——常数。

因为流过仪表的容积流量

$$q_V = \frac{1}{4} \pi D^2 v$$

合并上两式，得

$$q_V = \frac{\pi}{4C_1} \times \frac{D}{B} \times E$$

$$E = 4C_1 \frac{B}{\pi D} q_V = K q_V$$

式中　K——电磁流量计的仪表常数，$K = 4C_1 \dfrac{B}{\pi D}$。

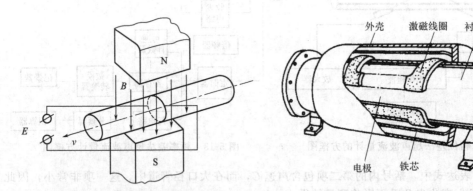

图 5-14　电磁流量计原理示意图　　　　图 5-15　电磁流量计感受件结构图

当仪表口径 D 和磁感应强度 B 一定时，K 为定值，感应电势与流体容积流量存在线性关系。为了避免极化作用和接触电位差的影响，工业用电磁流量计通常采用交变磁场。

（二）电磁流量计的基本结构

电磁流量计主要由电磁流量变送器、电磁流量转换器两部分组成。电磁流量变送器将被测介质的流量转换为感应电势，经电磁流量转换器放大为电流信号输出，然后由二次仪表进行流量显示、记录、积算和调节。

电磁流量计的感受件结构如图 5-15 所示，为了避免磁力线被管道壁所短路，降低涡流损耗，

测量导管应由非导磁的高阻材料制成，一般为不锈钢、玻璃或某些具有高电阻率的铝合金。在用不锈钢等导电材料作导管时，测量导管内壁及内壁与电极之间必须有绝缘衬里，以防止感应电势被短路。衬里材料视工作温度而异，常用耐酸搪瓷、橡胶、聚四氟乙烯等。电极与管内衬里平齐，电极材料常用非导磁不锈钢制成，也有用铂、金或镀铂、镀金的不锈钢制成的。

产生交变磁场的激磁线圈结构根据导管口径不同而有所不同，图5-15所示的适合大口径导管（100mm以上），将激磁线圈分成多段，每段匝数的分配按余弦分布，并弯成马鞍形驼装在导管上下两边，在导管和线圈外边再放一个磁轭，以便得到较大的磁通量并提高导管中磁场的均匀性。

（三）电磁流量计的基本特点

①测量管道内没有任何突出的和可动的部件，因此适用于有悬浮颗粒的浆液等的流量测量，而且能量损失极小。

②感应电势与被测液体的温度、压力、黏度等无关，因此电磁流量计的使用范围广泛。

③测量范围宽，$\dfrac{q_{\max}}{q_{\min}}=100$。

④可以测量各种腐蚀性液体的流量。

⑤电磁流量计的惯性小，可以用来测量脉动的流量。

⑥对测量介质，要求导电率大于 $0.002\sim0.005\Omega/\mathrm{m}$，因此不能测量气体及石油制品的流量。

五、涡街流量计的认知

从流量仪表发展状况来看，差压式（孔板）流量计尽管历史悠久、应用范围广，人们对它的研究也最充分，试验数据最完善，但用标准孔板流量计来测量流量仍存在一些不足之处：其一，压力损失较大；其二，导压管、三组阀及连接接头容易泄漏；其三，量程比范围小，一般为3：1，流量波动较大时易造成测量值偏低。而涡街流量计则结构简单，涡街变送器直接安装于管道上，克服了管路泄漏现象。另外，涡街流量计的压力损失较小，量程范围宽，测量量程比可达30：1。因此，随着涡街流量计测量技术的成熟，涡街流量计的使用越来越受到人们的青睐。

（一）涡街流量计的测量原理

在流体中垂直于流向插入一根非流线型柱状物体（如圆柱或三角柱等），即旋涡发生体，当流速大于一定值时，在柱状物的下游两侧将产生两列旋转方向相反、交替出现的旋涡，这两列平行的旋涡称为卡门涡街，如图5-16所示。

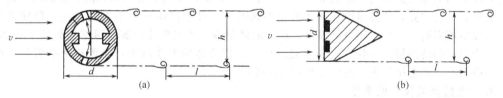

图 5-16　涡街形成原理示意图

(a) 圆柱体；(b) 等边三角形主体

实验证明，当涡列间隔 h 与旋涡之间的距离 l 满足关系 $\dfrac{h}{l}=0.281$ 时，卡门涡街才是稳定的。当雷诺数大于10000时，所产生的单侧旋涡频率 f 和流体速度之间存在如下的关系。

$$F=Stv/d$$

式中　v——旋涡发生体两侧流体的流速，m/s；

　　　d——旋涡发生体的迎流面最大宽度，m；

　　　St——斯特罗哈尔数（无量纲数，当旋涡发生体几何形状确定时，在一定的雷诺数范围内为常数，对圆柱体 $St=0.21$，三棱柱体 $St=0.16$）。

由上可知，流体的平均流速 v 与卡门涡产生的频率 f 成正比，测得频率 f 可求得流速 v，由流速 v 可求得被测的体积流量。

在管道中插入旋涡发生体时，假如在旋涡发生体处，流体的流通面积为 F，管道内径为 D，旋涡发生体柱宽为 d，则旋涡发生体处的流通截面积为

$$F = \frac{\pi D^2}{4}\left\{1 - \frac{2}{\pi}\left[\frac{d}{D}\sqrt{1-\left(\frac{d}{D}\right)^2} + \text{sh}\,\frac{d}{D}\right]\right\}$$

式中，sh 为双曲正弦函数，即 $\text{sh}\,(x) = \dfrac{\exp(x) - \exp(-x)}{2}$。当 $d/D < 0.3$ 时，可近似为

$$F = \frac{\pi D^2}{4}(1 - 1.25d/D)$$

代入 $q = Fv$ 中即得

$$q_V = \frac{\pi D^2}{4} \times \frac{d}{St}(1 - 1.25d/D)f = Kf$$

当管道尺寸和旋涡发生体尺寸一定时，$K = \dfrac{\pi D^2}{4} \times \dfrac{d}{St}(1 - 1.25d/D)$ 为常数，因此测得旋涡频率即可知被测流体的体积流量大小。

（二）涡街流量计的组成

涡街流量计由检测器、前置放大器和转换器组成，它可直接以数字量输出，也可通过数字与模拟量转换器转换为标准统一信号的模拟量输出。

旋涡频率信号 f 的检测方法很多，可以利用旋涡发生时发热体散热条件的变化引起的热变化来检出，也可用旋涡发生时旋涡发生体两侧产生的差压来检出。若采用圆柱检测器，如图 5-16（a）所示，在圆柱检测器的两侧交替地产生旋涡，在其检测器径向两侧开有并列的若干个导压孔，导压孔与检测器内的空腔相通，空腔由隔墙分成两部分，在隔墙中央部分有一小孔，在小孔中装有被加热的铂电阻丝。当圆柱检测器后面一侧形成旋涡时，由于旋涡的作用，使产生旋涡一侧的静压大于不产生旋涡一侧的静压，两者之间形成压力差，通过导压孔引起检测器空腔内流体的移动，从而交替地对热电阻产生冷却作用，电阻丝的阻值发生变化，从而产生和旋涡频率一致的脉冲信号，经测量电桥给出电信号送至放大器。因此，检测器除形成旋涡之外，还同时将旋涡产生的频率转变为热电阻丝阻值的变化，并且电阻值的变化与产生旋涡的频率相对应。

如果采用三角柱检测器，如图 5-16（b）所示，可以得到更稳定、更强烈的旋涡。在三角柱的迎流面中间对称地嵌入两只热敏电阻，使其组成桥路的两个臂，并以微弱的、恒定的电流源提供电流对其进行加热，使其温度在流体静止的情况下比被测流体高 10℃左右。在三角柱检测器两侧未发生旋涡时，两只热敏电阻温度一致，阻值相等。当三角柱检测器两侧交替发生旋涡时，在产生旋涡一侧的热敏电阻处，由于环流的作用而使流体的流速减小，导致热敏电阻的温度升高，阻值减小，则电桥失去平衡状态并有电压输出。

六、流量测量仪表的选型

流量计选型是指按照生产要求，从仪表产品供应的实际情况出发，综合地考虑测量的安全性、准确性和经济性，并根据被测流体的性质及流动情况确定流量取样装置的方式和测量仪表的形式和规格。

1. 价格因素

既然说到选型原则，那么必然要考虑功能、价格各方面的因素。测量液体、测量气体有不同的流量计以适用。按照同口径价格从低到高排列，测量液体有玻璃转子流量计、孔板、椭圆齿轮流量计、涡轮流量计、金属转子流量计、电磁流量计、涡街流量计、超声波流量计、质量流量计等，测量气体的有玻璃转子流量计、孔板、金属转子流量计、涡轮流量计、涡街流量计等。

2. 仪表可靠性

流量测量的安全可靠，首先是测量方式可靠，即取样装置在运行中不会发生机械强度或电气回路故障而引起事故；其次测量仪表无论在正常生产或故障情况下都不致影响生产系统的安全。一般优先选用标准节流装置，而不选用悬臂梁式双重喇叭管或插入式流量计等非标准测速装置，

以及结构强度低的靶式、涡轮流量计等。燃油电厂和有可燃性气体的场合,应选用防爆型仪表。

3.仪表的准确性和节能性

在保证仪表安全运行的基础上,力求提高仪表的准确性和节能性。为此,不仅要选用满足准确度要求的显示仪表,而且要根据被测介质的特点选择合理的测量方式。发电厂主蒸汽流量测量,由于其对电厂安全和经济性至关重要,一般都采用成熟的标准节流装置配差压式流量计;化学水处理的污水和燃油分别属脏污流和低雷诺数黏性流,都不适用标准节流件。对脏污流一般选用圆缺孔板等非标准节流件配差压计或超声波多普勒式流量计;而黏性流可分别采用容积式、靶式或楔形流量计等。水轮机入口水量、凝汽器循环水量及回热机组的回热蒸汽等都是大管径(400mm 以上)的流量测量参数,由于加工制造困难和压损大,一般都不选用标准节流装置。根据被测介质特性及测量准确度要求,分别采用插入式流量计、测速元件配差压计、超声波流量计,或采用标记法、模拟法等无能损方式测流量。

4.其他因素

①流量范围。流量范围指流量计可测的最大流量与最小流量的范围。

②量程和量程比。流量范围内最大流量与最小流量值之差称为流量计的量程;最大流量与最小流量的比值称为量程比,亦称流量计的范围度。

③允许误差和精度等级。流量仪表在规定的正常工作条件下允许的最大误差,称为该流量仪表的允许误差,一般用最大相对误差和引用误差来表示。流量仪表的精度等级是根据允许误差的大小来划分的,其精度等级有 0.02、0.05、0.1、0.2、0.5、1.0、1.5、2.5 等。

④压力损失。压力损失的大小是流量仪表选型的一个重要技术指标,压力损失小,流体能消耗小,输运流体的动力要求小,测量成本低;反之,则能耗大,经济效益相应降低。故希望流量计的压力损失愈小愈好。

任务二　差压式流量计的安装与检修

任务引领

差压式流量计是目前工业生产中应用最广泛的流量计。差压式流量计包括标准节流装置和差压计,对标准节流装置的选用和安装如果不正确就会产生附加误差,大大影响测量精度;同样,对流量测量系统调试运行维护不恰当也会给测量带来不必要的误差。因此,需要正确选用、安装、调试、投运差压式流量计。

任务要求

(1) 正确描述标准节流装置的形式、材料如何选择。
(2) 能说出标准节流件、测量管路等部分的安装要求。
(3) 能说明差压式流量计测量不同介质时正确投运的步骤。
(4) 会处理差压式流量测量系统的故障。

任务准备

问题引导:
(1) 标准节流装置的形式有哪几种?
(2) 制作标准节流装置的材料有哪些?
(3) 工业上各种常用的节流件的安装要求有哪些?
(4) 节流件前后测量管路长度及安装要求有哪些?
(5) 说明不同测量介质的差压式流量计投运步骤。
(6) 说明差压式流量系统故障的一般处理方法。

🔵 **任务实施**

（1）教师提问引入新课，开始咨询。

（2）学生讨论计划并决策。

（3）教师先演示各部件的安装、投运，学生观察，学生操作，教师指导。

（4）学生归纳并进行小组总结。

①标准节流件如何安装？

②测量管路长度有什么要求，如何安装？

③差压式流量测量系统如何投运？

④差压式流量测量系统一般故障如何处理？

🔵 **知识导航**

一、标准节流装置的安装

由于孔板在工业上应用比较广泛，下面以标准孔板为例。

1.孔板的安装与质量要求

（1）孔板的安装要求

①孔板入口的尖锐边缘，应面对介质的流向。

②孔板应与管道同心。

③孔板前 $10D$ 及孔板后 $5D$ 的管道内，应无凸出的垫片、焊痕及脏物。

④取压口要光洁。

⑤取压口及连接处、安装后的孔板，均应进行 1.5 倍介质工作压力的耐压试验。

（2）孔板安装的质量要求

①孔板入口边缘必须尖锐，不得圆滑。

②孔板入口面与内孔要光洁，不能有斑点或划痕。

③孔板无挠曲现象，内孔直径符合要求。

④环室内外无锈蚀痕迹及脏物。

⑤环室的取压口无凸出物。

2.节流装置的设计和计算

必须引起注意的是，差压式流量计不仅需要合理地选型、还需要准确地设计和计算，在实际的工作中，通常有两类计算命题，它们都以节流装置的流量方程式为依据。

①已知管道内径及现场布置情况、流体的性质和工作参数，给出流量测量范围，要求设计标准节流装置。为此，要进行以下几个方面的工作：选择节流件形式，选择差压计形式及量程范围；计算确定节流件开孔尺寸，提出加工要求；建议节流件在管道上的安装位置；估算流量测量误差。制造厂家多已将这个设计计算过程编制成软件，用户只需提供原始数据即可。由于节流式流量计经过长期的研究和使用，手册数据资料齐全，根据规定的条件和计算方法设计的节流装置可以直接投产使用，不必经过标定。

②已知管道内径及节流件开孔尺寸、取压方式、被测流体参数等必要条件，要求根据所测得的差压值计算流量。这一般是实验工作需要，为了准确地求得流量，需同时准确地测出流体的温度、压力参数。

3.节流件的安装

①应保证节流元件前端面与管道轴线垂直，不垂直度不得超过 $\pm1°$。

②应保证节流元件的开孔与管道同心，不同心度不得超过 $0.015\ (D/d-1)$。

③节流元件与法兰、夹紧环之间的密封垫片在夹紧后不得突入管道内壁。

④节流元件的安装方向不得装反，节流元件前后常以"＋"、"－"标记。装反后虽然也有差压值，但其误差无法估算。例如孔板以直角入口为"＋"方向，扩散的锥形出口为"－"方向，

安装时必须使孔板的直角入口侧迎向流体的流向。

⑤节流装置前后应保证要求长度的直管段。直管段长度应根据现场情况，按国家标准节流装置的流量系数在节流件上游侧 $1D$ 处形成流体典型紊流流速分布的状态下取得。如果节流件上游侧 $1D$ 长度以内有旋涡或旋转流等情况，则引起流量系数的变化，故安装节流装置时必须满足规定的直管段条件。

⑥在安装之前，最好对管道系统进行冲洗和吹灰。

4.节流件上下游侧直管段长度的要求

安装节流装置的管道上往往有拐弯、扩张、缩小、分岔及阀门等局部阻力出现，它们将严重扰乱流束状态，引起流量系数变化，这是不允许的。因此在节流件上、下游侧必须设有足够长度的直管段。节流装置的安装管段如图 5-17 所示。在节流件 3 的上游侧有两个局部阻力件 1、2，节流装置的下游侧也有一个局部阻力件 4。在各阻力件之间的直管段的长度分别为 l_0、l_1 和 l_2。如在节流装置上游侧只有一个局部阻力件 2，就只需 l_1 和 l_2 直管段。直管段必须是圆形截面的，其内壁要清洁，并且应尽可能地光滑、平整。

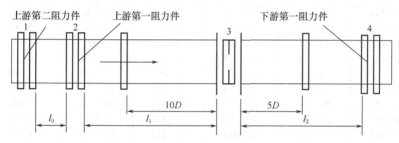

图 5-17　节流装置管段与管件
1、2、4—局部阻力件；3—节流件

节流件上下游侧最小直管段长度与节流件上游侧局部阻力件形式和直径比 β 有关，如表 5-4 所示。如果节流件上游侧与敞开容器或直径大于 $2D$ 的容器相连时，由容器至节流装置的直管段应大于 $30D$（$15D$）。节流件前如安装温度计套管时，此套管也是一个阻力件，此时确定 l_1 原则是：当温度计套管直径为 $0.03D$ 时，$l_1=5D$（$3D$）；当套管直径为（$0.03\sim0.13$）D 时，$l_1=20D$（$10D$）。在节流件前后 $2D$ 长的管道上，管道内壁不能有任何凸出的对象，安装的垫圈都必须与管道内壁齐平，也不允许管道内壁有明显的粗糙不平现象。在节流件上游侧管道的 0、$\frac{1}{2}$ D、D、$2D$ 处取与管道轴线垂直的 4 个截面，在每个截面上，以大致相等的角距离取 4 个内径的单测值，这 16 个单测值的平均值即为设计节流件时所用的管道内径。任意单测值与平均值的偏差不得大于 $\pm0.3\%$，这是管道圆度要求。在节流件后的 l_2 长度上也是这样测量直径的，但圆度要求低，只要任何一个单侧值与平均值的偏差在 $\pm2\%$ 以内就可以。

二、分体式差压信号管路的安装

流量测量用差压计与节流装置之间用差压信号管路连接，在敷设差压信号管路时，应注意的事项如下所述。

①信号管路（导压管）应按最短的距离敷设，其长度最好在 60m 以内，一般不应超过 50m，以免阻力过大，反应滞后；其内径应大于 6mm。信号管路越长，其内径应越大。对于清洁的气体、水蒸气和水，内径可小一些，测黏性流体，尤其是测脏污介质时，导压管内径应大一些。

②导压管可垂直或倾斜安装，但其倾斜度不得小于 1∶10，以便能及时排出气体（测液体时）或凝结水（测气体时）。对于黏性流体，其倾斜度还应增大。当差压信号传送距离大于 30m 时，导压管应分段倾斜，并在各最高点和最低点分别装设集气器（或排汽阀）和沉降器（或排污阀）。

表5-4　上游侧最小直管段长度与下游侧局部阻力件形式和直径比 β 的关系

β	节流件上游侧的局部阻力件形式和最小直管段长度 l_1						节流件下游侧最小直管段长度 l_3
	一个 90° 弯头或只有一个支管流动的三通	在同一平面内有多个 90° 弯头	空间弯头(在不同平面内有多个 90° 弯头)	异径管(大变小,2D→D,长度 ≥ 3D;小变大,1/2D→D,长度 ≥ 1/2D)	全开球阀	全开闸阀	(左面所有局部阻力件形式)
1	2	3	4	5	6	7	8
≤0.2	10 (6)	14 (7)	34 (17)	16 (8)	18 (9)	12 (6)	4 (2)
0.25	10 (6)	14 (7)	34 (17)	16 (8)	18 (9)	12 (6)	4 (2)
0.30	10 (6)	16 (8)	34 (17)	16 (8)	18 (9)	12 (6)	5 (2.5)
0.35	12 (6)	16 (8)	36 (18)	16 (8)	18 (9)	12 (6)	5 (2.5)
0.40	14 (7)	18 (9)	36 (18)	16 (8)	20 (10)	12 (6)	6 (3)
0.45	14 (7)	18 (9)	38 (19)	17 (9)	20 (10)	12 (6)	6 (3)
0.50	14 (7)	20 (10)	40 (20)	20 (10)	22 (11)	12 (6)	6 (3)
0.55	16 (8)	22 (11)	44 (22)	20 (10)	24 (12)	14 (7)	6 (3)
0.60	18 (9)	26 (13)	48 (24)	22 (11)	26 (13)	14 (7)	7 (3.5)
0.65	22 (11)	32 (16)	54 (27)	24 (12)	28 (14)	16 (8)	7 (3.5)
0.70	28 (14)	36 (18)	62 (31)	26 (13)	32 (16)	20 (10)	7 (3.5)
0.75	36 (18)	42 (21)	70 (35)	28 (14)	36 (18)	24 (12)	8 (4)
0.80	46 (23)	50 (25)	80 (40)	30 (15)	44 (22)	30 (15)	8 (4)

③信号管路应带有阀门等必要的附件,以便能在主设备运行的条件下冲洗信号管路,现场校验差压计以及在故障情况下能使仪表与主设备隔离。

④应防止有害物质(如高温介质、腐蚀性介质等)进入差压计。在测高温蒸汽时应使用冷凝器,在测腐蚀性介质时应使用隔离容器。若信号管路中介质有可能凝固和冻结,则要沿信号管路设置保温或加热装置。应特别注意防止两信号管路加热不均匀或内部工质局部汽化而造成测量误差。

⑤由于被测介质不同,安装要求也有所不同,以下对被测介质为液体、蒸汽和气体时的具体要求进行讲述。

a. 测量液体流量时的信号管路。主要是防止被测液体中有气体进入并存积在信号管路内,造成两信号管路中介质密度不等而引起误差。因此,取压口最好在节流装置取压室的中心线下方 45° 的范围内,以防止气体和固体沉积物进入。

为了能随时从信号管路中排出气体,管路最好向下斜向差压计。如差压计比节流装置高,则在取压口处最好设置一个 U 形水封。信号管路最高点要装设气体收集器,并装有阀门,以便定期排出气体,如图 5-18 所示。

b. 测量蒸汽流量时的信号管路。为保持两信号管路中凝结水的液位在同样高度,并防止高温蒸汽直接进入差压计,在取压口处一定要加装凝结容器,容器截面要稍大一些(直径约75mm)。从取压室到凝结容器的管道应保持水平或向取压室倾斜,凝结容器上方两个管口的下缘必须在同一水平高度上,以使凝结水液面等高。其他排气装置等要求同测量液体时相同,具体管路布置如图 5-19 所示。

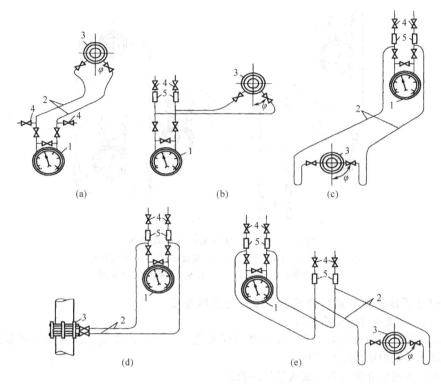

图 5-18　测量液体流量时的信号管路

（a）差压计低于节流装置，信号管能倾斜；（b）差压计低于节流装置，信号管不能倾斜；

（c）差压计高于节流装置，信号管能倾斜；（d）差压计高于节流装置，节流装置装于垂直管道上；

（e）差压计高于节流装置，信号管不能倾斜

1—差压计；2—信号管；3—节流装置；4—冲洗阀；5—气体收集器

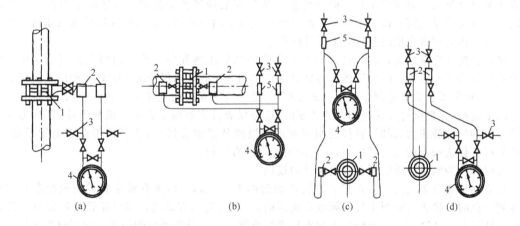

图 5-19　测量蒸汽流量时的信号管路

（a）垂直管道，差压计在下；（b）平管道，差压计在下；（c）水平管道，差压计在上；

（d）水平管道，差压计与节流装置高度相近

1—节流装置；2—平衡凝结容器；3—冲洗阀；4—差压计；5—气体收集器

c. 测量气体流量时的信号管路。测量气体流量时为防止被测气体中存在的凝结水进入并存积在信号管路中，取压口应在节流装置取压室上方，并希望信号管路向上斜向差压计。如差压计低于节流装置，则要在信号管路的最低处装设集水器并设置阀门，以便定期排水，如图 5-20 所示。

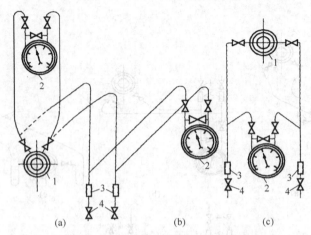

图 5-20　测量气体流量时的信号管路
(a) 差压计在上；(b) 差压计与节流装置等高；(c) 差压计在下
1—节流装置；2—差压计；3—液体收集器；4—冲洗阀

三、差压式流量测量系统的投运、维护与故障处理

（一）差压式流量计的正确投运

差压式流量计的种类很多，下面以三种不同测量介质的差压式流量计为例分别叙述差压式流量计在投运和维护中的注意事项。

1. 以液体为测量介质的差压式流量计的投运

仪表在接通管系前，应先打开节流装置处的两个导压阀和导压管上两个冲洗阀，用输送管导内的液体清洗导压管，以免管锈或脏物进入仪表。此时，仪表阀上的两导压阀应该是关闭的，使用时先将节流装置处的两导压阀缓慢打开，使输送管内的液体流入导压管，待导压管充满被测液体后，打开仪表阀上的平衡阀，并微微打开仪表阀上的正导压阀，这样被测液体从导压管、仪表阀慢慢地进入仪表测定室内，同时将空气从仪表的排气孔中排出，待液体中不再有气泡出现时，关闭仪表排气阀和仪表平衡阀，然后打开仪表上的负压阀，此时仪表即可投入正常运行。

2. 以气体为测量介质的差压式流量计的投运

仪表在接通管系之前，应先打开节流装置处的两导压阀和导压管上的两吹洗阀，用输送管道内的气体吹洗导压管，以免管锈和污物进入仪表内（此时，两仪表阀上的导压阀应是关闭的），使用时，先将节流装置处的两个导压阀缓慢打开，使输送管导内的气体流入导压管内，再打开仪表阀上的平衡阀，并微微打开仪表阀上的正压阀，这样仪表检定室内就充满了被测气体，其压力为输送管导内的气体静压力，同时，将仪表测定室内的液滴从排液孔排出，然后关闭仪表上的平衡阀，再缓缓打开仪表阀上的负压导压阀，仪表即可投入正常运行。

3. 以蒸汽为测量介质的差压式流量计的投运

仪表在接通管系之前，应先打节流装置处的两个导压阀，用来自输送管道内的冷蒸汽吹洗导压管（此时，仪表上的两个导压阀应是关闭的），蒸汽进入管系后，在导压管及冷凝器中进行冷凝，然后打开冲洗阀，直至阀门内放出洁净的冷凝水时，再将冲洗阀关闭，使用时先关闭节流装置处的两个导压阀，将冷凝器和导压管内的冷凝水从冲洗阀放掉，然后将仪表上的排气阀和仪表阀上的三阀均打开，往一只冷凝器内注入冷凝液，直至在另一只冷凝器上有冷凝液流出为止（当排气阀孔不再有气泡时，应先将排气阀关闭）。为了避免仪表零位的变动，必须注意，冷凝器与仪表之间的导压管以及仪表的测定室都应充满冷凝液，两个冷凝器液面必须相同，接着，关闭仪表阀上的平衡阀，同时缓缓打开节流装置处两导压阀，仪表即可投入正常运行。

4. 差压式流量计应用时的注意事项

流量计应用不当，容易造成测量误差，使用时应注意以下问题。

①应考虑流量计的使用范围，如角接取压孔板，$50 \leqslant D \leqslant 1000$，$Re_D \geqslant 4000$（$0.1 \leqslant \beta \leqslant 0.5$）$\sim Re_D \geqslant 16000\beta^2$（$\beta > 0.5$）。

②被测流体的实际工作状态（温度、压力）和流体的性质（重度、黏度、雷诺数等）应与设计时一致，否则会造成实际流量值与指示流量值之间的误差。欲消除此误差，必须按新的工艺条件重新进行设计计算，或者将所测的数值加以必要的修正。

③在使用中，要保持节流装置的清洁，如在节流装置处有沉淀、结焦、堵塞等现象，会改变流体的流动状态，引起较大的测量误差，必须及时清洗。

④节流装置由于受流体的化学腐蚀或被流体中的固体颗粒磨损，造成节流元件形状和尺寸的变化。尤其是孔板，它的入口边缘会由于磨损和腐蚀而变钝，这样，在相同的流量下，所产生的差压会变小，从而引起仪表示值偏低。故应注意检查，必要时应换用新的孔板。

⑤导压管路接至差压计之前，必须安装三阀组，如图5-19、图5-20所示，以便差压计的回零检查及导压管路冲洗排污之用。其中接高压侧（左）的叫正压阀，接低压侧（右）的叫负压阀，中间的阀叫平衡阀。一般三个阀做成一体，便于安装。

对于带有凝液器或隔离器的测量管路，不可有正压阀、负压阀和平衡阀三阀同时打开的状态，即使时间很短也是不允许的，否则凝结水或隔离液将会流失，需重新充灌才可使用。三阀组的启动顺序是：打开正压阀—关闭平衡阀—打开负压阀。停运的顺序是：关闭负压阀—关闭正压阀—打开平衡阀。

（二）差压式流量计的维护

差压式流量计在投入使用后，为了确保测量的准确可靠，必须定期加以维护，主要从以下几方面进行。

①差压计在安装前，必须经过计量检定，在确认符合各项技术指标的要求下，方可严格按照差压计信号管路及差压计的安装要求装上仪表。

②差压计在投入使用时，必须在信号管路各最高处的排气阀中排除空气。

③定期对差压计信号管路和仪表进行清洗，清除一切杂物。

④差压计在投入使用前，应检查仪表的零位，检查仪表零位时，只需关闭仪表阀上的两个导压阀而打开平衡阀即可，若发现零位偏移时，应查明原因，予以调整。

⑤若发现仪表的示值与被测值有明显差异时，应进行全面检查和调修，并重新进行计量检定。

⑥应按计量检定规程的要求和检定周期，对差压式流量计进行周期计量检定。

⑦非仪表在停止运行后再投入使用时，必须按上述步骤进行。

（三）差压式流量测量系统的故障处理

差压式流量计测量系统常见故障、原因及排除方法如下。

1.指示零或移动很小

其原因为：

①平衡阀未全部关闭或泄漏；

②节流装置根部高低压阀未打开；

③节流装置至差压计间阀门、管路堵塞；

④蒸汽导压管未完全冷凝；

⑤节流装置和工艺管道间衬垫不严密；

⑥差压计内部故障。

其对应处理方法为：

①关闭平衡阀，修理或换新；

②打开；

③冲洗管路，修复或换阀；

④待完全冷凝后开表；

⑤拧紧螺栓或换垫；

⑥检查、修复。

2. 指示在零下

其原因为：

①高低压管路反接；

②信号线路反接；

③高压侧管路严重泄漏或破裂。

其对应处理方法为：

①、②检查并正确连接好；

③换件或换管道。

3. 指示偏低

其原因为：

①高压侧管路不严密；

②平衡阀不严或未关紧；

③高压侧管路中空气未排净；

④差压计或二次仪表零位失调或变位；

⑤节流装置和差压计不配套，不符合设计规定。

其对应处理方法为：

①检查、排除泄漏；

②检查、关闭或修理；

③排净空气；

④检查、调整；

⑤按设计规定更换配套的差压计。

4. 指示偏高

其原因为：

①低压侧管路不严密；

②低压侧管路积存空气；

③蒸汽等的压力低于设计值；

④差压计零位漂移；

⑤节流装置和差压计不配套，不符合设计规定。

其对应处理方法为：

①检查、排除泄漏；

②排净空气；

③按实际密度补正；

④检查、调整；

⑤按规定更换配套差压计。

5. 指示超出标尺上限

其原因为：

①实际流量超过设计值；

②低压侧管路严重泄漏；

③信号线路有断线。

其对应处理方法为：

①换用合适范围的差压计；

②排除泄漏；

③检查、修复。

6. 流量变化时指示变化迟钝

其原因为：

①连接管路及阀门有堵塞;

②差压计内部有故障。

其对应处理方法为:

①冲洗管路、疏通阀门;

②检查排除。

7. 指示波动大

其原因为:

①流量参数本身波动太大;

②测压元件对参数波动较敏感。

其对应处理方法为:

①高低压阀适当关小;

②适当调整阻尼作用。

8. 指示不动

其原因为:

①防冻设施失效,差压计及导压管内液体冻住;

②高低压阀未打开。

其对应处理方法为:

①加强防冻设施的效果;

②打开高低压阀。

● 请你做一做

请根据过程检测与控制情境教学实训装置储水罐 3 出口流量的大小范围、测量精度的要求,进行调研选型,选择合适的节流元件、取压方式和装置、差压传感器以及显示仪表,设计一套进水流量测量系统,并完成该差压式流量检测系统的安装、调整、投用、故障排除等任务。

任务三　电磁流量计的安装与检修

● 任务引领

电磁流量计由于无可动部件和插入管道的阻流件,压力损失极小,测量范围极宽,反应迅速,可用于脉动流、双相流等流体流量的测量。但是如果选用安装投运不正确,电磁流量计将会产生极大的误差。电磁流量计的正确安装对电磁流量计的正常运行极为重要,这里主要介绍电磁流量传感器和转换器的安装与投运。

● 任务要求

(1) 正确描述电磁流量计对安装场所、直管段长度、安装位置及流动方向有什么要求。

(2) 能说出电磁流量计为什么要接地,如何接地。

(3) 能正确描述电磁流量计投运前重点要完成哪些检查。

(4) 能判断电磁流量计常见的故障并排除。

● 任务准备

问题引导:

(1) 电磁流量计对安装场所、直管段长度、安装位置及流动方向有什么要求?

(2) 电磁流量计为什么要接地?如何接地?

(3) 电磁流量计投运前重点要完成哪些检查?

（4）电磁流量计常见的故障有哪些？如何排除？

任务实施

（1）教师提问引入新课，开始咨询。

（2）学生讨论计划并决策。

（3）教师先演示各部件的安装、投运，学生观察，学生操作，教师指导。

（4）学生归纳并进行小组总结

①电磁流量计对安装场所、直管段长度、安装位置及流动方向的要求。

②电磁流量计接地方法。

③电磁流量计投运前的检查。

④电磁流量计常见的故障及排除方法。

知识导航

一、电磁流量计的安装

电磁流量计传感器安装要注意以下几个问题。

1. 安装场所

普通电磁流量传感器的外壳防护等级为 IP65（GB 4208 规定的防尘防溅水级），对安装场所的要求如下。

①测量混合相流体时，应选择不会引起相分离的场所。

②选择测量管内不会出现负压的场所。

③避免安装在电动机、变压器等强电设备附近，以免引起电磁场干扰。

④避免安装在周围有强腐蚀性气体的场所。

⑤环境温度一般应在 -25～60℃ 范围内，尽可能避免阳光直射。

⑥安装在无振动或振动小的场所。如果振动过大，则应在传感器前后的管道加固定支撑。

⑦环境相对湿度一般应在 10%～90% 的范围内。

⑧避免安装在能被雨水直淋或被水浸没的场所。如果传感器的外壳防护等级为 IP67（防尘防浸水级）或 IP68（防尘防潜水级），则最后两项可以不作要求。

2. 直管段长度

电磁流量计对表前直管段长度的要求比较低。一般来说，对于 90°弯头、T 形三通、异径管、全开阀门等流动阻力件，离传感器电极轴中心线（不是传感器进口端面）应有 (3～5)D 的直管段长度；对于不同开度的阀门，则要求有 10D 的直管段长度；传感器后一般应有 2D 的直管段长度，如图 5-21 所示。当阀门不能全开时，如果使阀门截流方向与传感器电极轴成 45°安装，可大大减小附加误差。

3. 安装位置和流动方向

电磁流量传感器可以水平、垂直或倾斜安装，如图 5-22 所示。

水平安装时，传感器电极轴必须水平放置。这样可以防止由于流体所夹带的气泡而产生的电极短时间绝缘，也可防止电极被流体中沉积物覆盖。不应将传感器安装在最高点，以免有气体积聚，安装在管系最高处，为不良的安装位置，应予以避免。

垂直安装时，应使流动方向向上，这样可使无流量或流量很小时，流体中所夹带的较重的固体颗粒下沉，而较轻的脂肪类物质上升离开传感器电极区。测量泥

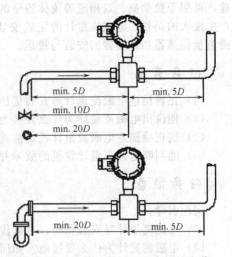

图 5-21　弯管、阀门和泵之间的安装

浆、矿浆等液固二相流时，垂直安装可以避免固相的沉淀和传感器衬里不均匀磨损。向下管道出口处，为不良的安装位置，应予以避免。传感器不能安装在管道的最高位置，这个位置容易积聚气泡，如图 5-23 所示。

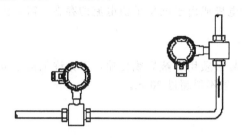

图 5-22　水平和垂直安装

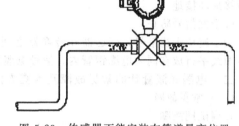

图 5-23　传感器不能安装在管道最高位置

传感器安装处应具有一定背压，传感器出口直接排空易造成测量管内液体非满管，为不良的安装位置，应予以避免。

当出口为放空状态时，传感器不应安装在管道放空之处，应安装在较低处。如图 5-24 所示。

为了防止传感器内产生负压，传感器应安装在泵的后面，而不应安装在泵的前面。

4.安装旁路管

为了便于液流静止时检查和调整零点，中小管径应尽可能安装旁路管。在测量含有沉淀物流体时，应考虑便于清洗传感器的安装方式。

5.接地

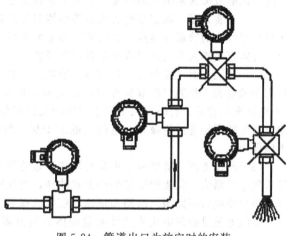

图 5-24　管道出口为放空时的安装

为了使测量准确和电极不会发生电流腐蚀，电磁流量传感器必须单独接地（接地电阻 100Ω 以下），并使传感器和流体大约处于相同电位。分离型电磁流量计，原则上接地应在传感器侧，转换器接地应在同一接地点，在大多数情况下，传感器的内装参比电极或金属管能确保所需的电位平衡。因此，可以通过内装的参比电极和金属管将管中流体接地，将传感器的接地片与接地线相连。如图 5-25 所示。

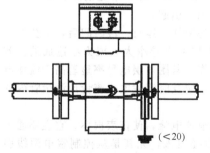

图 5-25　传感器在金属管道上安装
时的接地示意图

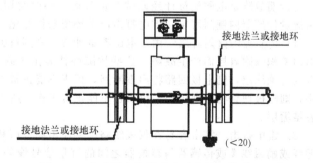

图 5-26　传感器在塑料或有绝缘衬里管道上安装
时的接地示意图

传感器在塑料管道上或在有绝缘衬里的管道上安装，传感器的两端应安装接地环，或接地法兰，或带有接地电极的短管，按图 5-26 所示接地，使管内流动的被测介质与大地短路，具有零电位，否则，电磁流量计无法正常工作。

如果传感器安装于带阴极腐蚀保护管道上，除了传感器和接地环一起接地外，还要用粗铜线（16mm²）绕过传感器跨接在管道的两法兰上，使阴极保护电流与传感器之间隔离。

对于金属非接地管道，应用粗铜线连接，保证法兰至法兰和法兰至传感器是连通的。

对于非导电的塑料管或衬里管，如果没有参比电极或由于电位平衡电流的存在，需将流体通过接地环接地。

6. 干扰信号防止

为了避免干扰信号，变送器和转换器之间的信号必须用屏蔽导线传输，不允许把信号电缆和电源线平行放在同一电缆钢管内，信号电缆长度一般不得超过 30 m。

二、电磁式流量计的常见故障及检查方法

（一）常见故障

1. 调试期故障

调试期的故障一般出现在仪表安装调试阶段，一经排除，在以后相同条件下不会再出现。常见的调试期故障通常由安装不妥、环境干扰以及流体特性影响等原因引起。

（1）安装方面　通常是电磁流量传感器安装位置不正确引起的故障，常见的如将传感器安装在易积聚气体的管系最高点，或安装在自上而下的垂直管上（可能出现排空），或传感器后无背压，流体直接排入大气而形成测量管内非满管。

（2）环境方面　通常主要是管道杂散电流干扰、空间强电磁波干扰、大型电机磁场干扰等。管道杂散电流干扰通常采取良好的单独接地保护就可获得满意结果，但如遇到强大的杂散电流（如电解车间管道，有时在两电极上感应的交流电势峰值 V_{PP} 可高达 1V），尚需采取另外的措施和流量传感器与管道绝缘等。空间电磁波干扰一般经信号电缆引入，通常采用单层或多层屏蔽予以保护。

（3）流体方面　被测液体中含有均匀分布的微小气泡通常不影响电磁流量计的正常工作，但随着气泡的增大，仪表输出信号会出现波动，若气泡大到足以遮盖整个电极表面时，随着气泡流过电极会使电极回路瞬间断路而使输出信号出现更大的波动。

低频方波励磁的电磁流量计测量固体含量过多浆液时，也将产生浆液噪声，使输出信号产生波动。

测量混合介质时，如果在混合未均匀前就进入流量传感进行测量，也将使输出信号产生波动。

电极材料与被测介质选配不当，也将由于化学作用或极化现象而影响正常测量。应根据仪表选用或有关手册正确选配电极材料。

2. 运行期故障

运行期故障是电磁流量计经调试并正常运行一段时期后出现的故障，常见的运行期故障一般由流量传感器内壁附着层、雷电打击以及环境条件变化等因素引起。

（1）传感器内壁附着层　由于电磁流量计常用来测量脏污流体，运行一段时间后，常会在传感器内壁积聚附着层而产生故障。这些故障往往是由于附着层的电导率太大或太小造成的。若附着物为绝缘层，则电极回路将出现断路，仪表不能正常工作；若附着层电导率显著高于流体电导率，则电极回路将出现短路，仪表也不能正常工作。所以，应及时清除电磁流量计测量管内的附着结垢层。

（2）雷电打击　雷击容易在仪表线路中感应出高电压和浪涌电流，使仪表损坏。它主要通过电源线或励磁线圈或传感器与转换器之间的流量信号线等途径引入，尤其是从控制室电源线引入占绝大部分。

（3）环境条件变化　在调试期间由于环境条件尚好（例如没有干扰源），流量计工作正常，此时往往容易疏忽安装条件（例如接地并不怎么良好）。在这种情况下，一旦环境条件变化，运行期间出现新的干扰源（如在流量计附近管道上进行电焊，附近安装上大型变压器等），就会干扰仪表的正常工作，流量计的输出信号就会出现波动。

（二）电磁流量计的故障排查方法

①通用常规仪器检查。

②替代法。利用转换器和传感器间以及转换器内部线路板部件间的互换性，以替代法判别故障所在位置。

③信号踪迹法。用模拟信号器替代传感器，在液体未流动条件下提供流量信号，以测试电磁流量转换器。

检查首先从显示仪表工作是否正常开始，逆流量信号传送的方向进行。用模拟信号器测试转换器，以判断故障发生在转换器及其后位仪表还是在转换器的上位传感器发生的。若是转换器故障，如有条件可方便地借用转换器或转换器内线路板做替代法调试；若是传感器故障需要试调换时，因必须停止运行，关闭管道系统，涉及面广，常不易办到。特别是大口径流量传感器，试换工程量大，通常只有在做完其他各项检查，最后才卸下管道检查传感器测量管内部状况或调换。

● 请你做一做

请根据过程检测与控制情境教学实训装置罐 01 出口流量的大小范围、测量精度的要求，进行调研选型，选择合适的电磁流量计，设计一套水流量的自动检测系统，画出安装示意图，并完成该电磁流量检测系统的安装、调试、投用、故障排除等任务。

任务四　涡街流量计的安装与检修

● 任务引领

涡街流量计具有结构简单，涡街变送器直接安装于管道上，能较好地克服管路泄漏现象，压力损失较小，量程范围宽，测量量程比可达 30:1 等特点。因此，涡街流量计的使用越来越受到人们的青睐。然而，如果安装使用不当，则会产生较多的附加误差。为了减小误差影响，改善测量效果，有必要熟悉涡街流量计的安装与使用方法。

● 任务要求

（1）正确描述涡街流量计安装注意事项。

（2）能说出涡街流量计调试运行的步骤。

（3）能判断涡街流量计的故障并正确排除。

● 任务准备

问题引导：

（1）涡街流量计的安装注意事项有哪些？

（2）描述涡街流量计的调试投运步骤。

（3）涡街流量计的故障有哪些？如何排除？

● 任务实施

（1）教师提问引入新课，开始咨询。

（2）学生讨论计划并决策。

（3）教师先演示各部件的安装、投运，学生观察，学生操作，教师指导。

（4）学生归纳并进行小组总结。

①涡街流量计的安装注意事项。

②涡街流量计的调试投运步骤。

③涡街流量计常见的故障及排除方法。

知识导航

一、涡街流量计的安装

①涡街流量计尽量安装在远离振动源和电磁干扰较强的地方，振动存在的地方必须采用减振装置，减少管道受振动的影响。

②前、后直管段要满足涡街流量计的要求，所配管道内径也必须和涡街流量变送器内径一致。如图 5-27 所示。

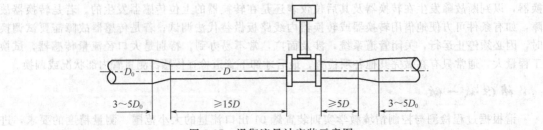

图 5-27　涡街流量计安装示意图

③流量测量范围应与流量计的流量测量范围相符合。涡街流量计的上、下限测量范围，除了与 Re_D 范围（Sr 稳定）有关外，其下限还取决于频率测量准确度满足不了要求时的最低流量值。

④测量介质温度变化时，应对流量公式进行修正。

⑤为了保证测量准确度，旋涡发生体下游直管段应不小于 $5D$，上游直管段要求如表 5-5 所示。

表 5-5　涡街流量计要求的上游直管段

上游管道方式及阻力件形式	直管道长度	
	无整流器	有整流器
90°弯管	20D	15D
两个同平面的 90°弯管	25D	15D
两个不同平面的 90°弯管	30D	15D
管径收缩	20D	15D
管径扩大	40D	20D

⑥涡街流量计可以水平、垂直或任意角度安装，但测液体时若垂直安装，流量应自下向上。安装旋涡发生体时，应使其轴线与管道轴线相互垂直。

二、涡街流量计的故障检修

1. 通电后无指示、无输出信号

故障原因：

①流量积算仪没有 24V DC 输出；

②接线有错误或断线；

③传感器内断线或放大器损坏；

④管道内无流量或流量太小。

处理措施：

①检查积算仪输出是否正常；

②重新接线；

③维修或更换；

④缩小仪表安装处的管道内径。

2. 没有流量时有信号输出

故障原因：

①仪表引线屏蔽或接地不良引入50Hz干扰；

②周围有强电设备或动力线；

③管道有强烈振动。

处理措施：

①加强屏蔽或接地，消除50Hz干扰；

②使仪表或信号线远离干扰源；

③采取减振、加强滤波或降低灵敏度。

3. 流量指示值波动大

故障原因：

①管道振动影响；

②灵敏度调得过高；

③传感器发生体上有附着物；

④压电晶片损坏；

⑤工艺过程波动大。

处理措施：

①加强滤波或减振；

②降低灵敏度；

③清洁传感器发生体；

④更换；

⑤将仪表安装在流量波动小的工艺管道上。

4. 指示误差大

故障原因：

①上游直管段长度不够；

②仪表常数设定有误；

③电源电压和负载电阻不符合要求；

④发生体黏污严重；

⑤放大器参数有变化；

⑥有气穴现象。

采取措施：

①改变安装地点，加整流器或降低使用精度，上游直管段大于$5D$；

②重新设定参数；

③按仪表要求提供电源电压；

④清洗发生体；

⑤重新调整；

⑥改变安装地点，增加入口压力。

请你做一做

请根据过程检测与控制情境教学实训装置储水罐3出口流量的大小范围、测量精度的要求，进行调研选型，选择合适的涡街流量计，设计一套水流量的自动检测系统，画出安装示意图，并完成该涡街流量检测系统的安装、调试、投用、故障排除等任务。

小结

1. 差压式流量计

差压式流量计是目前工业中应用较广的一种流量计，通常工业生产中的水、汽等流量测量都采用这种流量计。

（1）差压式流量计的测量原理及组成　该流量计是利用流体流经节流件时产生差压的原理进行流量测量的，它由标准节流装置、导压管路及差压变送器（差压计）等组成。

（2）标准节流装置　用来产生差压的节流件、取压装置及节流件前后的直管段等，总称为标准节流装置。

①标准节流件：电厂常用的标准节流件是孔板和喷嘴。其中，孔板的结构最简单，应用最广，而喷嘴则多用在大型机组的蒸汽流量测量中。

②节流件的取压方式：对标准孔板，其取压方式为角接取压和法兰取压；对标准喷嘴，只采用角接取压。角接取压时，又有环室取压和单独钻孔取压两种结构形式。

③对节流件前后直管段的要求：当节流件前后遇有弯头、阀门等局部阻力件时，节流件前后直管段 l_1 和 l_2 必须符合规定要求。只有符合国家标准的节流装置，其流量与差压之间的关系才可按国家标准直接计算确定，不必再经实验进行分度。

（3）流量公式　表示差压与流量之间关系的式子称为流量公式。它是根据伯努利方程和流体流动的连续性方程导出的，可简化为 $q_m = K_m \sqrt{\Delta P}$ 及 $q_V = K_V \sqrt{\Delta P}$ ，即流量与差压的平方根成正比。因此，测出节流装置所产生的差压由差压计直接显示流量，其刻度往往是不均匀的。对于火电厂大型机组，广泛采用带有压力、温度自动补偿的智能流量计进行显示。

（4）差压式流量测量系统的安装　包括测点位置选择、附件选用、节流装置安装、导压管敷设、差压变送器安装等。

（5）差压式流量测量系统的故障排除　分八种现象进行原因分析并提出处理方法。

2.电磁流量计

电磁流量计无可动部件和插入管道的阻流件，所以压力损失小。但被测流体必须是导电的。尤其适合非电解性液体。

电磁式流量计既可水平安装也可垂直安装，推荐垂直安装。垂直安装时流体自下向上流动。注意避免电磁干扰和雷电电击。电磁流量计的故障分调试期和运行期进行分析和排除。

3.涡街流量计

涡街流量计是基于流体振荡原理工作的一种流量计，主要由检测器、前置放大器和转换器组成，它可直接以数字量输出，也可通过数字与模拟量转换器转换为标准统一信号的模拟量输出。

涡街流量计可以水平、垂直或任意角度安装，但测液体时若垂直安装，流量应自下向上。

4.超声波流量计

超声波流量计的测量原理是：超声波在流动介质中传播时，其传播速度与在静止介质中的传播速度不同，其变化量与介质流速有关。测得这一变化量就能求得介质的流速，进而求出流量，即 $q_V = Av$（A 是管道截面积，v 是流速）。测流速的方法主要有三种：时间差法，相位差法，频率差法。

5.质量流量计

测量系统采用科里奥利原理，不仅能直接测量和显示被测介质的温度和密度，还可显示被测介质的质量流量，后者与被测介质的其他参数如密度、温度、压力、黏度和流动状态无关。由于采用集成化设计、连续式测定，其结构简单、可靠性高，可得到与质量流量成正比、完全线性的信号，无需特殊运算。在液体中混有不溶解气体、固粒混合流体、高黏度流体情况下都能进行多种流体质量流量的连续测定。管内无插入件，对被测流体流态无干扰，容易维修。

复习思考

1. 名词解释

瞬时流量　　　　　标准体积流量　　　　　标准孔板

累积流量　　　　　标准节流装置　　　　　标准喷嘴

2. 填空题

(1) 最经典的流量测量仪表是_____流量计，它由_____、_____、_____、_____等几部分组成。

(2) 常用标准节流装置_____、_____、_____。

(3) 孔板常用取压方法有_____、_____，其他方法有_____、_____和_____。

(4) 标准孔板法兰取压法，上、下游取压孔中心距孔板前、后端面的间距均为_____mm，也叫1in法兰取压。

(5) 角接取压的定义是_____；角接取压的方式有_____和_____。

(6) 流量测量中差压变送器输出的信号与流量的关系是_____。

(7) 比例积算器和_____配合使用，可测量某一段时间内_____的累计值。

(8) 充满管道的流体经管道内的节流装置，流束将在节流件处形成_____，从而使_____增加，_____降低，于是在节流件前、后产生了_____。

(9) 超声波流量计_____压力损失，在流体管道_____部进行测量。

(10) 椭圆齿轮流量计，当一个轮受差压的作用下为主动轮时，另一个轮是_____。

(11) 声波_____穿透金属传播。

(12) 对于超声波流量计，特别是在_____流量测量时，其优点非常显著。

(13) 涡街流量计是应用流体_____来测量流量。

(14) 电磁流量计是根据_____制成的一种测量导电性液体的仪表。

3. 问答题

(1) 流量测量仪表有哪些种类？

(2) 标准节流件有哪几种？各有什么优缺点？

(3) 标准节流装置有哪些安装要求？

(4) 差压式流量计由哪几部分组成？节流件的测量原理是什么？

(5) 何谓标准节流装置？电厂常用的节流件是什么？其取压方式有何规定？标准节流件在管道中的安装方向应怎样？

(6) 导出流量公式的根据是什么？试写出其简化公式。简化公式说明了什么？

(7) 流量与差压之间成什么关系？在显示流量时,为使读数方便、刻度均匀,应做什么处理？

(8) 简述超声波流量计的工作原理。

(9) 简述电磁流量计的基本原理和特点。

(10) 电磁流量计使用有哪些局限性？

(11) 涡轮流量计的工作原理是什么？

(12) 简述流量计检定的两种方法及特点。

(13) 涡街流量计的工作原理是什么？

4. 创新思考题

(1) 如何调整电磁流量计的抗干扰能力？

(2) 简述清洗涡轮流量变送器的步骤。

(3) 灌隔离液的差压式流量计，在开启和关闭平衡阀时，应注意些什么？是什么道理？

(4) 质量流量计安装时有哪些注意事项？

(5) 涡街流量计使用时有哪些注意事项？

(6) 电磁流量计安装时有什么要求？

学习情境六　液位测量仪表的安装与检修

学习情境描述

液位测量属于物位测量的一种。所谓物位测量，就是指容器中固体、液体的表面高度或位置测量。在火力发电厂中，测量液位（如水位、油位等）较多，也有测量料位的，如煤位、灰位等。物位测量的单位为长度单位（一般是 mm、m）。

本学习情境主要完成三个学习性工作任务：

任务一　液位测量仪表的认知与选型；

任务二　差压式水位测量系统的安装与检修；

任务三　其他液位测量仪表的安装与使用。

教学目标

(1) 掌握磁翻板式水位计的安装、调试与故障检修技能。

(2) 掌握差压式水位计的安装、校验、调试与故障检修技能。

(3) 掌握电接点水位计的安装、调试与故障检修技能。

(4) 掌握超声波水位计的安装、调试与故障检修技能。

本情境学习重点

(1) 各类液位测量仪表的结构特点及工作原理。

(2) 液位测量仪表的选型。

(3) 差压式水位计的安装、调试、投运与维护方法。

(4) 磁翻板式水位计、电接点水位计和超声波水位计的安装、调试与维护方法。

本情境学习难点

(1) 各类液位测量仪表的结构特点。

(2) 各类液位测量仪表的调试方法。

(3) 各类液位测量仪表的误差分析。

任务一　液位测量仪表的认知与选型

任务引领

测量物位的仪表种类很多，最常用的是差压式水位测量仪表，它是利用水位-差压转换原理，通过差压仪表来测量水位的。此外，还有玻璃液位计、浮球液位计、浮筒液位计、电接点液位计、浮标和绳索式物位计、电容物位计和超声波物位计等。物位测量仪表型号用"U"表示产品所属大类。图 6-1、图 6-2 为各种原理的液位及固体料位测量示意图。

在生产过程中常用的物位检测方法如表 6-1 所示。

表 6-1　常用的物位检测方法

类别		适用对象	测量方式	使用特性	安装方式	原理
直读式	金属管式	液位	连续	直观	侧面，变通管	利用连通器液注静压平衡原理，液位高度由标尺读出
	玻璃板式	液位	连续	直观	侧面	

续表

类别		适用对象	测量方式	使用特性	安装方式	原理
差压式	压力式	液位、料位	连续	用于大量程开口容器	侧面，底置	液体静压力与液位高度成正比
	吹气式	液位	连续	适用黏状液体	顶置	吹气管鼓出气泡后吹气管内压力基本等于液注静压
	差压式	液位、界面	连续	法兰式可用于黏性液体	侧面	容器液位与相通的差压计正、负压室压力差相等
浮力式	浮子式	液位、界面	定点、连续	受外界影响小	侧面	基于液体的浮力使浮子随液位变化而上升或下降，实现液位测量
	翻板式	液位	连续	指示醒目	侧面、弯通管	由连通管组件、浮子和翻板指示装置组成，装有永久磁铁
	沉筒式	液位、界面	连续	受外界影响小	内外浮筒	测量用沉筒沉入介质中，通过液位变化，沉筒位移变化，实现液位测量
	随动式	液位、界面	连续	测量范围大、精确度高	顶置、侧面	随液位上升的敏感组件可产生的感应电势输出至显示控制表
机械接触式	重锤式	液位、界面	连续、断续	受外界影响小	顶置	通过探头与物料面接触时的机械力来实现物位测量、报警或控制
	旋翼式	料位	定点	受外界影响小	顶置	
	音叉式	液位、料位	定点	测量密度小，非黏性物料	侧面、顶置	
电气式	电感式	液位	连续	介质介电常数变化影响不大	顶置	利用测量组件把物位变化转换成电量进行测量的仪表
	电容式	液位、料位	定点、连续	应用范围广	侧面、顶置	
其他	超声波式	液位、料位	定点、连续	不接触介质	顶置、侧面底置	由电子装置产生的超声波，当液位变化时，接收探头接收的超声波测量信号发生变化，使放大器的振荡改变，发出控制信号
	辐射式	液位、料位	定点	不接触介质	顶置、侧面	利用核辐射穿透物质，及在物质中按一定的规律减弱的现象确定物位
	光学式	液位、料位	定点	不接触介质	侧面	由发射部分产生光源，当被测料位变化时，由接受部分的光敏组件转换为控制信号输出
	热学式	液位、料位	定点			微波或红外线在不同的介质中传播时，被吸收的能量不同而确定液位变化

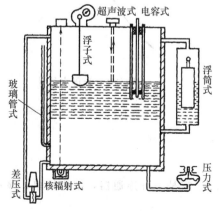

图 6-1　各种原理的液位测量示意图

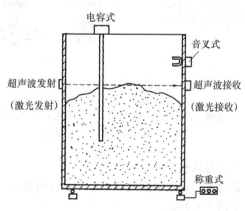

图 6-2　各种原理的固体料位测量示意图

🌑 任务要求

(1) 正确描述液位测量的方法和液位测量仪表的类型。
(2) 会正确分析液位测量误差的产生原因和减小误差的方法。
(3) 能正确描述差压式、磁翻板、浮球式、超声波、电接点等液位计的结构原理与特点。
(4) 能正确进行液位测量仪表的选型。

🌑 任务准备

问题引导：
(1) 汽包水位测量的重要性？
(2) 请说明汽包水位测量仪表的种类、结构特点及测量原理。
(3) 请说明汽包水位测量仪表的安装位置、测量误差产生来源。

🌑 任务实施

(1) 教师对各类液位测量仪表进行实物演示与操作示范。
(2) 结合实物认识各类液位测量仪表的结构并分析测量原理。
(3) 绘制差压式液位测量仪表的检测系统图，并对误差进行分析。
(4) 请到实习电厂进行调研，了解液位测量仪表的安装位置与运行情况。

🌑 知识导航

一、液位测量仪表的认知

（一）就地式水位计

就地式水位计是一种使用最早和最简单的水位计，是监视汽包水位最可靠的仪表，其结构见图 6-3。

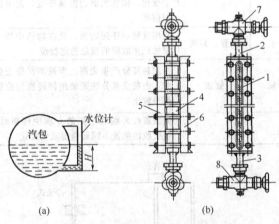
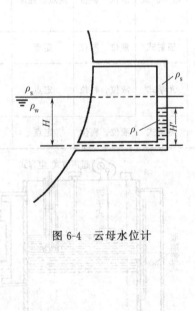

图 6-3　就地式水位计的原理结构
(a) 原理；(b) 基本结构
1—玻璃（云母）板；2、3—上、下金属管；4—水位计体；
5、6—前、后夹板；7、8—阀门

图 6-4　云母水位计

1. 云母水位计

云母水位计是锅炉汽包一般都装设的就地式水位表。它是一种连通器，结构简单，显示直观，如图 6-4 所示。

显示部分用云母玻璃制成。根据连通器平衡原理可得

$$H\rho_w g + (L-H)\rho_s = H'\rho_1 g + (L-H')\rho_s \tag{6-1}$$

式中　ρ_s——汽包内饱和蒸汽密度；

　　　ρ_w——汽包内饱和水密度；

　　　ρ_1——云母水位计测量管内水柱的平均密度；

　　　H——汽包重量水位；

　　　H'——显示值；

　　　L——汽侧、水侧连通管距离；

　　　g——重力加速度。

由式（6-1）可知，云母水位计的指示水柱高度 H' 与汽包重量水位高度 H 的关系为

$$H = \frac{\rho_1 - \rho_s}{\rho_w - \rho_s} H' \tag{6-2}$$

由于云母水位计温度低于汽包内温度，因此云母水位计的指示水柱高度 H' 低于汽包重量水位高度 H。

2. 双色水位计

双色水位计将云母水位计的汽水两相无色显示变成红绿两色显示，即汽柱显红色，水柱显绿色，提高了显示清晰度，克服了云母水位计观察困难的缺点。这种水位计可在就地监视水位，也可采用彩色工业电视系统远传至控制室进行水位监视。

双色水位计的原理结构如图 6-5 所示。光源 8 发出的光经过红色和绿色滤光玻璃 10、11 后，红光和绿光平行到达组合透镜 12，由于透镜的聚光和色散作用，形成了红绿两股光束射入测量室 5。测量室是由水位计本体钢座 3、云母片 15 和两块光学玻璃板 13 等构成的。测量室截面呈梯形，内部介质为水柱和蒸汽柱，见图 6-5 (b)、(c)，连通器内水和蒸汽形成两段棱镜。当红、绿光束射入测量室时，绿光折射率较红光大（光的折射率与介质和光的波长有关）。在有水部分，由于水形成的棱镜作用，绿光偏转较大，正好射到观察窗 17，因此水柱呈绿色，红光束因出射角度不同未能到达观察窗口；在测量室内蒸汽部分棱镜效应较弱，使得红光束正好到达观察窗口，而绿光因没发生折射不能射到窗口，因此汽柱呈红色。

测量超高压及以上压力的锅炉汽包水位时，水位计的光学玻璃由长条形板改为多个圆形板。这样，玻璃板小，受力较好。水位计显示窗也由长条形（称为单窗式）变为沿水位高度排列的圆

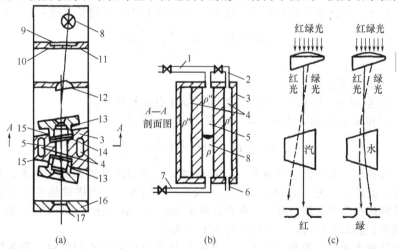

图 6-5　双色水位计原理结构示意图

(a) 基本结构；(b) 测量室；(c) 光路系统

1、7—汽、水侧连通管；2、6—加热用蒸汽进、出口管；3—水位计钢座；4—加热室；5—测量室；8—光源；9—毛玻璃；10—红色滤光玻璃；11—绿色滤光玻璃；12—组合透镜；13—光学玻璃板；14—垫片；15—云母片；16—保护罩；17—观察窗

形窗口，称为多窗式双色牛眼水位计。该结构的缺点是水位显示存在盲区，观察水位变化趋势方面不如单窗式。

为了减小由于测量室温度低于被测容器内水温而引起的误差，双色水位计还设有加热室 4 对测量室加热，使测量室的温度接近容器内水温。当测量汽包水位时，加热室应使测量室水温接近饱和温度，并维持测量室中的水有一定的过冷度。否则，汽包压力波动时，水位计内水自生沸腾而影响测量。

由于就地式水位计是采用连通管方式引出水位至玻璃窗口显示，这里的水位未受到汽包内汽水流动冲击的影响，所以其水侧一般没有汽包存在。假设水位计中汽水温度与汽包中汽水温度相同，则根据连通器原理 [图 6-6 (a)] 可得

$$H_{sw}g\rho_{gs} = H_w g\rho' + (H_{sw} - H_w)g\rho'' \tag{6-3}$$

式中 H_{sw}、H_w——汽包内实际水位及水位计指示水位（汽包的重力水位）；

g——重力加速度；

ρ_{gs}——汽包水侧汽水混合物的平均密度；

ρ'、ρ''——汽包压力下饱和水、饱和蒸汽的密度。

由上式可见，由于水位计内水的密度大于汽包内水侧汽水混合物的密度，故水位计水位显示高度 H_w 低于汽包内实际水位高度。

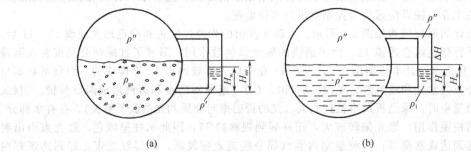

图 6-6　就地式水位计的测量误差
(a) 实际水位与重力水位的关系；(b) 水位计指示水位与重力水位的关系

此外，由于就地水位计向周围空间散热，造成水位计中的水为未饱和水，其密度大于相同压力下饱和水的密度，因此水位计显示的水位 H 比重力水位 H_w 还要低 [图 6-6 (b)]，其误差为

$$\Delta H = H_w - H = \frac{\rho_1 - \rho'}{\rho' - \rho''}H \tag{6-4}$$

式中 H——水位计的指示水位；

H_w——汽包重力水位；

ρ'、ρ''、ρ_1——汽包压力下饱和水、饱和蒸汽和水位计中水的密度。

因为 ρ'' 比 ρ' 和 ρ_1 小得多，故忽略 ρ''，则式 (6-4) 可以简化为

$$\Delta H = H_w - H = H\left(\frac{\rho_1}{\rho'} - 1\right) \tag{6-5}$$

由上式可以看出，水位计散热越多，ρ_1 也就越大，因而测量误差 ΔH 越大；水位 H 越高，该误差也越大；此外，汽包压力越高，由于 ρ' 减小、ρ'' 增大，在同样散热条件下测量误差也越大。一般高压锅炉在高水位运行时，该误差值可达 100~150mm 正常水位时，一般误差为 50mm 左右；中压锅炉在正常水位时，一般误差为 30mm 左右。

为了减小就地式水位计的指示误差，一般水位计的汽连通管不用保温，并保持一定的倾斜度，使更多的凝结水流入水位计，以提高水位计中水柱的温度；水位计底部至水连通管应加以保温，以减小水柱温度与汽包饱和水温度之差。

（二）差压式水位计

差压式水位计在火电生产过程中是应用最为普遍的一种水位计。它是静压力测量仪表，在

汽包水位、高加水位、除氧器水位测量中都能得到应用。

差压式水位计主要由水位-差压转换装置（又称平衡容器）、压力信号导管和差压显示仪表（差压计）三部分组成。

1. 平衡容器

在容器上安装平衡容器，利用液体静力学原理使水位转换成差压，用导压管将差压信号传至差压计，差压计指示出容器的水位。这里着重介绍平衡容器及导压管的连接方式。

开口容器的水位测量比较简单，其原理如图 6-7 所示。差压计的负压侧通大气，正压头随容器水位变化而变化，最低水位（零水位）时，差压指示为零。随着容器水位升高，正压头增大，差压计指示出相应的水位值。放水阀门 3 用来定期冲洗导压管，以保持测量系统畅通。

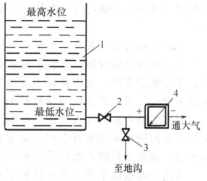

图 6-7　开口容器水位测量示意
1—开口容器；2—仪表阀门；3—放水阀门；
4—差压计

受压容器的水位测量，根据测量准确度的要求不同，可选用下列几种平衡容器。

（1）单室平衡容器　单室平衡容器测量水位的原理如图 6-8 所示。

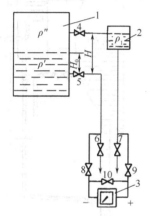

图 6-8　单室平衡容器液位测量
1—被测受压容器；2—单室平衡容器；3—差压计；
4～10—阀门

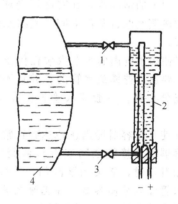

图 6-9　双室平衡容器水位测量
1—正取压阀门；2—双室平衡容器；3—负取压阀门；
4—被测受压容器

差压计的正压头由于平衡容器有恒定水柱而维持不变（受压容器内的蒸汽经阀门 4 注入平衡容器内凝结成水，利用溢流原理将多余的水流回受压容器），负压头则随容器水位变化而变化。差压计的差压值也就随着容器水位的变化而变化。

此时，差压可按下式计算。

$$\Delta P = \rho_1 g H - [\rho' g H_0 + \rho'' g (H - H_0)]$$
$$= (\rho_1 - \rho'') g H - (\rho' - \rho'') g H_0$$

式中　ΔP——容器水位的差压，Pa；

　　　　H——容器水位最大测量范围，m；

　　　　H_0——以最低水位为基准的容器水位高度，m；

ρ'、ρ''、ρ_1——容器内饱和水、饱和蒸汽和平衡容器内水的密度，kg/m^3；

　　　　g——重力加速度，m/s^2。

单室平衡容器的结构简单，但测量误差较大。当介质参数偏离额定值运行时，ρ' 和 ρ'' 发生变化。此时，即使水位不变，其差压也会发生变化。

此外，由于受压容器内的饱和水与平衡容器内的凝结水的温度不同，密度也不同，造成仪表示值误差。为了减少此误差，通常使平衡容器的安装标高（正、负取压管的垂直距离）与显示仪表刻度全量程相一致，并在差压计校验时，按运行额定参数和环境平均温度考虑密度影响的修正值。

单室平衡容器一般应用于低温低压的储水容器。

（2）双室平衡容器　双室平衡容器的结构如图 6-9 所示。差压计的正压管与单室平衡容器一样，维持恒定水柱。负压管置于平衡容器内，上部比水平正取压管下缘高 10mm 左右，下部与容器水侧相连通，其水柱随着容器水位而变化。

双室平衡容器的优点是正、负取压管内水的温度比较接近，减小了采用单室平衡容器时正、负压头水的密度不相等所引起的测量误差。但是，由于平衡容器的温度远远低于被测受压容器的温度，故负压管的水面比受压容器的水面低，因而产生测量误差。

当运行参数或平衡容器环境温度变化时，此误差是个变参数。

双室平衡容器中正、负压管间的距离为显示仪表刻度的全量程。

（3）蒸汽罩补偿式平衡容器　针对上述各型平衡容器的缺点，目前测量中、小型锅炉汽包水位时，广泛采用蒸汽罩补偿式平衡容器，其结构如图 6-10 所示。用蒸汽罩 2 对正压恒位水槽 1 加热，使槽内的水在任何情况下都接近为汽包压力下的饱和水，其密度不受环境温度的影响。蒸汽罩的加热蒸汽取自蒸汽空间，凝结水经疏水管 4 流至锅炉下降管。

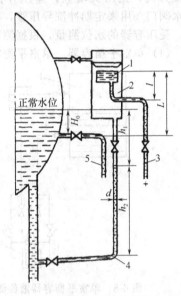

图 6-10　蒸汽罩补偿式平衡容器
1—正压恒位水槽；2—蒸汽罩；3—正压取压管；4—疏水管；5—负压取压管

为了使疏水管内的水在汽包任何压力下都不倒注入平衡容器，要适当选择疏水管的长并且不加保温，以使其中的水能充分冷却。一般疏水管长度在 10m 以上即可满足要求。

为了使平衡容器能迅速地达到正常工作状态，在汽包与平衡容器的连接管之间装有汽侧阀门（正取压阀门）。锅炉开始升压时，要关闭该阀门，使较高压力的锅（炉）水由疏水管注入平衡容器，并迅速充满正压恒位水槽。这样，待仪表管路冲洗后，打开该阀门，水位表即可投入。

在锅炉运行参数变化过程中，为了保证汽包在某一水位下，其水位差压为水位的单值函数（理想的水位-差压关系），密度补偿长度 l 必须选用合适。l 值的计算是在水位为运行正常水位 H_0 时求取的，因此只有在水位为 H_0 时才能进行良好的密度补偿。

2. 差压水位测量的压力校正

如上所述，上述几种平衡容器测量水位都会产生误差，特别是测量高参数锅炉的汽包水位，已不能满足要求。所以，目前已广泛采用电气压力校正方法，其校正公式与平衡容器的结构直接相关，常用的有以下几种（以汽包水位测量为例）。

（1）单室平衡容器的压力校正

$$H_0 = \frac{(\rho_1 - \rho'')gH - \Delta P}{(\rho' - \rho'')g} \tag{6-6}$$

从式（6-6）可知，如果将差压信号（$-\Delta P$）与反映密度变化的信号（$\rho_1 - \rho''$）gH 代数相加，再除以密度变化信号（$\rho' - \rho''$）g，则测量系统的输出为 H_0。常用的汽包水位压力自动校正系统方框图见图 6-11。图中，$f_1(P)$ 和 $f_2(P)$ 为函数转换器，其输出量分别为（$\rho_1 - \rho''$）gH 和（$\rho' - \rho''$）g，二者能自动跟随汽包压力变化而变化，达到校正的目的。

由于采用单室平衡容器，ρ_1 仍随环境温度而变化，为一变值，因此测量上仍有一定的误差。

（2）蒸汽罩双室平衡容器的压力校正

蒸汽罩双室平衡容器的水位测量系统如图 6-12 所示。由于蒸汽罩的作用，平衡容器内凝结水的密度与汽包饱和水的密度相同，均为 ρ'，不受环境温度的影响。此时，汽包水位的差压为

$$\Delta P = \rho' g H - [\rho' g H_0 + \rho'' g (H - H_0)]$$
$$= (H - H_0)(\rho' - \rho'') g \qquad (6\text{-}7)$$

将式（6-7）改写成水位的表达式

$$H_0 = H - \frac{\Delta P}{(\rho' - \rho'') g} \qquad (6\text{-}8)$$

根据式（6-8）组成的压力校正系统框图见图 6-13。$f(P)$ 函数转换器接受汽包压力信号，输出为 $\dfrac{1}{(\rho' - \rho'') g}$，经乘法器与差压

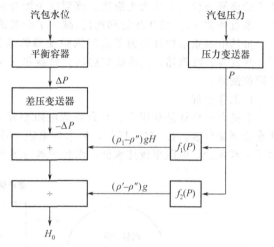

图 6-11　汽包水位压力自动校正系统方框图

信号相乘，再送入加法器与代表 H 的定值电压相减，便得到 $H - \dfrac{\Delta P}{(\rho' - \rho'') g}$ 即为汽包水位 H_0。

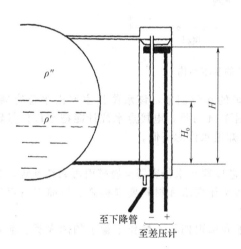

图 6-12　蒸汽罩双室平衡容器的水位测量系统

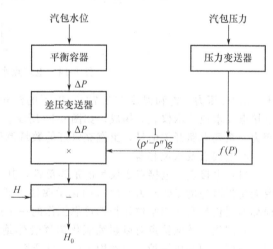

图 6-13　蒸汽罩双室平衡容器水位测量的压力校正系统

（三）电接点水位计

利用平衡容器测量水位的方法虽然经过许多改进，但准确度仍然受到很大的限制。其误差的主要来源如下。

①在运行中，因汽包压力变化引起的饱和水、汽数值变动造成的误差不能完全得到补偿。

②设计计算的平衡容器补偿装置是按水位处于零水位的情况下得出的，而运行中锅炉水位偏离零水位时，就会引起测量误差。

③当汽包压力突然下降时，由于正压室内的凝结水可能蒸发，也会导致仪表指示失常，这就给锅炉运行操作造成了很大的困难。

近几年来，利用炉水与蒸汽的导电能力的差别设计的电接点水位计得到了广泛的采用。电接点水位计基本上克服了汽包压力变化的影响，可用于锅炉启停及变参数运行中。另外，电接点水位发送器离汽包很近，电接点至二次仪表全部是电气信号传递，所以这种仪表不仅迟延小，而且没有机械传动所产生的变差和刻度误差，不需要进行误差计算与调整，不需要复杂的校验装置，使得

仪表的检修与校验工作大为简化。该型仪表构造简单、体积小,不需要进行误差计算和调整,并省去了笨重的差压计、传压导管和阀门,减少了金属消耗量,减轻了工人的检修劳动强度。

虽然电接点水位计是为了适应锅炉变参数运行而出现的,但它也适于高低压加热器、除氧器、蒸发器、凝汽器、直流锅炉启动分离器和双水内冷发电机水箱等的水位测量和其他导电液体的液位测量。

1. 工作原理

电接点水位计是利用汽、水介质的电阻率相差很大的性质来实现水位测量的,它属于电阻式水位测量仪表。在 360℃ 以下,纯水的电阻率小于 $10^6 \Omega \cdot cm$,蒸汽的电阻率大于 $10^8 \Omega \cdot cm$。由于炉水含盐,电阻率较纯水低,因此炉水与蒸汽的电阻率相差就更大了。电接点水位计可以用

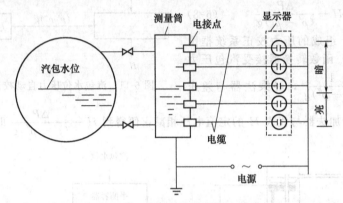

图 6-14　电接点水位计的基本结构

于 22MPa 压力(饱和温度 373.7℃)以下的汽包锅炉的水位测量,该水位计主要由水位容器、电接点及水位显示仪表等构成,如图 6-14 所示。由图 6-14 可见,电接点水位计能把水位信号转变为一系列电路开关信号,由燃亮氖灯的数量就可以知道水位的高低。

2. 电接点及水位容器

(1) 电接点　电接点是仪表的重要部件,其电极芯既要与水位容器金属壁面可靠地绝缘,又要能耐受汽包的工作压力及汽水的化学腐蚀,所以其制作要求和材料要求很高。目前电接点的损坏泄漏仍然是影响水位计长期可靠工作的一个问题。

我国生产的电接点有以超纯氧化铝瓷管作绝缘子和以聚四氟乙烯作绝缘子的两大类。前者用于高压、超高压锅炉,后者用于中、低压锅炉。

① 超纯氧化铝绝缘电接点。电极芯和瓷封件钎焊在一起,作为一个极;电极螺栓和瓷封件焊在一起,作为另一个极,两者之间用超纯氧化铝管和芯杆绝缘套隔离开,如图 6-15 所示。

瓷封件由合金加工而成,它的线膨胀系数与氧化铝瓷管很相近,这使两者相接触能承受温度的变化。

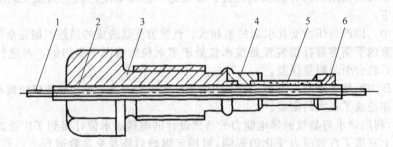

图 6-15　超纯氧化铝绝缘电接点

1—电极芯杆;2—绝缘套;3—电极螺杆;4、6—可伐合金连接件;5—超纯氧化铝绝缘瓷套

②聚四氟乙烯绝缘电接点。聚四氟乙烯绝缘电接点的结构如图 6-16 所示。聚四氟乙烯具有很好的抗腐蚀性能，对于强酸、强碱和强氧化剂，即使在较高温度下也不发生任何作用，其使用温度为 $-180 \sim 250 ℃$，适合于水质较差的中压锅炉。

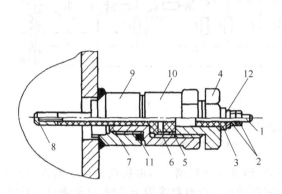

图 6-16　聚四氟乙烯绝缘电接点
1—电极芯；2—接线螺丝；3—绝缘套；4—压紧螺栓；
5—绝缘垫；6—制动圈；7—密封绝缘套；8—电极头；
9—接管座；10—电极座；11—紫铜片；12—垫片

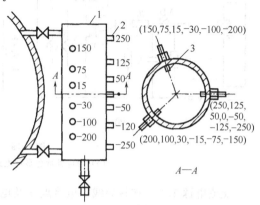

图 6-17　电接点水位计发送器的结构
1—外壳；2—电极；3—电极芯

（2）水位容器　水位容器通常用直径为 76mm 或 89mm 的 20 号无缝钢管制造，见图 6-17。其内壁应加工得光滑些，以减少湍流；水位容器的水侧连通管应加以保温。水位容器的壁厚根据强度要求选择，强度根据介质工作压力、温度及容器壁开孔的个数、间距来计算。为了保证容器有足够的强度，安装电接点的开孔位置通常呈 120°或 90°夹角，在筒体上分 3 列（或 4 列）排列。一般在正常水位附近，电接点的间距较小，以减小水位监视的误差。

3.显示电路

电接点水位计的显示方式主要有氖灯显示、双色显示及数字显示三种。

（1）氖灯显示　氖灯显示是最简单的一种显示方式，其电源有交流和直流两种类型。电接点水位计一般采用交流氖灯，这样可以省略整流电路和避免极化现象。由于氖灯内阻高、功耗小，因此在没有放大电路的情况下也能可靠地显示。

图 6-18 为氖灯显示电路，其中供给氖灯的电源电压必须高于氖灯的极限起辉电压。由于氖灯允许通过的电流很小，为了保护氖灯，延长氖灯的使用寿命，故应串联一电阻 R_2。此外，由于氖灯显示装置距离水位容器较远，其电缆长度达 $50 \sim 80m$，因此电缆分布电容不可忽略。在交流供电的情况下，分布电容（图中虚线所示）将提供一个电流通路，有可能使处于蒸汽中的接点所对应的氖灯也点亮。为了防止这种情况，在每一氖灯支路上并联了一个分流电阻 R_1。恰当地选择 R_1 的电阻值，可以保证电接点处于蒸汽中时氖灯不会点亮。

（2）双色显示　二次仪表若采用双色显示，即以"汽红"、"水绿"的色光在显示屏上所占的高度来显示水位高低，可达到更醒目直观的效果。

该装置在每一接点输出电路中都装有晶体管放大电路，如图 6-19 所示。其中图 6-19(a)为用继电器控制的双色显示电路,其工作原理如下。

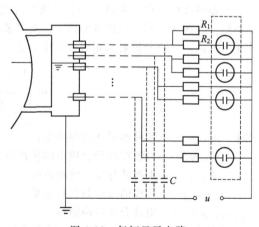

图 6-18　氖灯显示电路

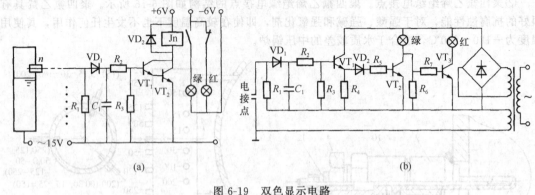

图 6-19　双色显示电路
(a) 继电器双色显示电路；(b) 晶体管双色显示电路

交流电源 15V、连接导线、电接点 n 及电阻 R_1 组成一个回路。当电接点 n 处于蒸汽中时，相当于电路断开，晶体管 VT_1、VT_2 基极输入为零而截止，继电器线圈 Jn 没有电流通过，其常闭接点闭合，常开接点断开，红灯亮而绿灯灭，表示该点处于蒸汽之中。当电接点 n 处在水中时，回路接通，有电流流过电接点，因此在 R_1 上产生一电压降 U_{R1}，U_{R1} 经二极管 VD_1 半波整流，电容 C_1 滤波，电阻 R_2、R_3 分压之后，加至晶体管 VT_1 基极，使之饱和导通，继电器 Jn 有电流通过，使常闭接点断开，常开接点闭合，绿灯亮、红灯灭，表示该接点处在水中。

（四）超声波水位计

超声波液位计是以压电晶体换能器发射和接收超声波，并根据超声波在介质中传播的某些声学特性来测量液位的液位计。

超声波液位计的特点如下。

① 超声波液位计无可动部件，结构简单，寿命长。

② 仪表不受被测介质的黏度、介电系数、电导率、热导率等性质的影响。

③ 可测范围广，液体、粉末、固体颗粒的物位都可测量。

④ 换能器探头不接触被测介质，因此，适用于强腐蚀性、高黏度、有毒介质和低温介质的物位测量。

⑤ 超声波液位计的缺点是检测元件不能承受高温、高压；声速受传输介质的温度、压力的影响，有些被测介质对声波的吸收能力很强，故其应用有一定的局限性；另外，电路复杂，造价较高。

1. 基本检测原理

当超声波由一种介质向另一种介质传播时，由于两种介质的密度不同，超声波的传播速度也不同，因而在不同介质的分界面上，超声波的传播方向便发生变化，一部分被反射，其反射角等于入射角，一部分折射入相邻介质中，这一特性与光的传播特性相同。这时反射波的声强为

$$I_f = \frac{\left[1 - \left(\dfrac{\rho_1 v_1}{\rho_2 v_2}\right)\dfrac{\cos\beta}{\cos\alpha}\right]^2}{\left[1 + \left(\dfrac{\rho_1 v_1}{\rho_2 v_2}\right)\dfrac{\cos\beta}{\cos\alpha}\right]^2} I_i \tag{6-9}$$

式中　ρ_1、ρ_2——两种不同介质的密度；

　　　v_1、v_2——声波在两种介质中的传播速度；

　　　I_i、I_f——入射波与反射波的声强；

　　　α、β——声波的入射角与折射角；

$\rho_1 v_1$、$\rho_2 v_2$——两种介质的声阻抗。

当声波垂直入射时，$\alpha - \beta = 0$，则声波的反射率 R 为

$$R = \frac{I_f}{I_i} = \left(\frac{\rho_2 v_2 - \rho_1 v_1}{\rho_2 v_2 + \rho_1 v}\right)^2$$

　　高频超声波是指频率高于20kHz的声波，其最明显的传播特性之一就是方向性很好，能定向传播。超声波的穿透本领很大，在液体和固体中传播时衰减很小，在不透明的固体中，超声波能穿透几十米的厚度，另外，超声波在碰到杂质或媒质分界面时有显著的反射，这些特性使得超声波成为探测定位等技术的重要工具。

　　超声波液位计是利用超声波由液体传播到气体或由气体传播到液体时，由于两种介质的密度差别很大，声波几乎全部被反射的特性制成的。如图6-20所示。

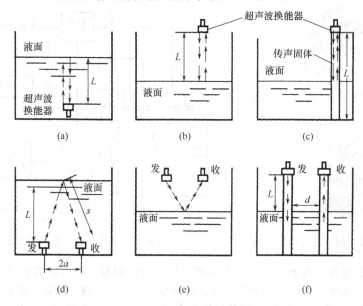

图 6-20　超声波液位计测量原理

　　用安装在被测液面上方或容器底部的超声波探头向液面发射超声波脉冲，由于液面两边介质相差的密度很大，超声波脉冲被液面反射回来，再由探头接收到从液面反射回来的超声波回波脉冲，根据发射脉冲到接收脉冲之间的时间间隔 t 就可确定探头到液面之间的距离 L，也就测得了液面的高度。

　　设超声波在介质中的传播速度为 v，则有如下的关系式。

$$L = \frac{1}{2}vt \tag{6-10}$$

　　对于一定的液体，超声波在其中的传播速度 v 是已知的，只要测得超声波从发射到接收所经历的时间 t，也就确定了距离 L 的大小，即测出了液面的高度 L。

　　2.超声波液位计的组成

　　超声波液位计主要由超声波换能器及测量电路所组成。

　　(1) 超声波换能器　超声波换能器交替地作为超声波发射器与接收器，也可以用两个换能器作发射器与接收器，它是液位检测的传感器。超声波换能器是根据压电晶体的"压电效应"和"逆压电效应"原理实现电能-超声波能的相互转化的。

　　(2) 超声波液位计的测量电路　超声波液位计的测量电路由控制时钟、可调振荡器、计数器、译码指示等部分组成。

　　气介反射式超声波液位计的换能器探头安装在液面以上的气体介质中，是一种非接触的测量方法比较适用于腐蚀性介质、高黏度及含有颗粒杂质介质的液位测量。它可以是单探头结构（发射和接收用同一个换能器），也可以是双探头结构。

如图 6-21 所示为常用一体化超声波液位计的实物图。图 6-22 所示为气介式超声波液位计原理框图，这里采用双探头结构，具有发射换能器和接收换能器两个探头。测量时，时钟电路定时触发输出电路，向发射换能器输出超声波电脉冲，同时触发计时电路开始计时。当发射换能器发出的超声波经液面反射回来时，被接收换能器收到并变成电信号，经放大整形后，再次触发计时电路，停止计时。计时电路测得的超声波从发射到回声返回换能器的时间差，经运算得到换能器到液面之间的距离（即空高）。已知换能器的安装高度（从液位的零基准面算起），便可求得被测液位的高度。最后，在指示仪表上显示出来。

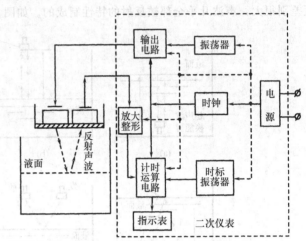

图 6-21　一体化超声波液位计实物　　　　　图 6-22　气介式超声波液位计原理框图

气介式超声波液位计由于声速受气相温度、压力的影响较大，因此需要采取相应的修正补偿措施，以避免声速变化所引起的误差。气介式液位计也可用于料位测量，但颗粒尺寸和安息角（粉粒体在堆积状态下不滑坡的最大倾角）应尽量小，否则表面不平整，会使得声波散射严重，不能有效接收回波。

（五）磁翻板液位计

如图 6-23 所示为磁翻板液位计。在与设备连通的连通器 4 内，有一个自由移动的带磁铁的浮子 2 作为测量元件。连通器一般由不锈钢管制成，连通器外侧有一个铝制翻板支架 3，支架内纵向均匀安装了多个磁翻板。磁翻板可以是薄片形，也可以是小圆柱形。支架长度和翻板数量随测量范围及精度而定。翻板支架上有液位刻度标尺。每个磁翻板都有水平轴，可以灵活转动，翻板的一面是红色，另一面为白色。每个磁翻板内都镶嵌有小磁铁，磁翻板间小磁铁彼此吸引，使磁翻板总保持垂直，即红色朝外或白色朝外。浮子在测量管内随液位变化而上、下浮动，通过磁耦合作用，驱动指示器内红、蓝指示管翻转 180°。液位上升时，指示管由蓝色转为红色，下降时，由红色转为蓝色，从而实现液位的双色显示。当介质温度≥300℃时，采用白、蓝指示管。

当磁浮子在旁边经过时，由于浮子内磁铁较强的磁场对磁翻板内小磁铁的吸引，就会迫使磁翻板转向。若从图 6-23（b）箭头方向看过去，磁浮子以下翻板为红色，磁浮子以上翻板为白色，图中 A、B、C 三块翻板表示正在翻转的情形。这种液位计需垂直安装，连通器 4 与被测容器 7 之间应装连通阀 6，以便仪表的维修、调整。磁翻板式液位计结构牢固，工作可靠，显示醒目；利用磁性传动，不需电源，不会产生火花，宜在易燃易爆的场合使用。其缺点是当被测介质黏度较大时，磁浮子与器壁之间易产生粘贴现象，严重时，可能使浮子卡死而造成指示错误而引起事故。

二、液位测量仪表的选型

在使用物位测量仪表时，首先应选择合适的仪表，在选用时应该满足以下几个条件。

1. 检测精确度

对用于计量和经济核算的，应选用精确度等级较高的物位检测仪表，如超声波物位计的误

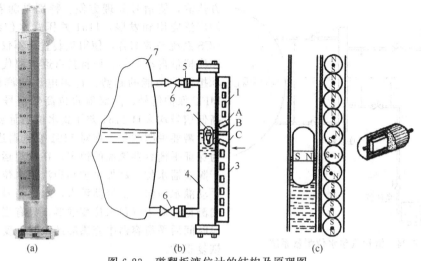

图 6-23　磁翻板液位计的结构及原理图

(a) 外形；(b) 结构组成；(c) 工作原理

1—磁翻板；2—内装磁铁的浮子；3—翻板支架；4—连通器；5—连接法兰；6—连通阀；7—被测容器

差为±2mm；对于一般测量精确度，可选用其他物位计。

2.工作条件

对于测量高温、高压、低温、高黏度、腐蚀性、泥浆等特殊介质，或在用其他方法难以检测的各种恶劣条件下的某些特殊场合，可以选用电容式液位计等。对于一般情况，可选用其他液位计。

3.测量范围

如果测量范围较大，可选用电容式液位计，对于测量范围在 2m 以上的一般介质，可选用差压式液位计等。

4.刻度选择

在选择刻度时，最高物位或上限报警点为最大刻度的 90%；正常液位为最大刻度的 50%；最低液位或下限报警点为最大刻度的 10%。

在具体选择液位仪表时，一般还须考虑容器的条件（如形状、大小等）、测量介质的状态（如重度、黏度、温度、压力及液位变化等）、现场安装条件（如安装位置，周围是否有振动、冲击等）、安全性（如防火、防爆等）、信号输出方式（如现场指示或远距离显示、变送或调节）等问题。

请你做一做

(1) 上网查找 5 家以上生产液位计的企业，列出它们所生产的液位计类型、型号规格，了解其特点和适用范围。

(2) 绘制差压式水位检测检测系统图和接线图。

(3) 请根据 300MW 发电机组汽包水位的大小范围、测量精度的要求，进行调研选型，选择合适的检测仪表和显示仪表，设计一套汽包水位测量系统，画出检测系统图并制订实施方案。

任务二　差压式水位测量系统的安装与检修

任务引领

用 1151 差压变送器测量汽包水位的测量系统如图 6-24 所示。1151 差压式水位测量装置主要由连通管、平衡容器、导压管、1151 变送器等组成。

1151 差压式水位测量装置的一个突出优势是将水位实时信号转化为 4～20mA 模拟信号向远

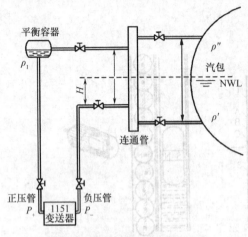

图 6-24　锅炉汽包水位测量系统

方传输，使信号处理方便。特别是随着 DCS 系统的广泛应用和发展，1151 差压式水位测量装置与 DCS 系统高效结合，使得该装置已不仅仅用于显示和模拟量自动控制，而且具有逐步取代液位开关而承担保护功能的趋势。许多电厂的汽包水位高低 MFT 保护信号、除氧器水位高低信号和高加水位高低信号均来自 1151 差压式水位测量装置。

需要说明的是，在对 1151 变送器进行检修后，为保证平衡容器液面的恒定，在机组运行初期，对于除氧器水位、高加水位和凝汽器水位，均需通过手动灌水门向平衡容器灌水，水位信号才能得到正确测量。对于汽包水位变送器，只有当机组运行一段时间后平衡容器中充满凝结水时，变送器信号才恢复正常。

1151 差压式水位测量装置的安装涉及到取样管、平衡容器、连通管、截止门、变送器的选型、材质、安装尺寸等诸多方面。

任务要求

(1) 按要求校验、安装、调试一台差压式液位计，并正常投运。

(2) 正确描述差压式液位测量仪表的检测原理，分析误差的产生原因和减小误差的方法。

任务准备

问题引导：

(1) 对平衡容器的安装要求有哪些？准备工作有哪些？

(2) 简述 1151 变送器的工作过程。

(3) 对 1151 变送器的安装要求有哪些？影响 1151 变送器测量准确度的原因有哪些？

(4) 简述差压式水位计的投运步骤。

(5) 液位测量系统中常见的故障有哪些？

任务实施

(1) 确定水位平衡容器安装水位线及水位测点的位置。

(2) 准备安装所需仪器设备及工具。

(3) 按要求正确安装水位平衡容器。

(4) 校验一台 1151 变送器，按要求安装、调试和投运。

(5) 依据运行效果，分析测量误差，提出解决办法。

知识导航

一、水位平衡容器的安装

1. 安装前的工作

(1) 平衡容器安装水位线的确定　平衡容器制作后，应在其外表标出安装水位线。单室平衡容器的安装水位线应为平衡容器取压孔内径的下缘线。双室平衡容器的安装水位线应为平衡容器正、负取压孔间的平分线。蒸汽罩补偿式平衡容器的安装水位线应为平衡容器正压恒位水槽的最高点。

(2) 水位测点位置的确定

①对于零水位在刻度盘中心位置的显示仪表，应以被测容器的正常水位线向上加上仪表的

正方向最大刻度值为正取压测点高度；被测容器正常水位线向下加上仪表的负方向最大刻度值，为负取压测点高度。

②对于零水位在刻度起点的显示仪表，应以被测容器的玻璃水位计零水位线为负取压测点高度，被测容器的零水位线向上加上仪表最大刻度值为正取压测点高度。

（3）平衡容器安装高度的确定

①对于零水位在刻度盘中心位置的显示仪表，如采用单室平衡容器，其安装水位线应为被测容器的正常水位线加上仪表的正方向最大刻度值；如采用双室平衡容器，其安装水位线应和被测容器的正常水位线相一致；如采用蒸汽罩补偿式平衡容器，其安装水位线应比负取压口高出 L 值。

②对于零水位在刻度盘起点的显示仪表，如采用单室平衡容器，其安装水位线应比被测容器的玻璃水位计的零水位线高出仪表的整个刻度值；如采用双室平衡容器，其安装水位线应比被测容器的零水位线高出仪表刻度值的 1/2。

2. 平衡容器的安装及要求

安装水位平衡容器时，应遵照下列要求。

①水位取压测点的位置和平衡容器的安装高度按上述规定进行。

②平衡容器与容器间的连接管应尽量缩短，连接管上应避免安装影响介质正常流通的元件，如接头、锁母及其他带有缩孔的元件。

③如在平衡容器前装取源阀门应横装（阀杆处于水平位），避免阀门积聚空气泡而影响测量准确度。

④一个平衡容器一般供一个变送器或一只水位表使用。

⑤平衡容器必须垂直安装，不得倾斜。

⑥工作压力较低和负压的容器，如除氧器、凝汽器等，其蒸汽不易凝结成水，安装时，可在平衡容器前装取源阀门，顶部加装水源管（中间应装截止阀）或灌水丝堵，以保证平衡容器内有充足的凝结水使其能较快地投入水位表；或者在平衡容器前装取源阀门、顶部加装放气阀门，水位表投入前关闭取源阀门，打开放气阀门，利用负压管的水，经过仪表处的平衡阀从正压脉冲管反冲至平衡容器，不足部分从平衡容器顶部的放气孔（或阀门）处补充。

⑦平衡容器及连接管安装后，应根据被测参数决定是否保温。若进行保温，为使平衡容器内蒸汽凝结加快，其上部不应保温。

⑧蒸汽罩补偿式平衡容器的安装如图 6-25 所示，安装时应注意以下几点。

a. 蒸汽罩补偿式平衡容器的疏水管应单独引至下降管，其垂直距离为 10m 左右，且不宜保温，在靠近下降管侧应装截止阀。

b. 蒸汽罩补偿式平衡容器的正、负压引出管，应在水平引出超过 1m 后才向下敷设，其目的是当水位下降时，正压导管内的水面向下移动（因差压增大，仪表正压室的液体向负压室移动所致），正、负管内的温度梯度在这 1m 水平管上得到补偿。

二、1151变送器的安装

1. 1151 变送器的连接方式

一般情况下，1151 变送器上标有 H（高）和 L（低）字样，前者表示高压侧，后者表示低压侧。三阀组与变送器连接后，人面对三阀组，若变送器左侧为 H（高）、右侧为 L（低），则称之为正安装；反之称为反安装。

2. 正负取压管的连接方式

当变送器零差压校验输出信号为 4mA 时：

①若变送器和正负取压管均正安装或变送器和正负取压管均反安装，则水位越高，差压越小，变送器输出的电流信号越小，4mA 对应满水位；

②若变送器和正负取压管一为正安装、另一为反安装，则水位越高，差压越大，变送器输出的电流信号越大，20mA 对应满水位。

当变送器零差压校验输出信号为20mA时，以上情况正好相反。

从实际情况看，变送器正反安装和正负取压管的正反安装现象均存在。在具体安装时，应根据对差压信号进行处理的装置的不同情况进行选择。

3. 1151差压式水位测量回路的参数设置

下面以某电厂3号机组3号高压加热器水位测量系统（图6-26）为例进行说明。图中，平衡容器O点为高加正常水位，即CRT显示零水位点（0mm）；A点为高加满水位点，CRT显示+300mm点；B点为高加低水位点，CRT显示-300mm点。

①取压管和变送器正安装，变送器的校验量程为0~600mm，对应输出电流为20~4mA，对应差压为-600~0mmH$_2$O，CRT显示-300mm（无水）~+300mm（满水）。变送器校验时，零差压输出4mA，负压端加压（或正压端抽压）至600mmH$_2$O时，调整变送器输出为20mA。

该3号机组使用的DCS系统为WDPF-Ⅱ型系统，其参数显示转换系数C_1、C_2计算如下。

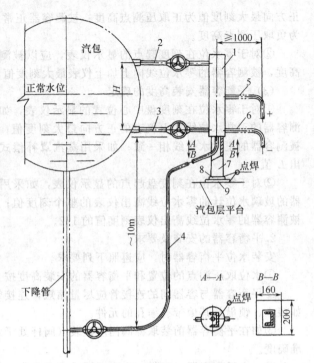

图6-25　蒸汽罩补偿式平衡容器的安装
1—蒸汽罩补偿式平衡容器；2—汽侧连接管；3—水侧连接管；
4—疏水管；5—正压引出管；6—负压引出管；7—槽钢支座；
8、9—钢板

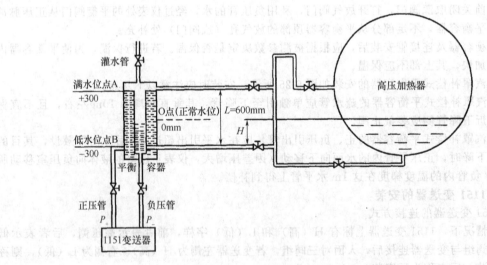

图6-26　某电厂高压加热器水位测量装置简图

$$+300 = C_1 \times 0.004 + C_2 \qquad (6-11)$$
$$-300 = C_1 \times 0.020 + C_2 \qquad (6-12)$$

②若取压管和变送器正安装，变送器校验时零差压输出20mA，则负压端抽压（或正压端加压）至600mmH$_2$O时，调整变送器输出为4mA。此时的对应关系为电流为4~20mA，对应差压为-600~0mmH$_2$O，CRT显示-300mm（无水）~+300mm（满水）。

此时，DCS 系统参数显示转换系数 C_1、C_2 应按以下公式计算。

$$-300 = C_1 \times 0.004 + C_2 \tag{6-13}$$

$$+300 = C_1 \times 0.020 + C_2 \tag{6-14}$$

因此，取压管和变送器的安装、变送器的校验以及 DCS 系统参数的设置应该一一对应，否则会导致水位测量显示错误。若错误的测量结果进入调节和保护系统，将会引起严重后果。

三、差压式水位计投运与故障处理

1. 水位平衡容器的检查

①平衡容器的取样口标高、"0 水位"线及取样口间距应正确。

②除平衡容器顶部用作冷凝蒸汽的部分裸露外，其余部分应有良好保温。

③平衡容器的取样口应选择合理。中间抽头补偿式水位平衡容器，其抽头取样口高度应符合设计要求。

④平衡容器与压力容器间的连接管应有足够大的流通截面，其外部应保温。一次阀门应横装，以免内部积聚气泡影响测量。

⑤平衡容器接至锅炉下降管的排水管上，应装一次阀门，并应有适当的膨胀弯。

2. 差压式水位计的投运

①检查水位计二次阀门是否关闭，平衡门是否打开。

②打开一次阀门、排污阀门及与锅炉下降管相连的溢流管上的溢流阀门，冲洗管路；检查正、负压管路以及溢流管是否畅通。

③关闭排污阀门及溢流阀门。

④待管路中介质冷却后，开启汽侧一次阀门。

⑤缓慢打开正压侧二次阀门，使液体流入测量室，并用排气阀排除管路及测量室内的空气，直至排气阀孔无气泡逸出时，关闭排气阀及平衡门，打开负压侧二次阀门，仪表应指示正常，接头及阀门应无泄漏。

⑥打开与锅炉下降管相连的溢流阀门。

⑦打开的阀门不能全开，应留约 1 丝扣的余量。

⑧若水位平衡容器上有灌水丝堵，为了缩短启动时间，在一次阀门未开启前，经检查确信水位平衡容器无压后，可拧开灌水丝堵，从灌水口向平衡容器内注入冷水，待充满脉冲管路和平衡容器后，拧紧丝堵，再启动水位计。

⑨为了快速启动仪表，也可进行管路反注水操作，即关闭一次阀门，开启溢流阀门，使下降管中有压力的水反冲入管路及平衡容器内。

3. 差压式水位测量系统常见故障处理

（1）仪表计算结果和手工计算结果相差较大

①折线函数各参数的计算和整定不正确或者不够准确。按照折线函数参数计算方法，重新计算和整定折线函数的各个参数。

②汽包水位差压变送器的量程不对。应根据不同平衡容器的结构和所用仪表类型，重新计算并整定该变送器量程。

③补偿计算用的汽包压力测量值未进行校正。按照汽包水位测量补偿方法，对汽包压力测量值进行校正，且最好用计算法校正。

④有附加误差。单室平衡容器的引出管应有一段不加保温的水平管道，否则会因传压管内的水温过高而产生附加误差。

（2）汽包水位值总是偏高　检查正压传压管以及该管道上的阀门和变送器平衡阀是否有泄漏情况。如果有，则应消除这些泄漏点。

（3）汽包水位值总是偏低　检查负压传压管以及该管道上的阀门和变送器平衡阀是否有泄漏情况。如果有，则应消除这些泄漏点。

（4）同信号水位计指示不同　两台或两台以上相同的差压式汽包水位测量仪表在运行中输

出的水位值相差较大时，应检查以下各项。

①检查两台水位计的平衡容器安装位置是否在一个水平面上。如果没有安装在一个水平面上，应重装。

②检查各信号的传压管伴热、保温是否完好，差压变送器传压管的正、负压管是否并在一起敷设，各传压管是否有堵塞的情况。如果有不正确之处，应把伴热、保温、并管（至差压变送器的传压管）整改好，然后再认真冲洗管道，确保不堵管。

③检查仪表各整定值是否正确。如不正确，需要改正。

④检查变送器工作是否正常。如不正常，应该按照规程进行校验。

（5）差压式水位计的示值比电接点式水位示值低　按照正常情况，两者的测量值比较，应该是差压式水位计的示值稍高于电接点水位计的示值，并且差压式水位计的测量准确度较高。如果差压式水位计的示值低于电接点式水位计，则应查找原因。常见的原因如下。

①差压式水位计安装位置偏高，或者电接点式水位计的测量筒安装位置偏低。此时，应重新安装。

②汽包水位差压变送器的量程不对。此时，应根据不同平衡容器的结构和所选仪表类型，重新计算并整定该变送器量程。如有必要，还应重新计算水位测量补偿系统的各有关参数。

请你做一做

完成实训装置中罐01、罐02、储水箱的液位测量。具体内容如下。

①罐02的液位测量仪表采用差压式液位计和超声波液位计；罐03的液位测量仪表采用差压式液位计和电接点液位计；储水箱的液位测量仪表采用磁翻板和浮球液位计。

②安装施工图、接线图的绘制。

③制定安装、调试工作计划及实施方案。

④液位测量仪表正确选型。

⑤检定所选择的液位测量仪表。

⑥完成液位测量仪表的安装与接线。

⑦进行液位检测显示系统的调试，对故障进行检查和处理。

任务三　其他液位测量仪表的安装与使用

任务引领

电接点水位计在水位测量中得到广泛的应用。它采用电信号，便于远传指示，而且结构简单、迟延小，能够适应锅炉变参数运行，在锅炉启停过程中能准确显示汽包水位。因它输出的信号是不连续的开关信号，一般只用作水位显示，或在水位越限时进行声光报警，不宜用作自动控制信号。

超声波液位计是由微处理器控制的数字液位仪表。由于采用非接触的测量，被测介质几乎不受限制，可广泛用于各种液体和固体物料高度的测量。

磁翻板液位计安装在桶槽外侧或上面，是用以指示和控制桶槽内的液位高度的一种控制仪表，适合用于高温、高压、耐腐蚀等场合。

任务要求

（1）按要求校验、安装、调试电接点水位计、超声波液位计、磁翻板液位计，并正常投运。

（2）正确描述三类液位测量仪表的检测原理，分析误差的产生原因和减小误差的方法。

任务准备

问题引导：

（1）电接点水位计、超声波液位计如何进行校验？

（2）电接点水位计、超声波液位计、磁翻板液位计安装过程中应注意哪些问题？

（3）超声波液位计、磁翻板液位计常见故障有哪些？

任务实施

（1）准备安装所需仪器、设备及工具。

（2）校验电接点水位计、超声波液位计和磁翻板液位计，按要求安装、调试和投运。

（3）依据运行效果，分析测量误差，提出解决办法。

知识导航

一、电接点水位计的安装与维护

（一）电接点水位计的安装

1.电接点水位计测量筒的安装

电接点水位计测量筒品种较多，但安装方法基本相同，现以 DYS-19 型电接点水位计（图6-27）为例，简述其安装要点。

测量筒必须垂直安装，垂直偏差不得大于 2°。当用于测量汽包水位时，筒体中点零水位须与汽包的正常水位线处于同一水平面，即与云母水位表的零水位对准。

测量筒与汽包的连接管不要引得过长、过细或弯曲、缩口。测量筒距汽包越近越好，使测量筒内的压力、温度、水位尽量接近汽包内的真实情况。测量筒体底部引接放水阀门及放水管，便于冲洗。

测量筒上的引线应使用耐高温的氟塑料线引至接线盒。测量筒处用瓷接线端子连接，不得用锡焊。测量筒筒体接地，并由此引出公用线。

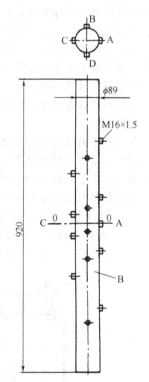

图 6-27　电接点水位计的测量筒

2.仪表其他部件的安装

①汽水取样管应安装在锅炉的净段。

②电极要经过精心挑选。绝缘部件表面应清洁光滑、无残斑或裂纹，焊口应匀实，无缺焊或气孔。电极芯穿好绝缘套后应逐个检查，绝缘电阻应大于 $20M\Omega$。

③电极插入测量筒的深度应合适。若太深，则可能使电极与筒体内壁相碰，造成电接点与测量筒之间的短路。

④安装电极时要细心，注意丝扣与结合面垂直，垫片要完整，无径向沟纹。放置时，应与丝扣孔同心。拧入接点时，丝扣上要涂抹二硫化钼或铅油。丝扣不应过紧，装入时要注意不使接点咬扣或使垫圈捻挤跑偏。

⑤螺母座与测量筒焊接时，需将端部盖住，以免焊渣掉入测量筒。

⑥为了防止泄漏，对于塑料王电极，可增加塑料王垫圈数量；对于超纯氧化铝电极，可在结合面处除放紫铜垫外，再增加高压盘根、高压绝缘绳等，然后拧紧。如装好后又发生泄漏，则可用扳手拧紧。

⑦安装电极时不得猛烈敲击，以防因机械振动损坏电极。

⑧电极引出线应采用耐高温的聚四氟乙烯绝缘，以免造成高温下电极短路。此外，为了防止电磁场干扰，至显示仪表或报警器的信号线应穿入铁管，并将铁管可靠接地。

（二）电接点水位计的运行与维护

1.投入前的检查与准备

①设备大小修后，投用前应冲洗测量筒及连接管路。

②电接点处应无渗漏。

③水位显示器接线应正确。

2. 投入

①关闭排污阀门，打开测量筒汽侧和水侧一次阀门。

②送上显示器电源，即应显示出水位。

3. 停用

①切断仪表电源即停止显示。

②停炉检修或更换电接点时，应关严汽侧和水侧一次阀门，打开排污阀门。

4. 日常使用与维护

①仪表使用前，锅炉运行人员应熟悉显示仪表或报警器面板上的开关及各信号灯的功能。

②不同锅炉的水质差异很大，水的导电率也相差很大。对较好的水质，水的电阻只有 50kΩ；水质差的，可达 80kΩ。为了使仪表适用于各种锅炉，应根据水质情况调整仪表的灵敏度。

③电极式水位计应尽可能地随锅炉启动同时投入运行，以便使测量筒缓慢升温。

④若必须在锅炉运行中更换电极时，应在测量筒撤去压力和冷却后进行。拆卸时要防止损坏电极螺栓和电极座的螺纹。锅炉运行中投入水位计时，应先打开排污阀门，微开汽门预热测量筒，以避免汽流冲击电极和温度突然升高而损坏电极，待测量筒预热后再投入运行。

⑤应定期检查电极，一般运行 6 个月后应检查其被腐蚀情况，尤其要检查常浸没在炉水中的电极。还要检查氧化铝瓷管与金属封接处的被腐蚀程度。腐蚀严重的电极应予更换。

⑥要经常检查各电极与筒体的密封性和绝缘情况，如发现冒汽或渗水，应及时修理。

⑦测量筒应定期排放沉积污垢。根据锅炉水质，定期清除电极棒上的水垢，以保持电极的导电性能良好。

⑧运行中若发现仪表未按规定水位动作报警时，应首先检查测量筒上各电极的接线是否松脱、短路，各电极与筒体是否绝缘，测量筒内的电极是否由于水中的脏物而产生挂水现象。如果上述检查均未发现问题，那么故障可能出在显示仪表或报警器上，应根据具体的测量线路进行查找。

⑨应保持显示仪表或报警器的清洁，使信号灯醒目，蜂鸣器声音响亮适度。

二、超声波液位计的安装与检修

（一）超声波液位计的安装

超声波液位计的安装如图 6-28 所示，应注意以下问题。

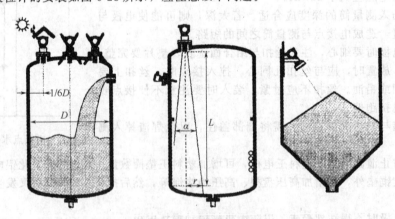

图 6-28　超声波液位计的安装示意图

①安装简单，只需在工作面上方适当位置钻一个直径 50mm 圆孔，装入仪器前端并套好减振胶圈，拧紧尼龙大锣环便可。为使仪器长期有效、稳定工作，建议最好用 12～24V 大于 2W 的直流稳压电源供电。

②液位计安装应注意基本安装距离，与罐壁的距离为罐直径的1/6较好。液位计室外安装应加装防雨、防晒装置。

③不要装在罐顶的中心，因罐中心液面的波动比较大，会对测量产生干扰，更不要装在加料口的上方。

④在超声波波束角内避免安装任何装置，如温度传感器、限位开关、加热管、挡板等，这些均可能产生干扰。

⑤如测量粒料或粉料，传感器应垂直于介质表面。

⑥安装时应反复调整超声波传感器的端面与目标被测平面或液面的垂直度，探头离被测面距离要根据所测面变化的最大距离加物位仪盲区和探头的量程来决定。

⑦如果测量的是污水等漂有其他杂质的液体，则应在探头下方放置铁丝网围井，将漂移的杂质隔离在探头正确测量的范围之外。不然将不能得到准确稳定的显示值。

⑧如果测量的液面有较大波动，应尽量使探头测量范围远避波动，或安装减波导管等减小液面波动。

⑨发射脉冲强度设定要适当，否则将不能正常工作。

（二）超声波液位计的投运与故障处理

1.超声波液位计的投运

（1）投运前的准备工作

①检查仪表供电是否正常。

②检查排气孔、排污阀、取压阀是否关闭。

③检查仪表接线是否正确。

（2）投运步骤

①开启仪表电源。

②如该仪表带联锁或调节系统，则采取相应的安全措施。

③打开根部阀等相应部分，投入仪表使用。

（3）验收

①逐条检查检修项目的完成情况。

②检查仪表是否达到检修质量标准。

③仪表正常运行72h后，由有关技术主管签收。

（4）投运安全注意事项

①投运必须由两人以上作业。

②投运前应与工艺人员联系，并取得工艺人员的协助和配合。

③在工艺正常时，投运带联锁的仪表，应采取相应的安全措施。防止误操作造成工况扰动或中断生产。

2.超声波液位计的常见故障排除

常见故障及排除方法见表6-2。

表6-2 超声波液位计的常见故障及排除方法

序号	故障现象	产生原因	排除方法
1	临界灯亮	信号发出后返回太快	检查探头及安装方法
2	重波灯亮	信号发出后不能返回接受	所测介质有问题或更换新型探头
3	测量明显失真	受干扰或不稳定工作	重新精调零点
4	通电后不工作，无显示，传感器无声响	①电源未接通，或正负极接反 ②工作电压太低或太高，物位仪未工作或已坏	①检查线路，按说明书连接线 ②使用9～36V直流电源，与经销商联系
5	传感器有工作声，无显示	①已进入过程序关显示操作 ②曾接过高压，显示芯片已损坏	①按B键打开显示 ②与经销商联系

序号	故障现象	产生原因	排除方法
6	有显示，有声响，但数字不随距离改变而变化	①输出电压太低，超声波物位仪未正常工作 ②超声波物位仪的传感器或功率驱动器已损坏	①使用 9～36V 直流电源 ②与经销商联系
7	有显示，有声响，测量值乱跳或数值不随距离变化	①物位仪安装太歪斜 ②脉冲强度设置不当，造成余振或衍射大 ③有两台以上的物位仪在工作，造成相互干扰 ④工况区电磁干扰太大	①将传感器轴线调整到与目标平面垂直 ②一般 1～3m 内量程，发射脉冲强度为 2～5 ③设法消除相互干扰 ④找出干扰源，屏蔽干扰
8	传感器有声响，显示器显示"Lon"或"out"	①超出物位仪量程 ②测面距探头太近 ③不恰当地用在高粉尘、高蒸汽环境中或工作温度太高或太低；脉冲强度设置不当	①将物为仪实际量程调至物位仪工作量程之内 ②将应用环境调整至要求范围 ③修改发射脉冲强度大小，至显示稳定
9	传感器有声响，物位显示值误差十几工分以上	①安装不垂直，造成多次反射；安装太靠罐壁，声波中途反射 ②检查差值"E"的设定是否正确 ③检查温度的示值是否正确	①反复调整安装位置 ②正确设定"E"值 ③若温度差大，可调整"CB"值到正确值
10	4～20mA 输出不正常，偏高、偏低、跳动	①量程被修改 ②输出微调参数 AL 或 AH 被修改 ③电源整流，效果不好	①通知经销商将其参数设置正确 ②自行重调 AL 或 AH ③更换容量更大的直流稳压电源
11	串口不能通信	①串口地址 dr 不正确 ②串口波特率 BPS 不正确 ③串口方式 tr 不正确	重新设置 dr、BPS、tr
12	控制输出不动作	①参数设置不正确 ②外部限流电阻太大 ③外部限流电阻太小，已损坏仪表	①重设参数 ②减小限流电阻 ③与经销商联系

三、磁翻板液位计安装与使用

1.磁翻板液位计的调试

将磁钢置于液位传感器的零位处，此时传感器最下端的干簧管吸合，调整"零位"电位器，使输出为 4mA；再将磁钢置于满量程处，调整"量程"电位器，使输出为 20mA。如此反复几次，调试即可完毕。

2.磁翻板液位计的安装

①液位计安装时，不允许有任何杂物进入测量管内。

②液位计必须垂直安装在容器侧面，浮子装入测量管时，有磁钢一端向上，切勿倒置。

③磁翻板液位计的安装位置应避开或远离物料介质进出口处，避免物料流体局部区域的急速变化，影响液位测量的准确性。

④磁翻板液位计本体周围不允许有导磁物质接近，禁用铁丝固定，否则会影响磁翻板液位计的正常工作。

⑤如用户自行采用伴热管路时，必须选用非导磁材料，如紫铜管等。伴热温度根据介质情况确定。

⑥磁翻板液位计安装必须垂直。磁翻板液位计与容器引管间应装有球阀，便于检修和清洗。

⑦介质内不应含有固体杂质或磁性物质，以免对浮子造成卡阻。

⑧对超过一定长度（普通型＞3m、防腐型＞2m）的液位计，需增加中间加固法兰或耳攀作固定支撑，以增加强度和克服自身重量。

⑨运输过程中为了不使浮球组件损坏，故出厂前将浮球组件取出至液位计主体管外，待液位计安装完毕后，打开底部排污法兰，再将浮球组件重新装入主体管内。注意，浮球组件重的一头朝上，不能倒装。如果在出厂时已经将浮球组件安装在主体管内，为保证运输过程中不使浮球组件损坏，用软卡将浮球组件固定在主体管内，安装时只要将软卡抽出即可。

⑩当配有远传配套仪表时，需做到如下几条。

a. 应使远传配套仪表紧贴液位计主导管，并用不锈钢抱箍固定（禁用铁质）。

b. 远传配套仪表上感应面应面向和紧贴主导管。

c. 远传配套仪表零位应与液位计零位指示处在同一水平线上。

d. 远传配套仪表与显示仪表或工控机之间的连线最好单独穿保护管敷设或用屏蔽二芯电缆敷设。

e. 接线盒进线孔敷设后，要求密封良好，以免雨水、潮气等侵入而使远传配套仪表不能正常工作，接线盒在检修或调试完成后应及时盖上。

3. 磁翻板液位计的投运

使用前应先用校正磁钢将零位以下的小球置成红色，其他球置成白色；液位计投入运行时，应先打开上部引管阀门，然后缓慢开启下部阀门，让介质平稳进入主导管（运行中应避免介质急速冲击浮子，引起浮子剧烈波动，影响显示准确性），观察磁性红白球翻转是否正常，然后关闭下引管阀门，打开排污阀，让主导管内液位下降，据此方法操作三次，确属正常，即可投入运行（腐蚀性等特殊液体除外）。

4. 磁翻板液位计的维护

①如被测介质中含有杂质、沉淀物时，应定期清洗测量管和浮子。清洗浮子时，应采用适当的清洗剂，切勿敲打或用明火烘烧，以防磁钢退磁。

②液位计经长期使用，特别在高温条件下长期使用后，如发现指示器跟踪不灵活，首先应检查浮子磁钢的磁场强度，如已退磁，应更换磁钢或浮子。

5. 磁翻板液位计常见故障

磁翻板液位计常见故障的排除方法见表6-3。

表6-3　磁翻板液位计常见故障及排除方法

序号	故障现象	产生原因	排除方法
1	液位升降，仪表无指示	浮子漏、损坏	更换损坏部件
		浮子失磁	
		浮子室内有异物，浮子卡死或不能下降	进行清理处理
2	翻柱指示不正常	部分翻柱失磁	更换
3	仪表发生渗漏	密封处未密封好	压紧密封面
		密封件损坏	更换密封垫
		焊缝开裂	补焊或送厂家检修

请你做一做

（1）查阅相关资料，设计磁翻板液位计安装实施方案。

（2）查阅液位测量仪表产品手册，了解各种液位检测仪表的功能、特点和选型原则，了解当前新型物位测量技术的发展情况。

小结

一、就地式水位计

①就地式水位计指的是就地安装指示的水位计，它是采用连通管式原理来显示水位的，较

成熟的产品有云母水位计、双色水位计、磁翻板水位计等。

②云母水位计虽然直观可靠，但由于液位显示不够清晰，尤其是水位超出测量范围时，很难正确判断是满水还是缺水，因而无法通过工业用电视远传至集控室进行显示，在高压、超高压锅炉上已很少使用。

③目前使用较广的是双色水位计，即在原云母水位计的基础上做了改进，辅以光学系统，利用光进入蒸汽和水产生不同的折射，产生红绿两色以区分水与蒸汽，并采用工业电视将其远传至集控室显示。

就地式水位计最大的优点是直观、可靠，在所有的测量方式中其可靠性是最高的。但这种测量方式目前还存在不少问题，它只能观测到水位的大致位置，给运行人员一个参考；其次，由于水位计中水的平均温度低于汽包中的温度，而造成所测水位较实际水位偏低。

二、差压式水位计

①差压式水位计是将水位高低信号转化成相应的差压信号来实现水位测量的。平衡容器是水位仪表的传感器。平衡容器输出的差压与汽包水位成单值函数关系。水位越高，输出差压越小；水位越低，输出差压越大。

②由于双室平衡容器在实际使用中受汽包压力变化和环境温度变化的影响，因而会导致水位测量误差的产生，因此必须进行改进。一是改进平衡容器的结构；二是采用汽包压力自动补偿措施。

③平衡容器直接与主体设备连接，因此正确安装平衡容器，对准确测量水位值和保证机组安全运行有着重要意义。

三、电接点水位计

①电接点水位计是利用汽包内汽、水介质的电阻率相差很大的性质来测量汽包水位的。其主要由水位发送器、传送电缆和水位显示器组成，电接点及测量筒是水位测量仪表的重要部件。电接点水位计的显示仪表可采用模拟显示及数字显示。常用的有氖灯显示、双色显示和数字显示。

②电接点水位计的突出特点是指示值不受汽包工作压力变化的影响，适应锅炉变参数运行，在锅炉启停过程中也能准确地反映水位变化，且结构简单、迟延小，不需要进行误差计算和调整，基本能满足运行人员对水位的观测要求。

③当然这种水位计使用中也存在问题：由于电极是以一定间距安装的，这种测量方式就决定了其测量存在的固定误差；另外，由于水位测量筒的散热造成的冷却误差，即电接点水位计测量筒内的水温低于汽包内的饱和水温度，使测量筒内水的密度大于汽包内饱和水的密度造成误差。

四、超声波液位计

①超声波液位计是以压电晶体换能器发射和接收超声波的。利用超声波由液体传播到气体或由气体传播到液体时，由于两种介质的密度差别很大，声波几乎全部被反射的特性制成的，主要由超声波换能器及测量电路所组成。

②一体化超声波液位计由表头（如 LCD 显示器）和探头两部分组成，这种直接输出 4～20mA 信号的变送器是将小型化的敏感元件（探头）和电子电路组装在一起，从而使体积更小、重量更轻、价格更便宜。

复习思考

1. 在火电厂中，常用的水位测量仪表有哪几种？各种水位计的工作原理分别是什么？
2. 简述水位测量常见故障和处理方法。
3. 请举例说明以上所提到的水位计在除汽包水位测量外的应用。
4. 300MW 机组在正常运行时，测量锅炉汽包水位的各种水位计的指示是否一致？在锅炉启、停过程中须监视哪一种水位计？在正常运行时主要监视哪一种？

5.用电容式差压变送器测量液位时怎样产生零点迁移？如何解决？

6.电接点水位计和压差式水位计相比具有哪些优点？为了减小测量误差和延长使用寿命应注意哪些问题？

7.用云母水位计测量锅炉汽包水位。汽包内绝对压力为10MPa，水位400mm，水位计内水的平均温度为200℃。试求当采用蒸汽加热维持水位计内水温为300℃时，水位计的示值误差减小了多少？

8.已知图6-29所示汽包的额定压力为11MPa，正常水位 $H_0 = 350$mm。若汽包压力下降到1MPa，求正常水位时水位的指示误差（$L = 650$mm，$\rho_1 = 987.6$kg/m³）？

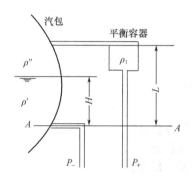

图 6-29　单室平衡容器

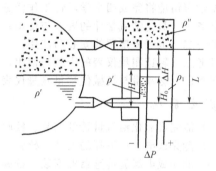

图 6-30　双室平衡容器

9.试分析图6-30所示的双室平衡容器水位在实际使用中出现测量误差的主要原因。如何改进平衡容器？改进后是否还存在误差？

10.图6-30所示的双室平衡容器，在锅炉启动过程中，水位指示误差是正值还是负值？

11.试画出图6-30所示平衡容器配用计算机实现汽包压力校正的测量系统框图，并简述使用计算机校正水位测量系统的优点。

12.图6-31所示为400t/h锅炉的正压头从中间引出的汽包水位计。其中，$L = 640$mm，$l = 230$mm，正常水位 $H_0 = 320$mm，汽包额定压力为15MPa，平衡容器上部水的平均温度 $t_{ar} = 340$℃，引出管中水的温度 $t_2 = 40$℃，试计算正常水位、满水位和最低水位时差压信号 ΔP 的值。

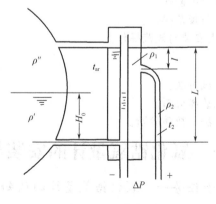

图 6-31　平衡容器

学习情境七　其他参量检测仪表的安装与使用

📎 学习情境描述

在火电厂中，除了对温度、压力、流量、物位等常规热工参数进行连续测量与监视之外，为了保证电厂锅炉和汽机运行的经济性和安全性以及对电厂进行经济核算的需要，还需对烟气的成分、输煤皮带的输煤量及汽轮机的状态等进行测量和监视。

本学习情境将完成四个学习性工作任务：

任务一　氧化锆氧量计的安装与使用；

任务二　电子皮带秤的安装与使用；

任务三　转速测量仪表的安装与使用；

任务四　振动量与机械位移量测量仪表的安装与使用。

📎 教学目标

(1) 能完成氧化锆氧量计的安装、校验、调试与故障检修任务。

(2) 能完成电子皮带秤的安装、校验、调试与故障检修任务。

(3) 能完成电涡流传感器的安装、校验、调试与故障检修任务。

(4) 会正确安装转速测量仪表并规范操作。

(5) 会正确安装振动量测量仪表并规范操作。

(6) 会正确安装机械位移量测量仪表并规范操作。

📎 本情境学习重点

(1) 氧化锆氧量计结构及工作原理。

(2) 氧化锆氧量计安装调试方法。

(3) 氧化锆氧量计的常见故障分析。

(4) 电子皮带秤的结构及测量原理。

(5) 电子皮带秤的安装方法。

(6) 电子皮带秤的调校及日常维护。

(7) 电涡流传感器的安装、校验、调试与故障分析。

(8) 转速测量仪表安装与规范操作。

(9) 振动量测量仪表安装与规范操作。

(10) 机械位移量测量仪表安装与规范操作。

📎 本情境学习难点

(1) 氧化锆氧量计安装调试方法。

(2) 氧化锆氧量计的常见故障分析。

(3) 电子皮带秤的调校方法与故障分析。

任务一　氧化锆氧量计的安装与使用

子任务一　氧化锆氧量计的认知

📎 任务引领

为了使锅炉保持最佳的燃烧工况，应保证进入锅炉炉膛的燃料与空气的比例恰当，即保证恰

当的过量空气系数 α。一般对燃煤锅炉 $\alpha=$ 1.20～1.30，对燃油锅炉 $\alpha=1.10～1.20$。

过量空气系数不容易测量，但过量空气系数 α 与烟气氧气含量有确定的关系，如图7-1所示。α 与烟气氧气含量的关系也可用公式表示。

$$\alpha = \frac{21\%}{21\% - O_2\%}$$

目前火力发电厂普遍采用氧化锆氧量计测量锅炉排烟中的含氧量。氧化锆氧量计具有响应速度快、测量准确、输出稳定、结构简单、维护量小等优点。运行人员根据氧气含量的多少及时调节锅炉燃烧的风与煤的比例，以保证锅炉经济燃烧。

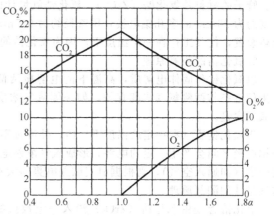

图 7-1 燃烧烟煤时烟气中的氧气及二氧化碳的含量与 α 的关系

任务要求

(1) 正确描述氧化锆氧量计的结构及工作原理。

(2) 绘制几类氧化锆氧量计测量系统，并描述其测量系统的基本组成和工作特点。

(3) 正确分析氧化锆氧量计在氧气含量测量过程中存在的误差及解决措施。

任务准备

问题引导：

(1) 为什么要进行烟气氧气含量的检测？

(2) 氧化锆氧量计如何实现烟气的检测？

(3) 简述氧化锆氧量计检测系统的组成和误差来源。

任务实施

(1) 教师对氧化锆氧量计进行实物演示与操作示范。

(2) 结合实物认识氧化锆氧量计的结构并分析测量原理。

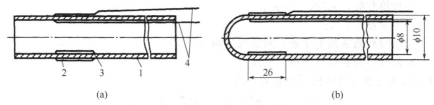

(a)   (b)

图 7-2 氧化锆管的结构

(a) 无封头氧化锆管；(b) 有封头氧化锆管

1—氧化锆管；2、3—外、内铂电极；4—电极引出线

(3) 绘制氧化锆氧量计的检测系统图，并对误差进行分析。

(4) 请到实习电厂进行调研，了解氧化锆氧量计的安装位置与运行情况。

知识导航

一、氧化锆氧量计的结构及工作原理

1. 氧化锆测氧气元件的结构

氧化锆测氧元件是一个外径约为 10mm，壁厚为 1mm，长度为 70～160mm 的管子（图7-

2）。管子的材料是氧化锆（ZrO_2），氧化锆氧量计即由此而得名。在管子的内外壁上烧结上一层长度约为 26mm 的多孔铂电极，用直径约为 0.5mm 的铂丝作为电极引出钱。在氧化锆管外装有加热装置，使其工作在一定温度下，因为氧化锆的输出与管的工作温度有关。

　　2.氧化锆的测氧原理

　　以氧化锆作固体电解质，高温下的电解质两侧氧气浓度不同时会形成浓差电池，浓差电池产生的电势与两侧氧气浓度有关，如一侧氧气浓度固定，即可通过测量输出电势来测量另一侧的氧气含量。

　　当氧化锆管（在一定的温度下）内、外流过不同的氧气浓度的混合气体时，在氧化锆管内、外铂电极之间会产生一定的电势，形成氧气浓差电势。如果令管壁一侧（一般为内侧）的氧气浓度一定（如通入空气），则根据氧气浓差电势的大小即可知另一侧气体的氧气浓度。这就是氧化锆氧量计的测氧原理。

　　氧化锆管是由氧化锆（ZrO_2）渗入一定数量的氧化钙（CaO）或氧化钇（Y_2O_3）并经高温焙烧而成，它的气孔率很小。其晶型为稳定的萤石型立方晶系，晶型中部分四价的锆离子被二价的钙离子或三价的钇离子所取代而在晶格中形成氧离子孔穴。由于氧离子孔穴的存在，在 600～1200℃高温下，这种氧化锆材料成为对氧离子有良好传导性的固体电解质。在氧化锆管两侧氧气浓度不等的情况下，浓度大的一侧的氧气分子在该侧氧化锆管表面电极上结合电子形成氧离子，然后通过氧化锆材料晶格中的氧离子孔穴向氧浓度低的一侧泳动，当达到低浓度一侧时在该侧电极上释放电子形成氧分子放出，于是在电极上造成电荷累积，两电极之间产生电动势，此电势阻碍这种迁移的进一步进行，直到达到动态平衡状态，这就是浓差电池，它所产生的与两侧氧气浓度有关的电势称为浓差电势，如图 7-3 所示。

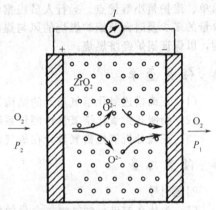

图 7-3　ZrO_2 浓差电池工作原理

　　图中，P_2、P_1 分别为两侧氧分压，$P_2 > P_1$。电池两侧产生的电势 E 可由能斯脱公式计算

$$E = \frac{RT}{nF}\ln\frac{P_2}{P_1}(\text{V})$$

式中　R——气体常数，8.315J/（mol·K）；

　　　　F——法拉第常数，96500C/mol；

　　　　T——热力学温度，K；

　　　　n——反应时所输送的电子数，对氧气 n 取 4；

　　P_2、P_1——被测气体与参比气体的氧分压。

　　若被分析气体与参比气体的压力相同，则

$$E = \frac{RT}{nF}\ln\frac{P_2}{P_1} = \frac{RT}{nF}\ln\frac{\varphi_2}{\varphi_1}$$

$$\varphi_2 = \frac{P_2}{P}$$

$$\varphi_1 = \frac{P_1}{P}$$

$$\varphi_1 = \exp\left[\ln\varphi_2 - \frac{E}{\frac{RT}{nF}}\right]$$

式中　φ_2——参比气体中氧气的容积成分；

　　　　φ_1——被测气体中氧气的容积成分。

应用一定的电路实现上述运算即可实现对氧气含量的测量。

3.使用注意事项

①因氧气浓差电势与氧化锆管的工作温度成正比，氧化锆管应处于恒温下工作或在测量线路中附加温度补偿措施，以使其输出不受温度的影响。

②为了保证有足够的灵敏度，氧化锆管的工作温度应选在 600℃ 以上，但不能过高，否则烟气中的可燃物会出现二次燃烧，使输出电势增大。目前，常用的工作温度为 800℃ 左右。

③应保证被测气体和参比气体的总压力相等，这样才能用两种气体中的氧分压之比代表两种气体的氧分浓度之比。

④参比气体中氧分压要恒定，同时要求它比被测气体中氧气的分压大得多，这样可提高其输出灵敏度。

⑤由于氧气浓差电池有使两侧氧气浓度趋于一致的倾向，因此必须保证被测气体和参比气体都有一定的流速，以便不断更新。

⑥氧化锆管不能有裂纹或微小孔洞，否则氧气直接通过，将使输出电势减小。

⑦氧化锆材料的阻抗很高，并随工作温度降低按指数曲线上升，为了正确测量输出电势，要求二次仪表有较高的输入阻抗。

⑧由于氧电势与氧气含量的关系为非线性，若采用输出电势作调节信号，应对输出电势进行线性化处理。

二、氧化锆氧量计测量系统

炉烟成分正确分析的首要条件是分析的气样有代表性，因此取样点应设置在燃烧过程已结束，烟气不存在分层、停滞，以及烟气温度为取样装置所能耐受的地方。由于烟道处于负压下，特别要防止空气漏入而影响测量正确性。取样装置一般放在高温省煤器出口烟气侧，也可放在过热器出口烟气侧。

根据温度要求不同，氧气含量测量系统可分为定温式和补偿式两大类，根据安装方式不同，可分为直插式和抽出式（系统复杂、迟延大、测量管路容易堵塞，一般不用）两大类。

（一）直插补偿式测量系统

氧化锆管直接插入锅炉烟道的高温部分（一般插入过器后部，烟温约 700～800℃），插入深度约为 1～1.5m。温度补偿方法有两种，一种是局部补偿法，另一种是完全补偿法。

（1）局部补偿法　实验表明，温度在 700～800℃ 之间时，K 型热电偶在冷端温度为 0℃ 时的热电势随热端温度的变化与氧化锆氧浓差电势随温度的变化有近似相同的规律。

局部温度补偿测量系统如图 7-4 所示。所谓局部补偿，是指在一定的温度范围内，用镍铬-镍硅热电偶的热电势去补偿氧化锆氧气浓差电势随温度的变化而产生的误差。系统输出信号为 $E = E_O - E_K$。这样，当温度变化时，其影响可相互抵消一部分，从而达到部分补偿的目的。

从以上分析可知，虽然使用热电偶进行温度补偿后，指示误差明显减小，但理论上误差并未消失，如果使用温度超出温度范围的限制，则会带来更大的误差。这种方法仅在局部温度的范围内对指示误差进行了校正，所以称为局部补偿法。

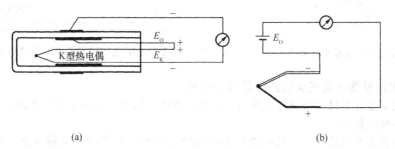

图 7-4　局部温度补偿的测量系统

（a）结构示意图；（b）原理图

（2）完全补偿法　较完善的温度补偿原理如图 7-5 所示。

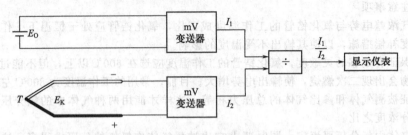

图 7-5　较完善的温度补偿原理图

设变送器的转换系数均为 1，则

$$\frac{I_1}{I_2} = \frac{\dfrac{RT}{nF}\ln\dfrac{\varphi_A}{\varphi_C}}{KT} = \frac{R}{nKF}\ln\frac{\varphi_A}{\varphi_C}$$

式中　φ_A——参比气体的氧浓度；

　　　φ_C——被测气体的氧浓度。

由上式可知，输送到显示仪表的数据 $\dfrac{I_1}{I_2}$ 与温度 T 无关，仅与氧化锆两侧气体中的氧气浓度一一对应，这就从原理上消除了温度对氧气含量测量的影响。

注意：这一结论是在假定热电偶的热电特性为线性情况下得出的，事实上热电偶的热电特性并非线性，所以误差难以避免。和局部温度补偿的氧化锆测量系统相比，其测量准确度有所提高，补偿温度范围没有限制。

（二）直插定温式测量系统

直插定温式测量系统如图 7-6 所示，其安装位置不受烟气温度的限制，探头通过电热丝加热，由热电偶控制工作温度。该系统应用较多。直插定温式测量系统氧化锆探头如图 7-7 所示。

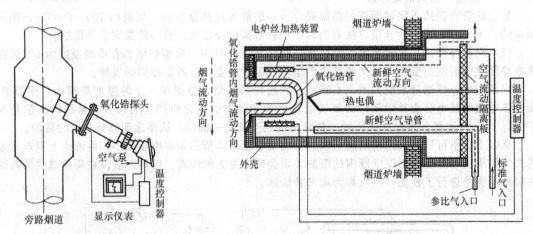

图 7-6　直插定温式测量系统示意图　　　　图 7-7　定温式氧化锆测量系统氧化锆探头

三、氧化锆氧量计氧气含量测量的误差分析

用氧化锆氧量计测量烟气氧气含量时，产生误差的原因主要有以下几个方面。

1. 本底电势的影响

①由于制造工艺的原因，在氧化锆管的内外壁上附着一些炭粒和金属杂物，在高温下形成本底电势（金属杂物与铂电极形成化学电池），本底电势的形成如图 7-8 所示。

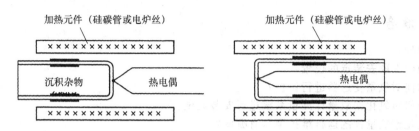

图 7-8　本底电势的形成示意图

②工作中，由于外电极温度比内电极温度高，相同浓度时，氧离子由高温侧向低温侧扩散，形成本底电势。

氧化锆输出电势为

$$E = E_o + E_b$$

式中　E_o——氧电势；

　　　E_b——本底电势（其大小与温差、温度、锆管是否干净有关），若此电势过大，则应进行老化处理，并加补偿装置。

2. 温度补偿误差

局部补偿仅能在一定的温度范围内减小测量误差，而不能把误差完全消除。完全补偿是在假设热电偶为线性条件下得出的，而实际上热电偶的热电特性并非线性，所以误差难以避免。

3. 空气与烟气的总压力不等所带来的影响

根据氧气电池的工作原理可知，只有当空气和烟气两侧的总压力相等时，氧气浓差电势才能正确地反映烟气氧气含量。使用时，若烟气与空气两侧的总压力不相等，必然造成测量误差。尤其在检定时，应严格控制标准气体的流速（控制压力）。

4. 线性化处理带来的误差

氧气浓差电势和烟气氧气含量之间是非线性关系，若对其进行线性化，必然产生误差。

请你做一做

用一台氧化锆氧量计测量空气中的氧气含量，并分析误差可能出现的原因。

子任务二　氧化锆氧量计的安装、调试与运行维护

任务引领

氧化锆氧量计可及时、准确地检测烟气中的氧气含量，直接反应风煤比是否合理，燃烧是否充分，从而在线指导燃烧调整，以保持最佳氧气含量，减少燃烧产物中 SO_2、NO_2、CO、SO_3 等气体的含量，最终达到经济运行和减少环境污染的目的。

氧化锆氧量分析仪的探头安装位置最好选择在密闭性能良好的烟道内，而且插装在一、二级省煤器之间的烟道中央。正确地安装是保证氧化锆头安全运行的前提。

仪器在使用 1500～2000h 后，需要对其准确度进行检查。另外，由于氧化锆管长期在高温的环境下工作，容易使氧化锆管性能破坏，出现氧化锆管内阻增大，误差变大，并反应迟钝。因此，在仪器使用一年后要检查氧化锆管的老化程度。

任务要求

(1) 正确校验一台氧化锆氧量计，并按要求进行安装，并使其正常运行。

(2) 详细列出氧化锆氧量计常见故障及处理方法。

(3) 清楚氧化锆氧量计运行维护的注意事项。

◉ 任务准备

问题引导：
(1) 如何选取安装点的位置？
(2) 如何对氧量变送器进行调校？
(3) 如何对氧化锆氧量计测量系统进行安装调试？
(4) 氧化锆氧量计的运行维护项目有哪些？
(5) 氧化锆氧量计测量系统的常见故障有哪些？

◉ 任务实施

(1) 准备工具、材料和仪器设备。
(2) 选择安装点的位置。
(3) 对氧化锆氧量计进行安装前的检查。
(4) 对氧量变送器进行调校。
(5) 对氧化锆氧量计进行安装。
(6) 对氧化锆氧量计测量系统进行调试。
(7) 对氧化锆氧量计进行投运与故障检查处理。

◉ 知识导航

一、氧化锆氧量计的安装与投运

1. 测点的选择

氧化锆元件所处的空间位置应是烟气流通良好、流速平稳无旋涡、烟气密度正常而不稀薄的区域。在水平烟道中，由于热烟气流向上，烟道底部烟气变稀，故氧化锆元件应处于上方；对于垂直烟道，其中心区域不如靠近烟道壁；在烟道拐弯处，由于可能形成旋涡，致使某点处于烟气稀薄状态，而使检测不准。目前大多数氧化锆氧量计都制造成带有恒温装置的直插型，所以对安装位置温度的要求不太严格，只要求烟气流动好和操作方便，一般选在过热器后和省煤器之前。

一般说来，氧化锆氧量计在烟道中水平安装与垂直安装的测量效果相同，但水平安装的抗振能力较差，且易积灰。垂直安装虽能减少氧化锆氧量计的振动，但因烟道内外温差大，容易往下流入带酸性的凝结水腐蚀铂电极，因此宜将氧化锆探头从烟道侧面倾斜插入，使内高外低，这样凝结水只能流到氧化锆管的根部，不会影响到电极。

2. 安装前的检验

安装氧化锆氧量计前，应对其进行检查和静态试验。

①外观应完好无损，配件齐全。氧化锆探头、氧化锆管内应清洁，管子无破裂、弯曲，无严重磨损和腐蚀现象，铂电极引线完好；无机黏结剂不脱落，氧化锆管及其封接处不漏气；过滤器无磨损，法兰结合面无腐蚀，石棉垫圈完好无破损。

②氧化锆管内阻：氧化锆管内阻常温下应为 $10M\Omega$ 以上；在探头温度为 $700\,℃$ 时，其内阻一般不大于 $100k\Omega$。

③探头加热电炉的电阻值应在 $140\sim170\Omega$ 左右。

④热电偶两端的电阻值应为 $5\sim10\Omega$。

⑤探头绝缘电阻：常温下用 $500V$ 绝缘表测时，热电偶对外壳的绝缘电阻应大于 $100M\Omega$；加热丝对外壳的绝缘电阻应大于 $500M\Omega$。

⑥接通电源，按下数显及自检按钮，能显示某一氧量值（一般为 $5\%\pm0.2\%$）并相应地输出电流，说明运算器与转换电路正常。

⑦作联机试验。将二次仪表与氧化锆探头一一对应地接好线，检查无误后开启电源，按下加

热键，一般在 30min 内温度可恒定在（780±10）℃，此时可显示加热炉温度，说明温控系统正常。

⑧通入标准气体。标准气体流量控制在 400～600mL/min，如氧量指示超出允许误差范围，则应进行调整，使其指示出标准气体的含氧量。校验完毕后将标准气体接口堵好。

3. 氧量变送器的调校

①接线正确后接通电源，检查各工作电位是否准确。

②由一电位差计送入 700℃时的热电势信号 29.13mV。由另一电位差计分别送入 10％ 和 5％ 时的氧浓差电势 15.15mV 和 29.68mV，输出应为（20.00±0.01）mA 和（12.00±0.05）mA。

4. 氧化锆探头安装

氧化锆探头的安装形式有直插式和旁路式两种。对于旁路式探头，安装在旁路烟道的扩大管上，旁路烟道安装示意见图 7-9。旁路烟道选用内径不小于 100 mm 的钢管，其取样管插入烟道部分的材质应根据烟气温度选取，插入深度应大于烟道的 2/3，引入端封闭。在取样管侧面均匀地开取样小孔，小孔的总面积应不小于旁路烟道的内截面积。旁路烟道的水平部分应有一定坡度，向烟道倾斜，以使凝结水流回烟道。旁路烟道安装完毕后应进行保温，扩大管应安装在便于安装探头和维护的区域。

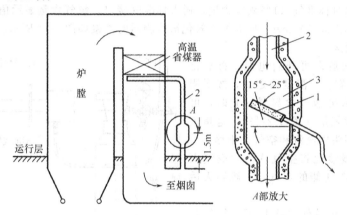

图 7-9　旁路烟道安装示意图

1—陶瓷过滤器（氧化锆探头）；2—旁路烟道；3—扩大管

氧化锆元件一般都采用空气作为参比气体。如果测点处烟道内能始终保持较大的负压，则空气可以通过接线盒上中间小孔直接抽入氧化锆管内。若有困难（如正压锅炉），就需有专用的抽气装置将空气打入氧化锆管内（如 DH-6 型氧化锆分析器配有专用的气泵），也可考虑由空气预热器出口引入热风，并经节流后，由接线盒上的小孔送进去。

氧化锆测氧元件所处部位温度很高，内外温度相差悬殊，因此在运行的锅炉上安装或取出直插元件时，应缓慢进行，以防止因温度剧变而引起元件破裂。旁路定温式同样应注意这个问题，取出元件前应先停加热炉电源，等加热炉冷却到与烟温一样时才取出来。

氧化锆氧量分析仪的成套仪表包括探头、控制器、电源变压器、气泵、显示仪表等，系统安装如图 7-10 所示。

控制器、电源变压器、气泵一般安装在探头附近的平台上，以便于缩短电气连接线以及气泵与探头相连接的空气管路的长度。安装地点允许环境温度为 5～45℃，周围无强电磁场。为防雨、防冻，通常将它们一起装在一个保护箱（或保温箱）内。

显示仪表一般安装在控制盘上。

5. 系统调校

①用高氧气含量标准气（10％氧气含量）通入标准气接口，流量为 400～600mL/min，氧气含量显示值应为 10.00，变送器输出应为（20.00±0.01）mA。

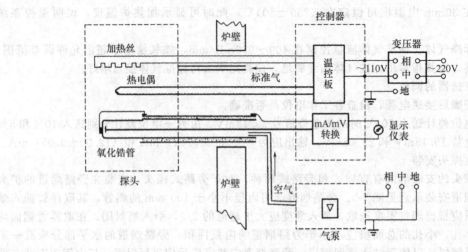

图 7-10　氧化锆氧量分析仪系统安装示意图

②用低氧气含量标准气（1％氧气含量）通入标准气接口，氧气含量显示值应为 1.00，变送器输出应为（5.60±0.05）mA。标准气与氧化锆检测器的连接如图 7-11 所示。

6.氧量计的投运

校验接线无误后即可开启电源，将氧化锆探头升温至 700℃。当温度稳定后，按下测量键，仪表应指示出烟气含氧量。此时，可能指示出很高的含氧量（超过 21％），这是正常现象，是由于探头中蒸汽和空气未排尽。

可用洗耳球慢慢地将空气吹入"空气入口"，以加速更新参比侧的空气，一般半天后仪表指示即正常。

燃烧稳定时，在最佳风煤比下，氧气含量指示一般应在 3％～5％之间变化。

7.氧化锆氧量分析仪的维护

①对于第一次投入使用的仪表，在第一周内，应每天检查一次加热丝电压和探头温度，以后可延长到每周检查一次。

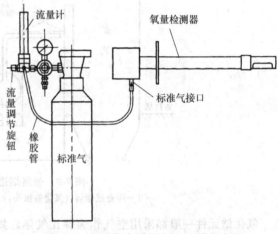

图 7-11　标准气与检测器的连接示意图

②每月用毫伏信号校对转换器一次。

③每三个月，用标准气体(氧气含量约为 1％和 8％两种,流量为 120L/h)校对仪表示值一次。

二、氧化锆氧量分析仪的常见故障及处理措施

1.被测气体含氧气浓度不为零时，氧量分析仪显示为 0

（1）温度故障　查看氧分析仪所显示的探头温度值（正常时大于 650℃），电池温度低可能导致氧气浓度显示为零。温度低的原因如下。

①加热器损坏。切断电源，断开传感器与氧分析仪的连接，测量加热器的电阻，正常为 110Ω 左右。测量加热器的引线与探头外壳间绝缘电阻，应大于 2MΩ。

②热电偶损坏。测量热电偶电阻，正常约为 2～80Ω。

③热电偶或加热器引线接触不良。

（2）引线及分析仪故障　查看氧量分析仪显示的氧电池输出毫伏值，若毫伏值超出正常范围（如超出 100mV），可能原因是传感器输出信号没有送到氧量分析仪。在传感器接线盒内用数字万用表直接测量电池的毫伏值，如果毫伏值与被测气体含氧气浓度大致相对应，证明故障发生

在氧量分析仪。

（3）探头内电极接触不良　断开传感器与氧分析仪的连接线（从传感器接线盒端断开），直接测量电池的输出电势，若超出$-25\sim150$mV的正常范围，其原因可能为电池"mV"信号没有输出，引线没有与电池内部参比侧连接，需松开固定螺钉，小心地取出传感器的内部元件，用刀片刮去内电极引线上的锈层，再重新装入内部元件，接好引线，用标准气体对系统进行校验。若"mV"值仍然很高，其原因可能是探头内积聚大量可燃物。

（4）探头内积聚大量可燃物　若大量的可燃性气体聚集在传感器中，处理方法是用试验空气长时间冲洗传感器。

①当传感器输出"mV"值的变化接近0mV，氧量分析仪氧气浓度显示接近21％时，氧量分析仪系统恢复正常。这时，系统最好重新校准一次。

②当探头刚装上或从停炉断电的冷态重新上电工作时，由于探头内有可燃物或成分复杂的冷凝沉积物，氧浓差电势很高，一般通电一到两天会恢复正常。

2.氧量分析仪电流输出不正确

断开外部与氧量分析仪电流输出连线，用万用表电流挡测量输出电流。

①若端子排输出电流与仪器显示电流"mA"值对应，故障不在氧量分析仪。

②若"mA"值不正常，先检查仪器量程设置和输出"mA"设置（0～10mA还是4～20mA）。

③与电流有关的变换参数丢失，恢复默认值。

④输出电路故障，更换电路板。

3.显示跳变或超出测量范围

测量氧量分析仪电池信号输入毫伏值和热电偶信号输入毫伏值，若"mV"值未发现跳变而氧气浓度值发生跳变，其原因如下。

①电子元件在高温下运行不正常，若打开仪器门散热降温，故障消失，应将氧分析仪安装在环境温度比较低的地方。

②氧分析仪内电路板焊接不良（虚焊）或传感器接线端子接触不良（松动）。

③温度显示值不正常，可能原因之一是氧分析仪温度控制部分损坏，另外一个可能原因是电脑存储器内参数丢失。

4.显示停留在21％氧气浓度或远比预计的值高

①检查参比空气，无参比空气氧气含量测量值将向21％漂移。

②所有的系统参数都是正常的，用试验气体通入传感器，氧量分析仪显示正确，需检查处理所有保持密封的地方（如法兰密封处）和传感器的进气阀门，看有无泄漏。

③若氧气浓度值仍不能恢复正常值，可能是氧化锆管断裂，若氧化锆管断裂，必须更换新氧化锆管。陶瓷氧化锆管是易碎品，在受到外来机械碰撞时会断裂破坏。

5.氧气含量显示不准且变化缓慢

如果通入标准气时仪器显示正确，说明探头由于长期运行导致过滤器被烟尘堵塞，烟气交换困难。解决方法如下。

①从探头尾部校验进气口通入的压缩气体，吹开过滤器的堵塞，气体压力要小于100kPa。

②旋下探头前端固定过滤器的两个螺钉，清除内部积存的灰尘。

如果传感器输出的"mV"值不变化或变化很慢，当直接从探头尾部校验进气口，通入标准气后需数分钟或更长的时间才能接近标准气标称值。这是由于高浓度可燃性气体使氧化锆探头老化，这时必须更换新的探头。

6.系统参数丢失

仪器内参数丢失的可能性很小，如果参数丢失，可以通过恢复默认参数的方法解决。解决的方法是将微动开关SW_1的1路置左边ON状态，然后重新开机上电，恢复默认值，再将微动开关SW_1的1路拨回右边OFF状态。

注意：恢复默认值后，量程、电流输出默认设置可能与实际要求不符，需要重新设置；探头校准参数已改变，也需要重新设置或校准。

7.氧量分析仪其他故障

（1）仪器开机上电时保险丝熔断

①测量探头加热丝电阻，判断是否短路。

②测量探头加热丝与探头外金属件之间电阻，判断绝缘是否破坏。

③检查加热变压器内部是否短路。

（2）仪器显示混乱或者按键输入不起作用

①如果主电路3只发光管工作正常，则主电路板无故障，除了参数设置和校准的操作外，仪器可带探头继续工作。此时最好在主板处断开与显示电路板的连接。

②如果主电路3只发光管工作不正常，则在主板处断开与显示电路板的连接后再开机，如果3只发光管正常工作，说明故障在显示板或扁平电缆，主板可继续工作。

🔘 请你做一做

请到实习电厂进行调研，根据烟气氧气含量大小以及测量精度的要求，选择合适的氧化锆氧量计，设计一套烟气氧气含量自动检测系统，画出安装示意图，有条件的情况下作为第二课堂的一次活动完成该检测系统的仪表参数设置、安装等任务。

任务二　电子皮带秤的安装与使用

🔘 任务引领

火力发电厂是耗煤量最大的用户之一，每年消耗全国产煤量的1/5；在发电成本中，燃料费用约占70%以上。由于燃煤消耗量是火力发电厂的主要技术经济指标，又是机组热效率计算的重要依据，所以对煤量测量仪表的精确度要求是很高的。

煤量测量仪表包括入厂和入炉煤计量的火车电子轨道秤、汽车秤和安装在输煤皮带上的皮带电子秤等。

🔘 任务要求

（1）正确描述电子皮带秤的结构及工作原理。

（2）正确校验一台电子皮带秤，按要求安装，并使其正常运行。

（3）详细列出电子皮带秤常见故障及处理方法。

（4）清楚电子皮带秤运行维护注意事项。

🔘 任务准备

问题引导：

（1）简述电子皮带秤的结构及工作原理。

（2）电子皮带秤的安装位置如何选择？

（3）电子皮带秤安装前应检查哪些内容？如何调校？

🔘 任务实施

（1）教师对电子皮带秤进行实物演示与操作示范。

（2）结合实物认识电子皮带秤的结构并分析测量原理。

（3）请到实习电厂进行调研，了解电子皮带秤的安装位置与运行情况。

（4）电子皮带秤的安装与现场调校。

（5）电子皮带秤的投运与故障处理。

知识导航

一、工作原理

皮带测重机构如图 7-12 所示。在皮带某一承载段下架设三组等节距的称量托辊 3、4，其中 4 为主称量托辊，两侧的 3 为副称量托辊。三组托辊上的皮带 A_1-A-A_2 称为称量段（A_1、A、A_2 分别为皮带与各托辊的接触点）。其中，L_0 称为有效称量段，其计算式为

$$L_0 = \frac{A_1 A}{2} + \frac{A A_2}{2}$$

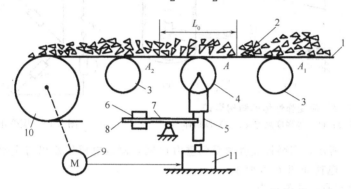

图 7-12　皮带测重机构

1—皮带；2—被测物料；3—副称量托辊；4—主称量托辊；5—传力秤；6—重锤；7—支点；8—杠杆；
9—测速传感器；10—皮带轮；11—荷重传感器

当载有燃料的皮带通过有效称量段时，有效称量段单位时间内输送的煤流量 q_m 等于有效称量段单位长度上的煤量与皮带传输速度的乘积。故只要测出有效称量段单位长度上的原煤量和皮带的运行速度，即可求得单位时间内皮带输送的原煤量。

图 7-13 所示为电子皮带秤的原理框图。由皮带测重机构传递给称重传感器的作用力 f 改变了应变电桥的桥臂参数，同时，测速传感器将皮带的速度 v_t 变换成频率信号，经测速单元将频率信号转换为电压 U，供给应变电桥，作为电桥电源，此时，应变电桥输出的信号 ΔU 就和皮带运输机的瞬时输煤量成正比。ΔU 经放大单元做比例放大并转换为电流 I 后，由电流表指示出瞬时输送量。放大单元的另一路输送给积算单元，把电流信号转换成脉冲频率信号，再经电磁计数器累计即显示出经历某段时间的物料量。

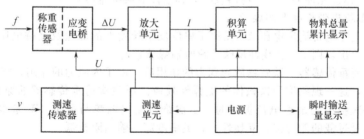

图 7-13　电子皮带秤的原理框图

图 7-12 框架中的重锤 6 用于平衡皮带、托辊及传力杆等产生的重力。

二、电子皮带秤的传感装置

1. 荷重传感器

荷重传感器是将煤的质量转变为相应电压输出的装置，主要有电阻应变式荷重传感器和压磁式荷重传感器两大类。

（1）电阻应变式荷重传感器　电阻应变式荷重传感器是利用弹性元件在重力作用下产生应变，再通过粘贴在该弹性元件上的应变电阻片来实现重力-电阻转换的。

电子皮带秤所采用的弹性元件（应变弹性体）一般有简支梁、等强度悬臂梁、圆筒体以及环形体等，其结构如图 7-14 所示。应变电阻片贴在产生最大拉、压应变的位置，并连接成测量电桥。

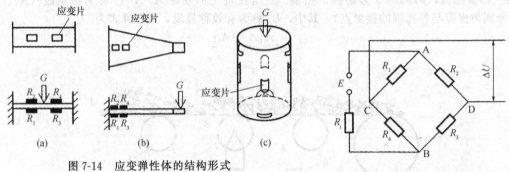

图 7-14　应变弹性体的结构形式
（a）简支梁；（b）等强度悬臂梁；（c）圆筒体

图 7-15　应变电阻测量电桥

如图 7-14（a）所示，当弹性元件感受到重力 G 时，测量电桥便输出与应变及上桥电压成正比的输出电压 ΔU，电桥如图 7-15 所示。

应变电阻变化与应变的关系为

$$\frac{\Delta R}{R}=K_1\varepsilon$$

应变与单位皮带长度上煤量的关系为

$$\varepsilon=K_2 q_1$$

电桥输出电压为

$$\Delta U=U_{AB}\frac{R_1 R_3-R_2 R_4}{(R_1+R_4)(R_2+R_3)}$$

$$=U_{AB}\frac{(R+\Delta R)^2-(R-\Delta R)}{4R^2}$$

$$=U_{AB}\frac{\Delta R}{R}=U_{AB}K_1\varepsilon=U_{AB}K_1 K_2 q_1=U_{AB}K q_1$$

式中　U_{AB}——测量电桥的上桥电压，由测速传感器给出；

K——与弹性元件的尺寸、材料及有效称量段有关的常数；

q_1——单位皮带长度上的煤量。

可见，应变电阻电桥输出电压 ΔU 正比于单位皮带长度上的煤量及上桥电压 U_{AB}。若上桥电压由测速传感器给出，则 ΔU 就线性反映了瞬时输煤量 $q_1 v_t$。

（2）压磁式荷重传感器　铁磁物质受到力的作用后，由于内应力的作用，在应力方向上的磁通量将发生变化，这一现象称为铁磁体的磁弹性效应。压磁式荷重传感器的原理结构如图 7-16 所示。当通过一次绕组的励磁电流恒定时，二次绕组输出电势与荷重 ΔW 基本上呈线性关系。压磁式传感器承受过载的能力强，互换性好，灵敏度高，输出阻抗低。

2. 测速传感器

测速传感器是把皮带速度转换为电信号的测量装置。电子皮带秤一般采用变磁阻式测速传感器，其原理如图 7-17 所示。

转子和定子均由工业纯铁制成，沿其圆周开有若干均匀分布的矩形齿。永久磁钢通过转子、定子及它们之间的空气隙形成磁路；传感器的转子通过转轴与皮带测速滚轮连接。当皮带运转时，滚轮带动传感器转子旋转，使转子与定子之间的气隙大小交替变化。当定子齿顶与转子齿顶相对时，气隙减小，磁阻减小；齿顶与齿间相对时，气隙增大，磁阻增大，从而使定子线圈磁通

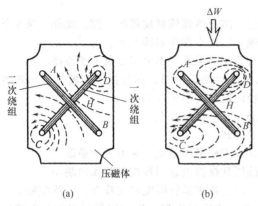

图 7-16　压磁式荷重传感器原理结构图

（a）无载荷时；（b）有载荷时

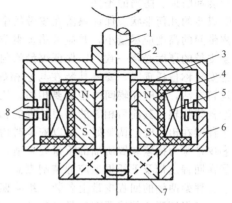

图 7-17　测速传感器原理结构图

1—转轴；2—转子；3—压块；4—磁钢；5—线圈；
6—定子；7—轴承；8—矩形齿

产生周期性变化，定子线圈便感应出交变电势 e，该电势的幅值及频率大小取决于皮带的速度。感应电势的幅值及频率分别为

$$e = -W\frac{\mathrm{d}\varPhi}{\mathrm{d}t}$$

$$f = \frac{z}{\pi D}v_{\mathrm{t}}$$

式中　　W——定子线圈匝数；

$\dfrac{\mathrm{d}\varPhi}{\mathrm{d}t}$——磁通变化率；

z——定子（或转子）上的齿数（定子、转子齿数相同）；

D——皮带测速滚轮直径，πD 为其周长；

v_{t}——皮带速度。

目前现场采用较多的是带微处理机的电子皮带秤，它的原理框图如图 7-18 所示。它采用了双杠杆多组托辊称量框架，荷重传感器装在皮带的下部，应变电桥的输出电压送往现场数字控制机中。测速传感器将皮带的运行速度转变为一系列的脉冲信号后，也送往数字控制机中。

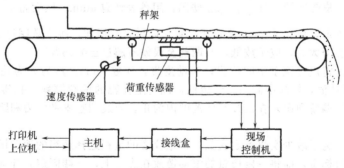

图 7-18　带微处理机的电子皮带秤原理图

三、电子皮带秤的安装

①安装前应检查传感器、秤架、仪表各部分是否有损坏、松动、脱落之处。搬运中不要有强烈的冲击碰撞现象。

②秤架安装位置的选择，应注意秤架距离主动滚筒及来煤落煤斗不要太近，其距离应大于3m 以上。当整个皮带运输机有水平段时，应尽量选择在水平段上。此外，还需考虑环境卫生、

潮湿程度和防风、防雨的条件。

③煤斗的几何形状应保证煤落在皮带的中间部位，防止落煤偏到皮带的一侧。此外，煤斗下部与皮带间的高度应尽量小，并应采用多组防振托辊，以减小落煤的冲击力。

④皮带的厚度必须一致，以保证煤量均匀。接头要胶接平滑，不可用金属卡子连接。

⑤安装称量托辊时，要将其装在与它相邻的两组托辊的正中间。称量托辊与前后几组托辊必须运转灵活，同时托辊间的距离要相同，托辊的径向跳动要小于0.2mm。

⑥秤架托辊与其前后相邻的两组托辊的相应点必须在一条直线上。

⑦秤架在出厂时已调整好，所以安装时切勿任意拆卸。

⑧皮带张力拉紧装置所加的重量要合适，以保证皮带松紧度不变，张力大小稳定。

⑨在回程皮带及下托辊上加装刮煤器，以消除因粘煤而引起回程皮带的纵向跳动。

⑩在秤架两侧的回程皮带上各装一组防偏托辊，以使皮带运行时能自动找正，不致跑偏。

⑪为了保证测速传感器在皮带有效称量段内能准确地检测皮带速度，应尽量将测速轮置于接近有效称量段皮带的背面。测速轮的轴线应与皮带运行方向垂直。测速轮与皮带之间应保持滚动接触，无滑动，无脱落。测速轮应保持清洁，无黏结物。

⑫当配用的传感器小于60kg时，应严防人员从有效称量段处的皮带上踩越，以免荷重传感器因过载而损坏。

四、电子皮带秤的现场调校

①分别对传感器、二次仪表进行精确度检查和调整。

②检查安装和接线无误后送电。人为使秤架荷重传感器由小到大受力，观察二次仪表指示值由小到大的趋势。

③做传感器预应力调整。为了防止皮带运输机上下跳动引起的仪表附加误差，必须对荷重传感器施加1%的预应力。具体方法是：托起秤架，使荷重传感器不受力，仪表指示为零；放下架，调节秤架传力螺钉，使仪表输出为1mA，即相当有10%的预紧力；然后再调节调零电位器，使仪表指示值为零。

④做量程误差调整。将一定质量的砝码挂在称量框架上的标定刀刃上，开动皮带运输机，检查仪表指示值误差并进行调整。然后对 $\frac{1}{4}q_{\mathrm{m,c,max}}$、$\frac{1}{2}q_{\mathrm{m,c,max}}$、$\frac{3}{4}q_{\mathrm{m,c,max}}$、$q_{\mathrm{m,c,max}}$ 等点反复调整，并检查传感器桥路电压是否符合要求，对相应各点进行调整。

⑤切除小信号。皮带开动5~6min，观察计数器有无累计。

⑥检查张力。皮带空转，挂 $\frac{1}{5}q_{\mathrm{m,c,max}}$ 砝码，用秒表计数6min；然后将皮带拉紧，累计6 min跳字数；再放松皮带，计数6min。比较跳字数，如果张力增加，跳字数明显增加；反之则减小，说明中间托辊安装得太高，应予放低，并调整至误差不超过±0.25%。

⑦调整跑偏。将皮带置于中间位置，启动皮带，计数6min；然后人为地使皮带跑偏，再计数6min。比较累计值，如果中间高、旁边低，说明主托辊的两端倾斜，托辊安装倾角太小，应予调整。如此反复调整到误差在±0.25%范围内为止。通过调整皮带张力和跑偏，提高仪表的稳定性。

⑧标定链码。为了减少实煤标定次数，根据仪表的量程选择适当的滚动链，在大、中、小三种量程范围内进行标定，即将一定质量的滚动链放在皮带上，一端固定，开动皮带运输机，经过一段时间后，观察仪表累计值误差是否符合要求。

⑨标定实煤。标定前清理干净皮带运输机前（包括煤斗）的存煤。开动皮带，用标准秤或经过校验的地中衡称好校验用的标准煤量，然后用抓煤机或其他工具把煤装入煤斗，按照正常运行时具有的煤层厚度通过有效称量段，记录仪表累计走字数并检查误差是否在允许范围内。

由于实物标定过程和皮带实际上煤情况相同，所以，实物标定是最基本的方法和唯一可靠的手段。然而，经常会遇到标定装置不准、工作量大等困难，这是煤秤使用人员感到最困难的事情。一些电厂的试验改进经验表明，在燃煤流程系统中安装精确度高于电子秤的静态实物标定装置作为标准衡器，用静态计量及少过煤、多挂码的办法加强现场维护，能够保证仪表的使用精确度和稳定性，是比较好的煤秤现场校验方法。

五、电子皮带秤的维护

①主机由专人负责，要熟悉其原理、接线和操作，其他人员不得乱动。

②工作室要防尘、通风，以保持主机清洁。

③每天巡回检查。

a.皮带运输机的皮带有无跑偏、断裂现象，托辊是否粘附物料，传感器是否有位移或被积灰（煤）埋没等情况。

b.仪表各开关是否在正常位置，仪表指示是否正常。

c.电源电压是否过高或过低。

d.计数器跳字是否正常。

e.如果各开关位置正常而出现故障情况，应停机，由专人进行处理。

④要求燃料车间运行人员做好皮带测重机构及其周围的清洁卫生工作。

⑤皮带运输机检修前后，燃料车间检修人员应通知皮带秤负责人员对秤架及传感器采取保护措施。

🔵 **请你做一做**

请到实习电厂进行调研，根据输煤量大小以及测量精度的要求，选择合适的电子皮带秤，设计一套煤量自动检测系统，画出安装示意图，有条件的情况下作为第二课堂的一次活动完成该检测系统的仪表参数设置、安装等任务。

任务三　转速测量仪表的安装与使用

🔵 **任务引领**

转速是旋转物体的转数与时间之比的物理量，是描述各种旋转机械运转性能的一个重要参数。火力发电厂中的汽轮机、给水泵、给煤机、给粉机等旋转机械，均需测量和控制转速。转速的符号是 n，在工程技术上，转速单位的名称是"转每分"，单位符号是"r/min"。

🔵 **任务要求**

（1）正确描述转速测量仪表的种类及特点。

（2）分析各类转速传感器的结构及测量原理。

（3）正确安装一台电子计数式转速表，经调试后投入运行。

🔵 **任务准备**

问题引导：

（1）简要描述转速测量仪表的结构及工作原理。

（2）转速测量仪表的安装位置如何选择？安装时需注意哪些问题？

（3）如何对转速测量仪表测量系统进行调试？

🔵 **任务实施**

（1）教师对各类转速测量仪表进行实物演示与操作示范。

（2）结合实物认识电子计数式转速表的结构并分析测量原理。

（3）请到实习电厂进行调研，了解转速表的安装位置与运行情况。

(4) 安装投运一台电子计数式转速表。

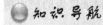 知识导航

一、转速测量仪表的分类

转速表按结构不同可分为机械式、电气式和电子计数式三种。其中，机械式和电气式由于存在机械传动部分易磨损、测量误差大、不能和现代控制系统相配合等缺点，在大容量机组中已不采用。而电子计数式转速表可实现非接触的瞬时测量，响应快，测量范围宽，精确度高，还可以输出信号供记录和声光报警用。

电子计数式转速表是利用转速传感器将机械旋转频率转换为电脉冲信号，通过电子计数器计数并显示相应转速值的转速表。它是理想的转速表，具有准确度高、量程宽、可提供记录和保护信号、便于维护等优点，因此在大型机组中得到广泛应用。下面主要讲述电子计数式转速表。

电子计数式转速表主要由转速传感器（把被测旋转体的转速转换为电信号）和电子计数器（接收传感器输出的电信号，并做相应的处理后显示被测转速）两部分组成。

二、电子计数式转速表的工作原理

电子计数式转速表由转速传感器和电子计数器两部分组成。传感器一般有两种：光电式和磁电式。其作用就是把被测旋转物体的转速转换为电脉冲信号，并送至转速数字显示仪表。

电子计数式转速表包括转速传感器、输入电路、主门电路、主控电路、标准时间脉冲发生器和计数显示电路等部分，其原理方框图如图 7-19 所示。

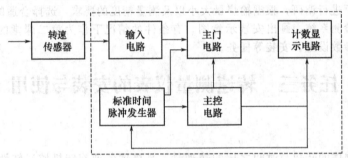

图 7-19　电子计数式转速表原理方框图

转速信号通过转速传感器转换成频率信号，然后通过输入电路送到主门电路。主门电路受主控电路和标准时间脉冲发生器控制，按规定的测量时间开门，让脉冲频率信号通过并进入计数显示电路计数和显示。到了规定的时间，主控电路输出主门电路关闭信号，主门电路关闭，计数停止，同时输出复零信号，使计数器复零，为下一段标准时间内进行计数做好准备。

1.转速传感器

转速传感器的作用是把转速信号转换成频率信号。按其作用原理分，有光电传感器和磁电传感器两种。光电传感器一般应用于实验室及经常变动转速测点位置的地方。磁电传感器通常使用在现场及转速测点位置固定的场合。现将其工作原理分述如下。

(1) 光电传感器　图 7-20 所示为应用比较广泛的 GDC-B 传感器原理图。它由单头反射式光电变换头、放大整形电路和电源等部分组成。光电变换头内有光源、聚光镜、反射透光玻璃片、光敏管等。由光源发出的光束通过聚光镜 2 变成一束平行光照射到与光束成 45°角的反射透光玻璃片上，被反射的平行光经过聚光镜 4 聚焦照射到物体的光码盘上。光码盘上面有间隔布置的反光面与无反光面。光码盘装在被测转速的转动轴上。

当光照射在光码盘上的反光面上时，被反射的光线通过聚光镜 4 穿过反射透光玻璃片，通过聚光镜 5 聚焦成光束，照射在光敏管上。当光照射在光码盘上的无反光面上时反射光极弱，相当于无反射光。对于光敏管来说，有反射光照射时，其阻值大大减小，管子导通；无反射光照射时，其阻值很大，管子截止。被测转速的轴转动时，光码盘的反光面与无反射光面交替地与光束接

触,从而使光敏管交替导通与截止,这时光敏管电路输出频率信号,实现了转速与频率的转换。

(2) 磁电传感器　磁电传感器的结构如图7-21所示。光码盘与被测转速的转动轴相连,磁轴装在非磁化的骨架上,外绕线圈,永久磁铁用以保证磁轴的磁化。光码盘外周上有几十个齿,齿顶与磁轴的间隙小,而齿根与磁轴的间隙大。在光码盘转动时,由于间隙忽大忽小,引起线圈中磁通的变化,线圈绕组便产生一个交变的感应电势。此电势送入放大器放大后,成为转速脉冲信号。

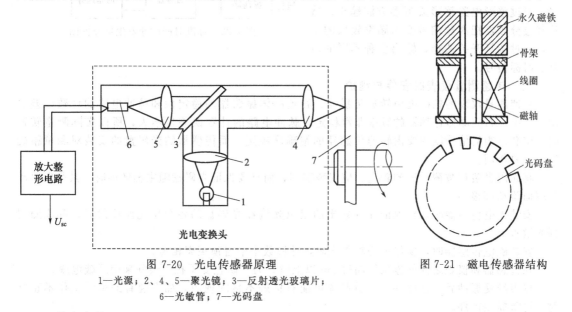

图 7-20　光电传感器原理　　　　　　图 7-21　磁电传感器结构
1—光源；2、4、5—聚光镜；3—反射透光玻璃片；
6—光敏管；7—光码盘

2. 输入电路

输入电路的作用是把转速传感器输送来的感应电势进行放大、整形。输入信号经过两级射极输出器输至两级阻容耦合放大器放大后,由整形电路整形,最后输出与转速成正比的频率脉冲信号。

3. 主门电路

主门电路的作用是控制频率脉冲信号的通过。主门开启时,转速脉冲信号通过主门进入计数电路；主门关闭时,脉冲信号不能通过。主门的开启和关闭受主控电路的信号控制。

4. 主控电路

主控电路是转速表的指挥系统,负责协调各部分的工作,其主要功能有以下三个。

①在开启及关闭信号 (标准时间信号) 作用下, 发出开、关主门电路的指令。

②关闭主门电路后,对计数显示电路的寄存器发出寄存指令,使数码管在一定时间内进行显示。

③显示时间结束后, 发出复原指令, 使计数器复原, 为下一个测量周期做好准备。

5. 计数显示电路

计数显示电路包括十进制计数器、寄存器和译码显示电路等三部分。

十进制计数器用来统计通过主门电路的脉冲数目,每计完 10 个输入脉冲,输出 1 个进位脉冲,实现十进制循环计数。

寄存器的作用是接收计数的结果,并把它寄存起来,然后传送数码给译码显示电路,使显示值不随计数器计数而变化,只与实际测量值有关。这样显示值不会时而闪动,时而消失,从而便于读数。

译码显示电路是把十进制计数器输出的二进制数码译成十进制的数,并用数码管显示出数字。

电路在每一个测量周期计数结束以后显示一段时间,接收主控电路发出的复零指令后进行计数清零,计数器全为 "0" 状态。

6. 标准时间脉冲发生器

标准时间脉冲发生器用于产生标准时间 (时基) 信号,如 $10\mu s$、$0.1ms$,$1ms$ 等；也可用来输出标准频率脉冲（时标）信号。

图 7-22 所示为标准时间脉冲发生器方框图，它由石英晶体振荡器和分频器等组成。

石英晶体振荡器采用石英晶体来代替 LC 串联谐振回路，它输出 100kHz 的脉冲信号，经过整形电路整形成矩形方波输出，然后经过分频器把高频信号变为频率较低的信号，通过选择开关选择，输出多种不同的时基、时标信号。

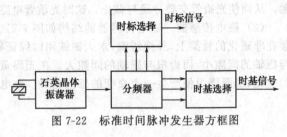

图 7-22 标准时间脉冲发生器方框图

三、转速测量仪表的安装与维护

转速测量仪表的精确度由转速传感器、石英晶体振荡器的稳定性和脉冲电路的计数误差决定。其中，石英晶体振荡器的频率非常稳定，脉冲电路的计数误差也不大，所以实际测量转速时，整套仪表的精确度主要由转速传感器的精确度决定。而传感器的光码盘的安装对测量精确度起主要作用。

将光码盘装在被测转速的轴上，应安装牢固，而且要保证光码盘随主轴转动时，其径向跳动及端面跳动都很小。

安装光电传感器时，要保证光源射出的聚束光线经光码盘的各个反光面反射后，都能照射到光敏管上。

安装磁电传感器时，要保证磁轴与光码盘外缘数十个齿顶距离相等。

在传感器和仪表之间的连接线超过 2m 以上时，为了防止受干扰，最好采用屏蔽电缆。

仪表经受振动后，接插件及石英晶体可能有接触不良的现象，如发现有的单元工作不正常时，可重插接插件。

石英晶体振荡器的振荡频率应每年检定一次。

🔵 请你做一做

请到实习电厂进行调研，根据汽轮机轴转速大小以及测量精度的要求，选择合适的转速测量仪表，设计一套汽轮机轴转速自动检测系统，画出安装示意图，有条件的情况下作为第二课堂的一次活动完成该检测系统的仪表参数设置、安装等任务。

任务四　振动量与机械位移量测量仪表的安装与使用

🔵 任务引领

汽轮机等重型高速设备的振动对机组安全运行有很大影响。振动过大会加速轴封磨损，使转动部分的疲劳强度下降，调速系统不稳定，甚至引起严重事故。通常规定汽轮机的振动幅度不得超过 0.05mm。机械位移量测量仪表用于测量汽轮机转子的轴向位移、汽缸与转子之间的相对膨胀以及汽缸热膨胀量。

🔵 任务要求

（1）正确描述振动量与机械位移量测量仪表的结构及工作原理。
（2）正确分析振动量与机械位移量测量仪表的安装注意事项与使用方法。

🔵 任务准备

问题引导：
（1）分析火电厂振动量与机械位移量测量仪表的安装位置及主要功能。

（2）分析振动量与机械位移量测量仪表的结构及工作原理。

（3）列出振动量与机械位移量测量仪表的安装要求及使用方法。

任务实施

（1）教师对各类振动量与机械位移量测量仪表进行实物演示与操作示范。

（2）结合实物认识振动量与机械位移量测量仪表的结构并分析测量原理。

（3）请到实习电厂进行调研，了解振动量与机械位移量测量仪表的安装位置与运行情况。

知识导航

一、振动量测量仪表

1. 电磁式振动量测量仪表

电磁式振动量测量仪表一般由拾振器、积分放大器及显示仪表三部分组成。拾振器是仪表的传感部件，它装于汽轮机各轴承上，将振幅转换为相应电量，从而测出汽轮机振动幅值的绝对值。

拾振器是将汽轮机的水平振动及垂直振动的幅值转换为相应电压的传感器，其结构如图7-23所示。图中所示是装有两只线圈（水平线圈及垂直线圈）的双向拾振器。垂直振动拾振部分磁钢3与导磁体2胶固在一起，它们之间形成了一个有恒定磁场强度的空气间隙。处于气隙中的线圈4、阻尼线圈架5及配重体18用活动系统芯杆17连接在一起，并被两片弹簧片7、16悬挂在空间。因此，在垂直外力作用下，线圈4可以在空气隙中做上下往复运动。由于导磁体被固定在外壳内，外壳固装于被测物体（如汽轮机）上，因此当物体做垂直振动时，磁钢也随之振动。但被弹簧片悬吊的活动线圈系统因弹簧片的吸振作用，在一定振动频率下处于静止状态，因此线圈不断地切割磁力线而产生感应电势，其大小为

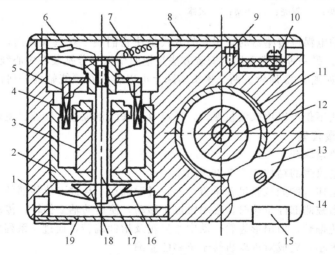

图 7-23　双向拾振器结构

1—外壳；2、11—导磁体；3、12—磁钢；4—线圈；5—阻尼线圈架；6—灵敏度调节电阻；7、16—弹簧
片；8—上盖；9—接地螺钉；10—引线端子；13—侧盖；14—侧盖螺钉；15—安装固定角；17—活动系
统芯杆；18—配重体；19—下盖

$$E = 2\pi BLfA$$

式中　B——气隙内的磁感应强度；

　　　L——线圈绕线长度；

　　　f——振动频率；

　　　A——最大振幅。

当 B 和 L 一定时，线圈感应电势与最大振幅 A 及振动频率 f 之乘积成正比。为了使输出只

与振幅有关，则需消除频率对感应电势的影响，使电势与振幅呈单值函数关系，具体的办法是采用积分放大器。拾振器输出电势的积分与振动振幅呈单值关系。

拾振器线圈4有一个灵敏度调节电阻 R，由于磁钢性能不完全一致，用 R 可调节输出的大小。阻尼线圈架用纯铜制成，它在磁场中因切割磁力线而产生一个阻尼力，可改善仪表性能。

拾振器水平测振部分结构与垂直测振部分相同，仅是水平放置而已。

2.电涡流式振动传感器

目前，振动量测量主要使用电涡流传感器，它是利用高频电磁场与被测导体的涡流效应原理而制成的。图7-24所示是汽轮机组用电涡流式振动传感器测量主轴振动的示意图。传感器探头2通过支架4固定在机体5上，传感器的位置尽可能靠近轴承座附近。当轴承振动时，将周期性地改变轴和传感器探头间的距离，从而使传感器输出电压相应地发生变化，此电压经过前置器放大和检波处理后，在前置器输出端输出与检测距离的变化成正比的电压信号，并输入监视器，进行振幅的指示和报警等。

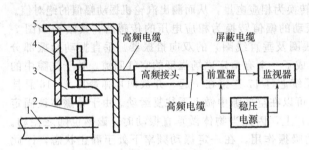

图7-24　电涡流式测振装置原理示意图　　　　图7-25　测量径向振动探头的安装方向

1—主轴；2—探头；3—罩壳；4—支架；5—机体

测量径向振动的电涡流传感器的理想安装方式是使它们一个在垂直方向，一个在水平方向，两者夹角为 $90°\pm5°$。另一种经常采用的安装方法是把两个探头分别装在中心线两侧 $45°$ 处，两者夹角保持 $90°\pm5°$，如图7-25所示。两个探头实际上可以安装在围绕轴的任何位置，只要两者夹角为 $90°$ 即可。

电涡流测量方法不仅可以用来测量振动，还可以用来测量位移、转速、主轴偏心度等。

二、位移量测量仪表

1.机械位移量测量原理

机械位移量测量仪表的结构如图7-26所示。

仪表安装在固定体（例如汽轮机轴承盖）上，滑动触点1与被测位移部件（例如转子）上的特制凸缘相接触。当被测部件位移时，带动触点1移动，使传动轴2偏转，传动轴又带动调整杆及传动杆使扇形齿轮偏转，由扇形齿轮带动中心齿轮及指针偏转，通过一系列的机械放大，使指针指示出位移量的大小，完成对汽轮机转子位移的监测。

当被测位移超过设定值时，与指针同步偏转的凸轮8使接点9、10闭合，仪表发出事故信号，同时输出相应的保护动作信号。此类仪表一般只适用于就地测量显示，其信号不能远传。长期使用时，滑动触点易磨损，影响测量准确度，一般只用于小型汽轮机组的转子轴向位移及汽缸热膨胀位移量的测量。

2.电感式位移测量保护装置

电感式位移测量保护装置用于监视汽轮机转子轴向位移，以及转子和汽缸的相对膨胀量等。虽然其形式有多种，但它们都是利用电磁感应原理工作的，其结构基本相同，只是电气回路上有所不同。以 ZQZ-11 型轴向位移装置为例，其构成方框图如图7-27所示，它由磁饱和稳压器、传感器、控制器（包括测量部分和保护部分）和显示仪表等部分组成。传感器将转子位移量的变化转变为感应电压的变化，一方面通过控制器的测量部分供给显示仪表，指示出轴向位移值；另一

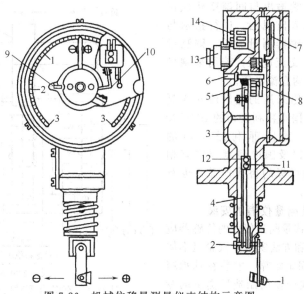

图 7-26　机械位移量测量仪表结构示意图

1—滑动触头；2—传动轴；3—传动杆；4—调整杆；5—扇形齿轮；6—指针轴；7—指针；8—凸轮；
9—信号接点；10—掉闸接点；11—螺丝；12—调整螺丝；13—电缆进线口；14—接线端子

方面，当轴向位移值大于规定值时，通过保护部分的继电器去驱动控制电路，发出报警信号或停机信号，从而起到对轴向位移的监视和对汽轮机的保护作用。

轴向位移传感器由"Ⅲ"型硅钢片叠成的铁芯和绕组所构成，其结构如图 7-28 所示。汽轮机转子凸缘位于铁芯中。传感器铁芯中间柱上绕一个初级绕组 W_0，由稳压器供给稳定的交流电源（36V）时，绕组产生的主磁通分左右两部分。当汽轮机转子发生位移时，转子凸缘和传感器左右两侧铁芯的气隙发生变化而使磁阻变化，于是传感器左右铁芯柱上的次级绕组中

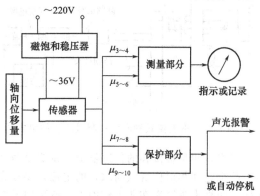

图 7-27　ZQZ-Ⅱ型轴向位移装置方框图

感应出大小不同的电动势。这样，就能使机械位移量转化成电压变化量。次级绕组 W_1、W_2 的感应电压由输出端子⑤-⑥和③-④分别接控制器测量部分的两个整流电桥，整流后进行比较，然后送到指示表（毫安表）上，指示出相应的轴向位移值。传感器的次级绕组 W_4 与 W_5、W_3 与 W_6 的差电压由端子⑦-⑧、⑨-⑩输出，送到控制器的保护部分。

电涡流式检测保护装置用于监视汽轮机转子的轴向位移、转子和汽缸的相对膨胀量、主轴偏心度、转速、轴振动和轴瓦振动等。它是利用高频电磁场与被测导体间的涡流效应原理制成的，由探头、前置器、监视器和稳压电源等组成，如图 7-29 所示为电涡流式轴向位移测量装置的组成示意图。探头通过支架固定在汽轮机组上，其端头绕有平面检测线圈。当转子发生位移时，转子凸缘与探头间的距离 d 发生变化。从图 7-30 可知，检测线圈电感 L 与电容 C 组成 LC 并联谐振回路，此 LC 回路由前置器内的石英高频振荡器（频率为 1MHz）通过耦合电阻 R 提供一个稳定的高频电流。当检测线圈附近无金属物时（$d = \infty$），LC 回路处于谐振状态，输出电压 U 为最大；当检测线圈附近有金属物时，检测线圈产生的高频磁通就会在金属物表面感应出涡流，从而改变线圈的电感量，LC 并联回路失谐，输出电压降低。检测距离 d 越小，输出电压越低，这样就可以得到检测距离 d 与输出电压 U 的转换特性曲线。此电压经前置器放大和检波处

理后，在前置器输出端输出与间隙变化成正比的电压信号，并输入监视器，进行指示与报警等。若用这种传感器测量振幅，则测量反映间隙动态变化的交流电压；若用来测量位置变化，则测量平均直流电压。

目前我国火电机组采用的电涡流式检测保护装置多为进口美国本特利公司的 BN7200 和 3300 系列产品、德国菲利浦公司的 RMS700 系列产品，以及国内研制与之有相同结构、尺寸和性能指标的替代产品，也有国内自行研制的产品。

三、机械位移量测量仪表的安装

①汽轮机机械位移量测量仪表的传感器应按制造厂规定的位置和方法安装在汽轮机本体上，经调整试验后再固定牢靠。安装在轴承箱内的传感器，其引出线应使用制造厂提供的专用电线（电缆），若制造厂未供应，则应采用耐油耐温的氟塑料软线，引出口要求密封，以防止渗漏油。

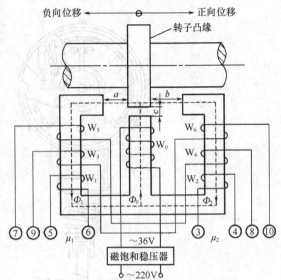

图 7-28　ZQZ-Ⅱ型轴向位移传感器结构

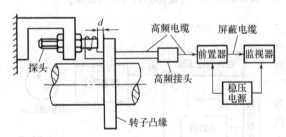

图 7-29　电涡流式轴向位移测量装置的组成图

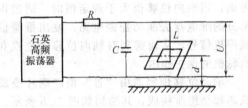

图 7-30　电涡流式仪表的工作原理

②安装测量轴位移的传感器时，应首先将其固定在轴承箱内的轴承座上。其铁芯与汽轮机转子凸缘之间相对位置（间隙）的定位，要预先用千斤顶将汽轮机转子顶向制造厂规定的一侧，使转子的推力盘紧靠在非工作面上，或顶向发电机侧紧靠工作面，然后再进行调整。

③安装测量汽轮机汽缸膨胀的传感器时，应在汽轮机冷状态下安装于汽轮机前轴承箱旁的基础平台上，其可动杆应平行于汽轮机的中心线。

请你做一做

（1）请到实习电厂进行调研，根据汽轮机轴振动大小以及测量精度的要求，选择合适的振动量测量仪表，设计一套汽轮机轴振动量自动检测系统，画出安装示意图，有条件的情况下作为第二课堂的一次活动完成该检测系统的仪表参数设置、安装等任务。

（2）请到实习电厂进行调研，根据汽轮机轴位移大小以及测量精度的要求，选择合适的轮机轴位移，设计一套汽轮机轴位移自动检测系统，画出安装示意图，有条件的情况下作为第二课堂的一次活动完成该检测系统的仪表参数设置、安装等任务。

小结

一、氧化锆氧量计

（1）测量原理。在氧化锆管的内外两侧，分别流过含氧气浓度不同的空气和被测烟气，则在其内、外铂电极上将有氧气浓差电势产生。当氧化锆管工作温度一定时，氧气浓差电势的大小只与烟气氧气含量呈对数关系，因此测出氧气浓差电势便可确定氧气含量的大小。

（2）测氧系统。根据对氧化锆管工作温度的要求不同，分为定温式和补偿式测量系统；根据氧化锆管安装方式不同，可分为直插式与抽出式测量系统。由于直插式测量系统的动态响应快，所以应用也最广。

二、电子皮带秤

（1）电子皮带秤是用来连续测量和累计皮带秤上的输煤量的测量仪表，包括三个部分：称量框架、传感器和显示仪表。

（2）电子皮带秤的传感器包括荷重传感器和测速传感器。其工作原理是利用荷重传感器将煤重力转变为相应的电压输出，该电压经线性放大单元放大后送入乘法-积算单元；再利用速度传感器，将皮带速度转变为频率信号，经频率-电压（电流）转换器转换成电压（电流）后送往乘法-积算单元；在乘法-积算单元里相乘从而得到单位时间内的原煤量，再经过积算，就可得到一段时间内输送的原煤总量。

三、位移量测量

（1）机械位移量测量仪表是通过机械传动和放大来测量和指示位移量的。

（2）电感式式位移测量仪表是将位移量转换成线圈的电感量变化，从而实现位移量测量的。

四、转速测量

转速测量传感器有离心式、测速发电机式、磁阻式、光电式及电涡流式等很多种。转速的显示多采用数字显示。

五、振动测量

振动传感器是振动量测量仪表的关键部件。常用的振动传感器有磁电式和电涡流式两种。

复习思考

1.简述烟气分析的意义。为什么用烟气中的氧气含量来判断锅炉过剩空气系数的大小？

2.氧化锆氧量计的测量原理是什么？使用时应注意哪些问题？

3.影响氧化锆氧量计准确度的因素有哪些？用什么方法减小这些影响？

4.电子皮带秤由哪些部分组成？简述其工作原理。

5.电子皮带秤的安装要求是什么？

6.简述磁电式振动传感器的测量原理。

7.电涡流式传感器有哪些组成部分？其最大特点是什么？请设计一个用电涡流式传感器测位移量的检测系统。

8.目前电厂测量位移量的传感器有哪些？测量汽轮机各部位位移量的测量方法和所用传感器结构是否完全相同？为什么？

9.汽轮机转速测量按照其测量原理可分为哪几种类型？简述它们各自的工作原理。

下篇　控制仪表

学习情境八 控制系统的认知

⬤ **学习情境描述**

过程控制仪表及装置是实现生产自动化的重要工具。在自动控制系统中，由检测仪表将生产工艺参数变为电信号或气压信号后，不仅要由显示仪表显示或记录，让人们了解生产过程的情况，还需将信号传送给控制仪表和装置，对生产过程进行自动控制，使工艺参数符合预期要求。

本学习情境将完成两个学习性工作任务：

任务一 过程控制装置的认知；

任务二 过程控制装置的干扰抑制。

⬤ **教学目标**

(1) 理解过程控制装置的基本概念。

(2) 了解过程控制装置的主要类型和功能特点。

(3) 理解技术性能指标的含义。

(4) 掌握常用的标准联络信号和信号传输方式。

(5) 熟悉干扰产生的主要原因和传播途径。

(6) 掌握抑制干扰的原则和干扰的主要抑制方法。

⬤ **本情境学习重点**

(1) 过程控制装置在控制系统中的作用。

(2) 系统控制效果的检验标准。

(3) 信号的传输方式与特点等。

⬤ **本情境学习难点**

干扰的抑制措施。

任务一 过程控制装置的认知

⬤ **任务引领**

目前，热工控制仪表已成为火电厂实现热工自动化的重要工具，是保证单元机组安全经济运行不可缺少的技术装备。随着科技进步和机组容量的增大，热工控制仪表在整个火电厂所具有的中枢神经作用越来越明显，甚至已达到了举足轻重的地位。

⬤ **任务要求**

(1) 正确理解控制系统的组成，认识控制系统中所用到的过程控制装置，并描述其作用。

(2) 列举过程控制装置的主要性能指标并明确其含义。

(3) 理解几种信号联络方式的特点和适用场合。

⬤ **任务准备**

问题引导：

系统演示：启动过程检测与控制情境教学实训装置，实训装置如图1-1所示，投入罐03液位调节器，通过数字显示仪表和无纸记录仪观察液位实时变化情况，思考以下几个问题。

（1）分析过程检测与控制情境教学实训装置中的罐03液位控制系统组成，认识控制系统中所用的过程控制装置，并分别描述它们的作用。

（2）过程检测与控制情境教学实训装置中，控制仪表及装置哪些是电动仪表？哪些是气动仪表？是否存在液动仪表。

（3）电动仪表、气动仪表、液动仪表各有什么特点？在过程控制系统中如何选用它们？

（4）过程检测与控制情境教学实训装置中，可控制的参数有哪些？如何进行控制？

任务实施

（1）启动过程检测与控制情境教学实训装置（图1-1），观察罐03液位控制情况。

（2）过程检测与控制情境教学实训装置中，用到哪些控制仪表及装置？具体在系统中各起什么样的作用？

（3）直流电流信号与直流电压信号传输各有哪些优点？

（4）除直流电压、电流信号外，是否还有其他信号传输？如何选择信号的传输类型？

知识导航

一、控制装置的作用

在火电厂生产过程中，热工控制系统的任务是当生产过程受到内、外干扰（在允许范围内）使机组运行参数偏离给定值时，热工控制仪表自动进行操作，消除干扰影响，使机组自动恢复到正常运行状态或按预定的规律运行。火电厂中的热工控制系统一般为负反馈控制系统。火电厂热工控制系统示意图如图8-1所示。

为了方便对控制系统的设计、分析和整定，根据自动控制理论，可得到图8-2所示的热工控制系统组成方框图。热工控制系统由控制对象和热工控制仪表组成。这里所说的热工控制仪表，是指从被控参数到执行机构输出之间的全套自动化仪表的总称，它包括变送器、控制器和执行机构，如图8-2中虚线所示。

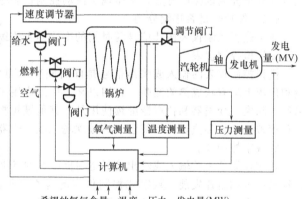

图 8-1　火电厂热工控制系统示意图

二、控制仪表与装置的分类

（一）按能源形式分类

热工控制仪表按其所用能源形式的不同，可分为以下四大类。

1. 液动控制仪表

液动控制仪表以高压油或水为能源，具有结构简单、工作可靠的特点，多用于功率较大的场合。液动控制仪表的缺点是油容易渗漏，有产生火灾的危险，而且油的黏滞性使液动式控制仪表不能远距离传送信号，加上体积大，难以实现快速控制、远距离控制和集中控制。目前，火电厂中的汽轮机调速系统和汽轮机数字电液控制系统（DEH）的执行机构（液动执行机构，

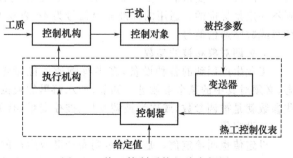

图 8-2　热工控制系统组成方框图

简称 EH)，仍采用液动控制仪表。

2.气动控制仪表

气动控制仪表以压缩空气为能源，具有结构简单、直观、易于掌握、性能稳定、可靠性高、天然防爆及使用范围广等特点，特别适用于石油、化工等易燃、易爆的生产现场。在 20 世纪 60 年代以前，它是工业自动化系统的主流控制仪表。因为气动信号的传输速度的极限是声速，其传输距离短，所以，如果仪表过于大型化，中央控制室所发出的控制指令抵达被控对象附近有较大的时间延迟。气动控制仪表传输距离有限，并且对气源供气的可靠性和纯净度要求比较严格，需设置专用的气源。在火电厂中，气动执行机构仍被广泛使用。

3.电动控制仪表

电动控制仪表以电力作为能源，采用电信号，无论是中央控制室将信号送到被控对象，还是被控对象的被控参数送到中央控制室，都可以看成没有时间滞后，操作人员可以在中央控制室观察和操作。控制器、显示器、记录仪器（这些仪表现在已经被控制站和操作员站所取代）都可以安装在中央控制室，还能实现复杂的控制规律，并组成各种复杂的控制系统。但是，电动控制仪表也存在问题，就是电噪声的问题比较严重。为克服电噪声干扰，不得不采用极为复杂的电子线路。目前，电动控制仪表已成为工业生产过程实现自动控制的主流仪表。

4.混合式控制仪表

混合式控制仪表同时使用上述两种或两种以上的能源进行工作。混合式控制仪表在火电厂的典型应用，就是汽轮机数字电液控制系统。在这个控制系统中，既体现了电动控制仪表易于实现各种复杂控制规律的特点，又体现了液动控制仪表输出功率大的特点。

（二）按信号是否连续分类

热工过程控制仪表按其信号随时间的变化是否连续，还可分为两大类。

1.模拟控制仪表

模拟控制仪表的输入或输出信号是随时间变化而变化的。我国在模拟控制仪表的设计、制造和使用上均有较成熟的经验，长期以来，广泛应用于电力等工业部门。但进入 20 世纪 90 年代以后，除模拟变送器和执行器继续使用外，其他模拟控制仪表已基本上被数字控制仪表所取代，而且模拟变送器和执行器目前已开始被现场总线变送器和现场总线执行器所取代。

2.数字控制仪表

数字控制仪表的输入或输出信号随时间变化是不连续的。近 10 多年来，随着微电子技术和计算机技术的迅速发展，数字式控制仪表的各类品种相继问世，如单回路控制器、DDZ-S 型电动单元组合式仪表、DCS、PLC（可编程逻辑控制器）和 FCS 等。这些仪表以微型计算机为核心，其功能完善、性能优越，能解决模拟控制仪表难以解决的问题，满足现代化生产过程的高质量控制要求，被越来越多地应用于生产过程自动化中。

三、过程控制系统术语

1.变送器

变送器是指通过检测元件（传感器）接受被测变量（参数）信号并将其转换成通用的标准输出信号的仪表。变送器与传感器的主要区别是变送器输出的是标准信号，而传感器输出的信号则不一定是标准的。通用的标准输出信号为 4～20mA 直流电流信号或 20～100kPa 气压信号或现场总线数字通信信号。

2.被调对象和被调参数

工业生产用到的各种设备，多半有物质或能量进出。为了保证这些设备工作在安全经济状态，必须对其中的某个参数进行调节，如水箱里的液位、电动机的转速、热交换器的出口温度等。这些参数就是被调参数，或称为被调变量、被控变量，有关的设备就是被调对象或被控对象。

3.设定值

设定值也叫给定值，是为了达到安全高效生产的目标，希望被调参数保持的数值。如果实际被调参数偏离了这个值，就需要进行调节，而调节的最终结果应该将其调回到这个目标值上来。

如果设定值是恒定不变的，就希望自动调节系统把被调参数维持在恒定的数值上，这样的自动调节称为定值调节。如果设定值随时间连续变化，就希望被调参数靠自动调节系统跟着设定值一起改变，这样的自动调节称为随动调节。

4. 扰动

如果被调对象和外界没有物质或能量的进出，或者虽有进出却处于稳定的平衡状态，就没必要进行调节。但实际运行中的生产设备总免不了受到各种各样的干扰。如果扰动产生在系统的内部，则称为内部扰动；反之，当扰动产生在系统的外部时，则称为外部扰动。

5. 偏差

出现扰动的结果是使被调参数偏离设定值。偏离的程度用偏差的大小来衡量，偏差的方向用偏差的符号来表示。例如，被调对象是过热器，被调参数是温度，设定值是540℃，实际温度是535℃，偏差就是－5℃；反之为＋5℃。由此可见，偏差的定义是

$$偏差 = 实际被调参数 - 设定值 \tag{8-1}$$

或

$$偏差 = 设定值 - 实际被调参数 \tag{8-2}$$

绝大多数自动调节任务实质上就是要使偏差自动减少甚至消除。经过自动调节，如果仍没有把偏差完全消除，则其剩余部分叫做残余偏差，也叫余差或静差。

6. PID 控制

PID 控制表示比例（P）、积分（I）、微分（D）控制，理想 PID 控制的数学表示式为

$$u(t) = K_C \left[e(t) + \frac{1}{T_I} \int_0^t e(t) \mathrm{d}t + T_D \frac{\mathrm{d}e}{\mathrm{d}t} \right] \tag{8-3}$$

式中　$u(t)$ ——控制器输出；
　　　　$e(t)$ ——控制器输入（测量值与设定值的差值，即偏差）；
　　　　K_C ——控制器比例增益；
　　　　T_I ——积分时间；
　　　　T_D ——微分时间。

PID 调节器有三个整定参数，了解这三个整定参数对控制性能的影响是非常重要的。

7. 操纵变量

由调节机构来改变，用以调节被控变量的变化，使被控变量恢复给定值的物理量称为操纵变量。操纵变量是调节器对生产设备施加影响以抑制扰动的操纵信号。

8. 前馈调节与反馈调节

反馈调节是根据被控变量的偏差进行调节的。当系统受到扰动后，只有等到被控变量变化并出现偏差时调节器才起作用，而被调对象总是存在惯性和迟延的，所以从扰动出现到被控变量出现偏差要有一定的时间，故调节作用落后于扰动，调节过程中必然会产生动态偏差。

前馈调节不是根据偏差而是根据扰动进行调节的，因此，前馈调节有可能及时地消除扰动的影响而使被控变量基本保持不变。直接根据造成被控变量偏差的原因进行的调节称为前馈调节。

前馈-反馈调节系统（或称复合调节系统）将前馈调节与反馈调节相互结合，因而可以构成高品质的调节系统。

9. 正作用和反作用

如果调节器的输出变量随被控变量的增大而增大，就叫做正作用。反之，若调节器的输出变量随被控变量的增大而减小，就叫做反作用。

10. 检定与校准

运行中的测量仪表由于多种原因，可能会导致测量性能的改变，因而有必要对其进行定期检定和校准。

检定是为评定测量仪表的测量性能(准确度、稳定度、灵敏度等)，并确定其是否合格所进行的全部工作。校准也称校验，是确定测量仪表示值误差(必要时也包括确定其他测量性能)的全部工作。

11. 手持终端

手持终端也称（远程）通信器、手操器、编程器或组态器，是一个由干电池供电、可以随身携带的专用计算机，其功能极强，可以远距离对单回路调节器、智能变送器、智能执行器进行组态、校验、运行监视、事故诊断和修改操作。它的外形如同放大了的计算器或手机，通信距离一般可远达 1.6km。

12. 现场总线

现场总线是安装在生产现场的仪表和控制室内的仪表或装置之间的数字式串行通信链路。

13. 组态

组态可分为硬件组态（又叫配置）和软件组态。硬件的配置对不同的系统差别甚大，而且一般是根据现场的具体要求而定。软件组态的内容比硬件配置丰富得多，例如变送器的组态就是把变送器的标签号、输出形式、阻尼时间常数、工程单位、上限值、下限值等数据参量写到变送器的存储器之中。

14. 电磁兼容性

仪表是测量和处理微小信号的，附近强电设备产生的电磁波和自然界的雷电都有很大的干扰能量，必须使仪表具备足够的抗干扰能力，才能抑制外界干扰，保证正常发挥其自身的功能，所以仪表的电磁兼容性实质上就是抗干扰问题。

四、模拟信号制

信号制是指在成套系列仪表中，各个仪表的输入、输出信号采用何种统一的联络信号问题。只有采用统一信号才使各个仪表间的任意连接成为可能。在工业控制系统中，不论是远距离传输或是控制室内部各仪表间，用得最多的是电模拟信号。

1. 直流电流信号

应用电流作为统一信号时，如一个发送仪表的输出电流要同时输送给几个接收仪表，那么所有这些仪表必须串联，如图 8-3 所示。

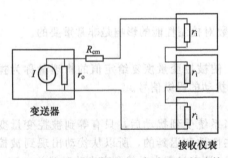

图 8-3 应用电流信号时，仪表之间的连接

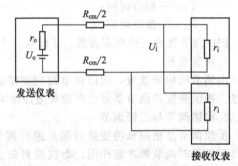

图 8-4 应用电压信号时，仪表之间的连接

图 8-3 中 r_o 为变送器的输出电阻，R_{cm} 和 r_i 分别为连接导线仪表之间的连接的电阻和接收仪表的输入电阻，由它们组成为变送器的负载电阻。电流信号的传输误差可用公式表示为

$$\varepsilon = \frac{I - \dfrac{r_o}{r_o + (R_{cm} + nr_i)}I}{I} = \frac{R_{cm} + nr_i}{r_o + (R_{cm} + nr_i)} \times 100\% \tag{8-4}$$

式中，n 为接收仪表个数。由式（8-4）可见，为保证传输误差在允许范围内，要求 $r_o \gg R_{cm} + nr_i$，此时有

$$\varepsilon \approx \frac{R_{cm} + nr_i}{r_o} \times 100\% \tag{8-5}$$

可根据允许误差和技术经济指标确定 r_o 及 r_i。一般为保证信号在 3～5km 内传输不受影响，同时考虑到一个发送仪表的输出电流能同时送给几个接收仪表，要求它的输出电阻 r_o 足够大，而接收仪表如调节器等的输入电阻 r_i 应很小。

从上述分析可以看出，当以电流信号传输时，发送仪表的输出阻抗很高，相当于一个恒流源，当接收仪表输入电阻足够小时，传输导线长度在一定范围内变化仍能保证精度，而小输入电阻的接收仪表具有较高的抗干扰能力，因此直流电流信号适于远距离传输。

2.直流电压信号

应用电压信号作为联络信号时，如一个发送仪表的输出电压要同时输送给几个接收仪表，则几台接收仪表应并联连接，如图 8-4 所示。

在并联连接时，由于并联仪表的输入阻抗 r_i 不是无限大，信号电压 U_o 将在发送仪表内阻 r_o 及导线电阻 R_{cm} 上降低一部分 ΔU 而造成信号传输误差 ε

$$\varepsilon = \frac{\Delta U}{U_o} = \frac{U_o - U_i}{U_o} = \frac{r_o + R_{cm}}{r_o + R_{cm} + \dfrac{r_i}{n}} \tag{8-6}$$

为减小此误差，一般要满足条件 $\dfrac{r_i}{n} \geqslant r_o + R_{cm}$，此时式（8-6）变为

$$\varepsilon = \frac{\Delta U}{U_o} \approx n\,\frac{r_o + R_{cm}}{r_i} \tag{8-7}$$

由式（8-7）可知以下结论。

①为减小传输误差，要求发送仪表内阻 r_o 及导线电阻 R_{cm} 足够小。若远距离传输电压信号，则增大了的 R_{cm}，势必对接收仪表电阻 r_i 提出过高的要求，而输入阻抗高将易于引入干扰，因此电压信号不适于作远距离传输的信号。

②接收仪表输入阻抗越高，误差越小。当并接的仪表较多时，相当于总的输入阻抗减小，误差增大，因此并接的仪表越多，要求每个仪表的输入阻抗就越大。

由以上分析可见，电流信号传输与电压信号传输各有特点，进出控制室的传输信号采用电流信号，控制室内部各仪表间联络信号采用电压信号。

3.信号上下限大小的比较

信号下限值从零开始，便于进行模拟量的加、减、乘、除、开方等数学运算。"真零"信号最为直观，处理起来十分方便，但是它难以区别正常情况下的下限值和电路故障（例如断线），容易引起误解或误操作。"活零"信号在正常的下限值时是 4mA，一旦出现 0，肯定是发生了断线、短路或是停电。能及时发现故障，对生产安全是极为有利的。

采用"活零"信号不但为两线制变送器创造了工作条件，而且还能避开晶体管特性曲线的起始非线性，这也是 4～20mA 信号比 0～10mA 信号优越之处。

当确定采用"活零"信号后，上限值与下限值之比最好是 5∶1，以便与气动模拟信号的上、下限有同样的比值，这样，电流信号和气压信号就有一一对应的关系，容易相互换算。所以，我国规定的 4～20mA 及其辅助联络信号 1～5V 和 20～100kPa 具有同样的上、下限比值。

五、变送器信号传输方式

信号与电源的传输方式有以下两种。

1.四线制传输

供电电源与输出信号分别各用两根导线传输，这样的变送器称为四线制变送器，如图 8-5 所示。由于电源与信号分别传送，因此对电流信号的零点及元件的功耗没有严格的要求。

2.二线制传输

二线制变送器是用两根导线作为电源和输出信号的公用传输线，如图 8-6 所示。二线制变送器相当于一个可变电阻，其阻值由被测参数控制，电源、变送器和负载是串联的。当被测参数改变时，变送器的等效电阻随之变化，因此流过负载的电流也变化。

要实现二线制变送器，必须具备以下条件。

①采用有"活零"点的电流信号。因为在变送器输出电流的下限值时，半导体器件必须有正

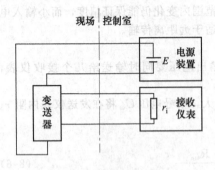

图 8-5　四线制变送器

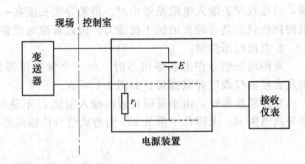

图 8-6　二线制变送器

常的工作点，需要由电源供给正常工作的功率，由于电源线与信号线公用，电源供给线路的功率是通过信号电流提供的，因此信号电流必须有活零点。国际统一电流信号采用 4～20mA DC，为制作二线制变送器创造了条件。

②必须是单电源供电。所谓单电源，是指以零电位为起始点的电源，而不是与零电压对称的正负电源。

二线制变送器的优点很多，可大大减少装置的安装费用，有利于安全防爆等。因此，目前世界各国大都采用二线制变送器。

请你做一做

（1）识读过程检测与控制情境教学实训装置系统流程图、控制图和仪表接线图。

（2）通过查阅仪表使用说明书，了解该实训装置所用到的仪表功能及特点。

（3）请到电厂进行调研，了解电厂主要的控制系统，选用的控制仪表及装置有哪些。

（4）水箱水位控制如图 8-7 所示，试画出方框图，并说明：被控量、给定值、控制对象、内扰、外扰、操作变量指的是哪些物理量和设备？调节过程结束后水位是否有静差？

（5）请通过查阅相关资料，了解几种现场总线型控制仪表的功能特点。

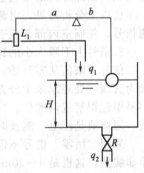

图 8-7　水箱水位控制

任务二　过程控制装置的干扰抑制

任务引领

目前，电磁兼容性已成为工业过程测量和控制仪表的一项重要性能指标。由于测量和控制仪表总是和各类产生电磁干扰的设备工作在一起，因此不可避免地受电磁环境的影响，以致信号发生畸变，造成误差，影响仪表的正常工作。因此，了解干扰来源、耦合方式和研究其消除方法，对热工控制仪表的设计、制造、安装、运行和维护都具有重要意义。

任务要求

（1）了解生产现场主要存在的干扰源及干扰途径。

（2）掌握主要的干扰抑制方法，并在实际中正确处理。

任务准备

问题引导：

(1) 现场干扰都有哪些？存在于什么地方？这些干扰是否对系统控制都有影响？

(2) 干扰是如何引入到控制系统中的？采取什么方法可以抑制或消除它？

任务实施

(1) 分析检测与控制实训装置中存在哪些可能的干扰？这些干扰哪些属于内部干扰？哪些属于外部干扰？

(2) 分析这些干扰的存在对控制系统会产生什么样的影响？

(3) 设计干扰抑制方案，并且通过实际操作抑制干扰。

知识导航

一、干扰的来源

（一）外部干扰

干扰有时来自仪表外部，如高压输电线路、大功率电器、无线电波、汽车发动机的火花塞、日光灯等。外部干扰有以下几种类型。

1.天体和天电的干扰

天体干扰是由太阳或其他恒星辐射电磁波所产生的干扰。天电干扰是由雷电、大气的电离作用、火山爆发及地震等自然现象所产生的电磁波和空间电位变化所引起的干扰。

2.机械的干扰

机械的干扰是指由于机械的振动或冲击，使控制仪表中的电气元件发生振动、变形，使连接线发生位移，使指针发生抖动、仪表接头松动等。对于机械类的干扰，主要是采取减振措施来解决，例如采用减振弹簧、减振软垫、隔板等。

3.热的干扰

火电厂热力设备在工作时产生的热量所引起的温度波动和环境温度的变化，都会引起控制仪表的电路元器件参数发生变化，进而影响控制仪表的正常工作。

4.光的干扰

在控制仪表中广泛使用着各种半导体元件，这些半导体元件在光的作用下会改变其导电性能，从而影响控制仪表的正常工作。

5.湿度干扰

湿度过高会引起绝缘体的绝缘电阻下降，漏电流增加；电介质的介电系数增加，电容量增加；吸潮后骨架膨胀使线圈阻值增加、电感变化；应变片粘贴后，胶质变软，精度下降等。

6.化学的干扰

酸、碱、盐等化学物品以及其他腐蚀性气体，除了具有化学腐蚀性作用将会损坏仪器设备和元器件外，又能与金属导体产生化学电动势，从而影响控制仪表的正常工作。

7.电和磁的干扰

电和磁可以通过电路和磁路对控制仪表产生干扰作用，电场和磁场的变化会在控制仪表的有关电路或导线中感应出干扰电压，从而影响控制仪表的正常工作。电和磁的干扰对于控制仪表来说，是最为普遍和最为严重的干扰。

（二）内部干扰

干扰有时也来自仪表内部，如电源变压器、导线、印刷电路、电子元件之间的电感、电容或元器件内部的噪声干扰。

二、干扰的途径

干扰的途径是指干扰信号的耦合方式。耦合方式主要有下列几种。

1. 经过漏电电阻耦合

通常绝缘材料在较高的电压下都有一定的漏电流，特别是表面潮湿或有酸、碱沾污的情况下，漏电更为严重。如陶瓷之类的材料，在常温下是相当优良的绝缘体，但在高温下其电阻就会下降。

漏电是沿表面进行的，如能保持绝缘件表面清洁干燥，则有利于防漏电干扰。用于湿热气候条件下的仪表或室外安装的仪表，其防水防潮能力绝不仅仅是预防锈蚀的必要条件，也是防漏电干扰的措施之一。正因为漏电是沿表面进行的，所以，如果将绝缘件表面做成凹凸曲折的形状，加大漏电传输距离，也能削弱漏电的影响。接线端子之间隆起的绝缘板（挡块），既能防止短路，又有加强绝缘、减少漏电的作用。

2. 经过公共阻抗耦合

两个电路使用同一电源、或有某一段共用导线、或接在同一地线上，这时由于电源具有内阻，导线和地线都有电阻，电流在公共阻抗上所形成的压降将以电信号的形式耦合到另一电路中去。无论仪表内外，都有可能出现这种耦合关系，从而引起干扰。

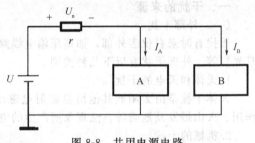

图 8-8　共用电源电路

在图 8-8 所示的共用电源电路中，当用一个内阻为 r 的电源 U 对 A、B 两部分电路供电时，任何一部分电路的电流 I_A、I_B 变化都会在公共阻抗 r 上产生干扰电压，造成对其他电路的干扰，图中 U_n 为干扰电压叠加的结果。

理想情况下，地线是零电位，但实际地线具有电阻，不仅地面以上部分，即使在大地里也有一定的电阻，因此地中电流会在各处形成不等的电位，特别是大功率的电气设备在三相不完全平衡时，地电流相当可观，它使处于不同地点的两根地线电位不等，越靠近大电流，接地线处的电位变化梯度越大。重复接地会引起干扰就是这个道理。如果把仪表地线和电动机、变压器等设备的地线接在一起，则势必将剧烈变动的地电位引入仪表，轻者使信号受到干扰，重者会使控制仪表损坏。所以，仪表地线决不可与一般电气设备的地线共用，而且不宜相距过近，仪表要求有专用地线即源于此。

3. 电场耦合

交流干扰信号能够经过分布电容进入仪表电路，特别是高频率或高电压的干扰源，这种危害尤其显著。在相距较近的平行导线间，如果导线长度很长，则分布（寄生）电容不可忽视，其影响可用图 8-9 所示的电场耦合引起干扰的等效电路加以说明。

A 线和 B 线对地的分布电容为 C_{AG} 及 C_{BG}。设导线 A 上的交流正弦电压为 U_1，仪表的输入

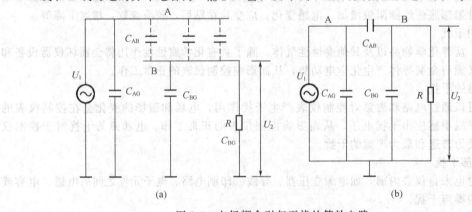

图 8-9　电场耦合引起干扰的等效电路

(a) 电场耦合；(b) 等效电路

阻抗为 R，导线 B 上因电场耦合而出现干扰信号电压为 U_2，则图 8-9（a）所示电路可等效为图 8-9（b）电路。根据此等效电路，对节点 B，由支路电流法（符号法）可求得干扰信号电压 U_2。

$$U_2 = \frac{\mathrm{j}R\omega C_{AB}}{1 + \mathrm{j}R\omega(C_{AB} + C_{BG})}U_1 \tag{8-8}$$

式（8-8）表明干扰信号与干扰源的频率、电压和两导线间的分布电容成正比，表的输入阻抗越高，干扰越严重。

当仪表的输入阻抗 R 很大时，即 $\omega R(C_{AB} + C_{BG}) \gg 1$，$U_2$ 可近似为

$$U_2 = \frac{C_{AB}}{C_{AB} + C_{BG}}U_1 \tag{8-9}$$

这种情况下，U_2 与频率没有关系，且不再与 R 的大小有直接关系，但仪表引线对地电容 C_{BG} 越小，干扰越严重。可见，当导线 B 架空但又与 A 接近时，C_{BG} 小，而 C_{AB} 大，其干扰将格外严重。

电场耦合的干扰只有通过合理设计布线或采取屏蔽措施，才能削弱或避免，不能寄希望于减小 R 和加大 C_{BG}，因为这将使有用的交流信号衰减。

4. 磁场耦合

磁场耦合包括交流电流通过互感作用在平行导线间传递，或者交流电流产生的交变磁场穿过导线环形成感应电动势。这两种表现的实质是一样的，都是电能经过磁场交连之后又恢复成电信号的过程。磁场耦合引起干扰的等效电路如图 8-10 所示。

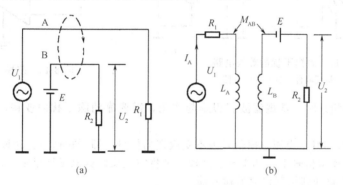

图 8-10　磁场耦合引起干扰的等效电路
（a）磁场耦合；（b）等效电路

图 8-10（a）中交流电源电压 U_1 经导线 A 供给负载 R_1，与之平行的导线 B 为直流电路，在电源的作用下向负载 R_2 提供有用信号。对直流测量系统而言，E 为信号源，R_2 为仪表的输入阻抗。在导线 A、B 之间存在着互感 M_{AB}，因此使得 R_2 上除应有直流信号外，同时会得到由干扰源 U_1 引起的交流干扰信号。该电路可以等效为图 8-10（b）所示电路，L_A 和 L_B 代表导线 A 和 B 的自感。由于 A、B 相互靠近，在互感 M_{AB} 的作用下，A 与 B 相当于变压器的效应，因此 R_2 上的电压 U_2 含有交流成分，这个交流成分完全是干扰的结果。在不考虑有用的直流信号时，互感产生的干扰信号为

$$\dot{U}_2 = \mathrm{j}\omega M_{AB}\dot{I}_A \tag{8-10}$$

可见，磁场耦合引起的干扰是与频率及电流成正比的，而且互感系数 M_{AB} 越大，干扰越显著。

减少这种干扰的办法，除布线彼此尽量远离（尤其要避免相互平行）之外，也可以采用双绞线、同轴电缆或磁屏蔽法。只有交流电流产生的变化磁场才有干扰作用，而恒定磁场不会使静止的导线上产生感应电动势。

5. 差模干扰与共模干扰

各种干扰源对控制仪表产生的干扰，必然是通过各种耦合通道进入测量电路对测量结果产

生影响的。根据干扰进入测量电路的方式不同，可将干扰分为差模干扰与共模干扰两种。差模干扰也称为常模干扰、常态干扰、横向干扰、差态干扰；共模干扰也称为共态干扰、纵向干扰、对地干扰。

（1）差模干扰　差模干扰是使信号接收仪表的一个输入端子电位相对另一个输入端子电位发生变化，即干扰信号与有用信号叠加在一起，送至信号接收端。它是一种直接干扰。

差模干扰作用在仪表的两个输入端子之间，因此有"横向干扰"之称。其效果如同干扰信号与有用信号串联后送到仪表输入端一样。在图 8-11（a）中，干扰源 U_1 经过导线 A 分别以漏电阻、公共阻抗、电场、磁场四种耦合方式传播到 $B_1 \sim B_4$ 电路中。为了便于区分，图中把有用信号源画成直流 E，把仪表画成直流电流表的符号。以上四种干扰途径虽然不同，其效果却是一样的，都可等效为图 8-11（b）所示电路，即干扰信号 U_1 和有用信号 E 相当于串联关系，两者共同施加在仪表上。

一般来说，有用信号 E 是缓慢变化的直流信号，差模干扰信号 U_1 多为变化较快的杂乱交变信号和工频干扰信号（50Hz）。在这种情况下，通过滤波消除干扰是常用的方法。当干扰信号与

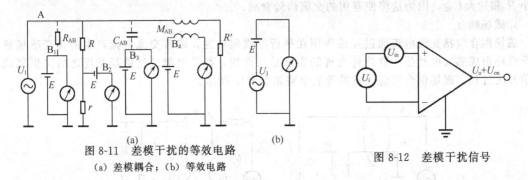

图 8-11　差模干扰的等效电路

(a) 差模耦合；(b) 等效电路

图 8-12　差模干扰信号

有用输入信号频率相近时，常规滤波就很难起作用，需要靠消除干扰源或特定的滤波方法来抑制干扰。

在控制仪表中，50Hz 交流差模信号为不受欢迎的信号，即干扰信号。50Hz 交流差模信号直接叠加在被测量的模拟信号上，如果不加处理，则将完全反映到测量结果中。差模干扰信号通过图 8-12 所示的方式叠加到控制仪表的输入端。

图中，U_i 为被测信号；U_{in} 为 50Hz 交流差模信号；U_o 为被测信号的输出值；U_{on} 为差模干扰的输出值。

（2）共模干扰　共模干扰是相对于公共的电位基准点（通常为接地点），在信号接收仪表的两个输入端子上同时出现的干扰。共模干扰可以是直流电压，也可以是交流电压，其幅值可达几伏甚至更高。共模干扰同时出现在两个信号输入端和地之间，它对两根信号导线的作用完全相同，仪表的两个输入端子之间并无干扰信号，但这两个端子和地之间却出现了干扰信号，因此有"纵向干扰"之称。造成共模干扰的主要原因是被测信号的参考接地点和检测仪表输入信号的参考接地点不同，因此就会产生一定的电压。虽然它不直接影响结果，但是当信号接收仪表的输入电路参数不对称时，它会转化为差模干扰，对测量结果产生影响。共模干扰的形成及等效电路见图 8-13。

图 8-13（a）所示为用热电偶测量电阻器表面温度的示意图。电阻 R 由交流电源 U_1 通电加热，热电偶的有用信号是直流电动势 E。在这种情况下，电阻 R 的下段电压降 U'_1 作用在热电偶的焊点上，必然使导线 a 和 b 都对地具有相同的交流电压 U'_1，这就使得仪表的两个输入端子对地出现共模干扰信号。

图 8-13（b）是交流导线 A 对信号线 a 和 b 具有分布电容的情况。如果分布电容均匀对称，则 a 和 b 所接收的干扰信号相同，这时信号电路对地形成共模干扰。

图 8-13（c）是信号源接地点 X 和仪表外壳接地点 Y 之间电位不等，具有交流电位差 U_1 的

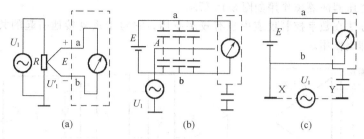

图 8-13 共模干扰的形成及等效电路

(a) 热电偶测温；(b) 分布电容；(c) 接地点电位差

情况。对仪表来说，信号电路整体和地之间也有共模干扰信号。

各种共模干扰的来源尽管不同，但等效电路都可以画成图 8-13 (c) 所示的形式。虽然以上实例都把干扰源假定成交流，但直流干扰也同样有差模、共模两种形式。

值得注意的是，差模干扰信号和有用信号相当于串联在一起，它进入仪表后肯定会造成有害影响；共模干扰仅仅是使仪表电路对地电位有变化，似乎不会妨碍仪表工作。以图 8-13 (a) 为例，当导线 a、b 及仪表内部电路对地阻抗为无穷大时，共模信号 U'_1 根本不能形成电流，理论上说确实不会影响仪表工作。但是，实际导线和仪表电路的对地绝缘不可能十分理想，在电压 U'_1 的作用下是有一定电流的，不过若导线 a 和 b 对地的阻抗完全对称，则两根导线上的干扰电流大小相等、方向相反，对仪表而言仍然没有影响。倘若导线 a 和 b 对地的阻抗不完全对称，则两根导线上的干扰电流大小不相等，由于方向相反，其差值将对仪表造成影响。

由此可见，共模干扰只有在其转化为差模干扰之后，才会引起测量误差或对仪表产生影响，也只有经过这种转化之后，共模干扰的危害才充分表现出来。正是因为实际的仪表里很难做到两导线对地阻抗完全对称，所以上述转化的机会很多，因此必须对共模干扰加以防范。

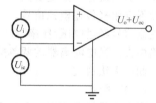

图 8-14 共模干扰信号叠加到控制仪表的输入端

共模干扰信号通过图 8-14 所示的方式叠加到控制仪表的输入端。

图 8-14 中，U_i 为被测信号；U_{ic} 为直流或 50Hz 交流共模输入信号；U_o 为被测信号的输出值；U_{oc} 为共模干扰的输出值。

三、抗干扰的措施

要想抗干扰，首先要了解干扰的来源、性质、传播途径和电路接收干扰的敏感性。归纳起来，形成干扰的因素主要有干扰源、干扰途径和干扰对象三方面的因素。为消除干扰，就要从这三方面因素着手，即消除或抑制干扰源，破坏干扰引入的途径，削弱干扰接收对象对干扰的敏感性。抗干扰的具体措施很多，比较有效的办法有以下几种。

（一）隔离

在现场环境中，弱电或低电平的测量信号回路常常会串入或感应产生较强电压。如用热电偶测量温度，信号是"毫伏"级，而周围环境存在的 380、440、6000 (V AC) 交流电压，它们可能感应或直接串入测量回路，产生数十伏、数百伏的感应电压，如不隔离，这些强电就会进入测量回路，这样势必会损（烧）坏芯片、卡件。目前，常用的隔离方法是变压器隔离和光电隔离。在 DCS 系统中，大多采用光电隔离。

1. 变压器隔离

变压器的特点是一次侧与二次侧之间有较好的绝缘，一次侧与二次侧的两个绕组在电路上互相隔离，使交流信号可以经过磁的交连进行传递。利用这一特点，变压器能够使有用的交流信号在一次侧和二次侧之间通过，而把有害的直流共模干扰信号 U_n 所形成的地环电流隔断。变压器只能传送交流信号，如果有用信号是直流形态，就必须先将其转换成交流，经过变压器后再将其恢复成直流。变压器的隔离作用如图 8-15 所示。

变压器隔离办法在数字控制仪表中也有较多应用，它对于重复接地引起的共模干扰和信号混乱，有明显的抑制作用。

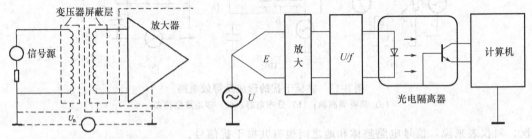

图 8-15　变压器的隔离作用　　　　　图 8-16　光电三极管型光耦合器的隔离作用

如果在变压器的一次侧和二次侧之间增添接地的金属屏蔽层，效果将更好。

2. 光电隔离

对于数字信号、频率调制或脉宽调制信号，可以用更为简单的隔离办法，即采用光电隔离，图 8-16 中起光电隔离器作用的为光电三极管型光耦合器。

光电隔离器是由发光二极管和光敏晶体管封装在一起而构成的。由于发光二极管的亮度和所通过的电流并不是直线关系，光敏晶体管的输出电流和被照射的光强也不是正比关系，因此一般不宜用来传递模拟信号。通常把光电隔离器用在脉冲信号传递上，或者按图 8-16 所示那样，把直流信号经过电压/频率（U/f）变换，控制发光二极管亮灭的频率，通过隔离器传递到数字电路中去。光电隔离器的两侧完全没有电的联系，而是靠光传递信息的，所以共模干扰将被阻挡在一侧，无法通过。

（二）浮空

浮空也是抗共模干扰的有效措施。把信号导线和仪表电路完全用绝缘材料架空起来，不使它们和接地的金属外壳相碰，这就叫做浮空。浮空电路如图 8-17 所示。图中，U_r 为有用信号源；R 为有用信号源内阻；U_n 为干扰源（共模电压）。

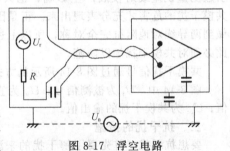

图 8-17　浮空电路

一个完全浮空的电路，即使存在共模电压，也无法形成电流。无论两根输入导线对地阻抗是否对称，都不会把共模干扰转化为差模干扰，而纯共模信号是不会妨碍仪表正常工作的（在一定限度内）。这是从防止转化方面采取的抗干扰措施。从本质上看，浮空和变压器隔离、光电隔离的出发点是一样的，都是设法切断共模信号的通路。

（三）屏蔽

利用铜或铝等低电阻材料制成的容器将需要防护的部分包起来，或者利用导磁性良好的铁磁材料制成的容器将需要防护的部分包起来，此种防止静电或电磁的相互感应所采用的技术措施称为屏蔽。屏蔽分为磁场屏蔽和电场屏蔽两种措施，屏的目的就是隔断电场和磁场的耦合通道。

磁场屏蔽用高导磁率的材料制造，它能使干扰磁通旁路，从而避免和被保护的电路交连，而且交变的干扰磁通常会在导电屏蔽层内形成涡流，涡流效应又会削弱外界磁场的强度。铁和铍莫合金之类的材料制成的屏蔽层，两种作用都有，可使干扰磁场对电路不产生影响。在电源变压器附近的弱信号电路应避免磁场干扰，可用铁或铍莫合金板遮挡起来。电子仪器里为了消除高频电路产生的互感干扰，也常用磁屏蔽。理想情况下，把磁屏蔽层做成空心球状，完全封闭，球内空间的磁场强度将比无屏蔽时显著减弱。

电场屏蔽也称为静电屏蔽，在静电场作用下，导体内部无电力线，即各点电位相等。静电屏蔽就是利用了与大地相连接的导电性良好的金属容器，使其内部的电力线不外传，同时外部的电场也不影响其内部。使用静电屏蔽技术时，应注意屏蔽体必须接地，否则虽然体内无电力线，但导体外仍有电力线，导体仍会受到影响，起不到静电屏蔽的作用。

（四）接地

接地也是抗干扰的重要手段，但是错误的接地不仅起不了抗干扰作用，反而会使干扰加强。例如图 8-18（a）所示的三个电路，各自的地线都接到公共地线上，因公共地线有电阻，在电阻 R_1、R_2、R_3 上有不同的地电流，所形成的压降将干扰其他电路，这就是前面所说的公共阻抗耦合提供了干扰途径。

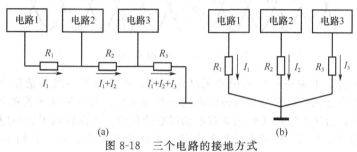

(a)　　　　　　　　　　　　(b)

图 8-18　三个电路的接地方式

（a）各自的地线都接在公共地线上；（b）地线互相独立

若把接地点变成图 8-18（b）所示的接法，使三个电路的地线电阻互相独立，那么不论各自的地电流如何，对别的电路都不会有任何影响。可见，接地点可以共用而接地线不能共用，这一原则对互相关联的多个电路尤为重要。设电路 1 的输出信号供给电路 2，电路 2 又将信号送至电路 3，这种情况下就必须把接地点合在一处，不能分设在三个不同的地点。

（五）信号导线的抗干扰

热工控制仪表的电信号都是低电压小电流，从导线电负荷上考虑，并不需要很大的截面积。但因工业现场距离较远、环境恶劣，为使电阻较小，并有足够的机械强度，通常都选用截面积不小于 1mm^2 的多股导线。多股导线的好处是柔软易弯曲。根据抗干扰的要求，可以用双绞线、平行线、屏蔽线或同轴电缆。

信号导线长度大，最容易受电场干扰和磁场干扰，如果附近有和它平行的动力线，仅就电场干扰而论，就有下面的关系，即

$$e_s = 3 \times 10^{-2} KCLR_eU \tag{8-11}$$

式中　e_s——电场干扰信号，mV；

$\quad L$——平行敷设的长度，m；

$\quad C$——等效分布电容，$\mu\text{F/m}$；

$\quad R_e$——信号源内阻和负载电阻的并联值，Ω；

$\quad K$——信号线系数；

$\quad U$——干扰源的电压，V。

当信号线与低电压、大电流的动力线（例如电焊、电镀、电加热设备的电源线）平行敷设时，主要干扰是磁场干扰。其干扰信号值的计算值为

$$e_m = 0.8K \frac{L}{D} I \tag{8-12}$$

式中　e_m——磁场干扰信号，mV；

$\quad L$——平行敷设导线的长度，m；

$\quad D$——信号线与动力线的距离，mm；

$\quad I$——动力线上的电流，A；

$\quad K$——信号线系数，其值的选取同前。

用双绞线传输信号可以消除电磁场的干扰。这是因为在双绞线中，感应电动势的极性取决于磁场与线环的关系。图 8-19 所示的双绞线中，电磁感应显示出了外界磁场干扰在双绞线中引起感应电流的情况。由此图可以看出，外界磁场干扰引起的感应电流在相邻绞线回路的同一根导线上方向相反，互相抵消，从而使干扰受到抑制。

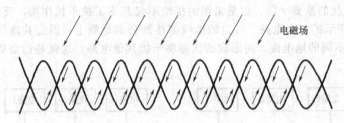

图 8-19　双绞线中电磁感应

有屏蔽层的导线对于磁场干扰来说并无减弱作用，这是因为一般屏蔽层由铜丝编织而成，对磁场干扰的防止全然无效，而是专为预防电场干扰制造的。对于磁场干扰的屏蔽必须用铁管。穿在铁管中的导线，由于铁管的接地已兼有电场屏蔽的作用，因此管内无需再用屏蔽导线。

从减小干扰的角度考虑，最根本的措施是信号线远离动力线。万一它们不可避免地在同一条电缆沟内敷设，要分别沿沟的两侧走线，或分上下两层布置，并在两者之间加接地金属板以用于屏蔽。无屏蔽时，两类导线之间的距离不可小于 15cm，最佳相距为 60cm 以上。如导线在管中穿过，则绝对不允许将信号线和动力线穿在同一管里。

要特别注意，金属管只有接地后，才有电场屏蔽作用，只有铁管才能屏蔽磁场干扰。双绞线由于两线形成的线环极小，又正反方向交替，对防止电场干扰和磁场干扰都有好处。至于同轴电缆的抗干扰能力，更是人所共知，特别是对高频信号的传递，是其他导线无法比拟的。

（六）滤波

滤波是抑制差模干扰或抑制由共模干扰转化成的差模交流信号的有效手段。在前述各种抗干扰措施之下，如果仍有残余交流干扰信号，则只有依靠滤波的办法加以消除。

滤波电路有两类，即单纯用 RC 电路构成的无源滤波器和有运算放大器的有源滤波器。按频率特性又可分为低通、高通、带通及带阻滤波器。

下面以一个简单的 RC 电路介绍滤波原理。单纯用 RC 电路构成的 L 形无源滤波器如图 8-20 所示。在仪表输入端装滤波器，主要考虑对常见的 50Hz 工频干扰的抑制。根据电路的分压公式，即

$$\dot{U}_o = \frac{\dfrac{1}{j\omega C}}{R + \dfrac{1}{j\omega C}} \dot{U}_i = \frac{\dot{U}_i}{\sqrt{1 + (\omega/\omega_0)}} e^{-j\varphi} \qquad (8\text{-}13)$$

$$\varphi = \arctan \omega/\omega_0 \qquad (8\text{-}14)$$

$$\omega_0 = 1/RC \qquad (8\text{-}15)$$

当 $\omega/\omega_0 = 10$ 时，输出为输入的 1/10。为了提高滤波效果，不外乎增大 RC 的乘积，但 C 增大，会使电容器的体积增大，如果增大 R 值，则对有效信号的衰减也增大了，降低了仪表的灵敏度。为了使仪表的灵敏度不致因采用 RC 滤波器而下降太多，就要求放大器具有较高的输入阻抗和放大倍数。同时，随着时间常数 RC 的增加，对仪表的快速性带来了不利影响，但对增加仪表的稳定性却有一些好处。

🔵 请你做一做

（1）过程检测与控制实训装置中这些干扰存在的原因是什么？对系统是否都有影响？

（2）请对过程检测与控制实训装置中存在的干扰采取相应的抑制措施，并检验抑制的效果。

（3）已知 $NMRR = 60\text{dB}$，50Hz 差模信号（峰值）为 5V，试求混入系统的干扰信号值。

（4）已知 $CMRR=120dB$，共模信号为 5V，试求混入系统的差模干扰输入信号值。

（5）采取的抑制措施中，用到了哪些元器件或装置？通过查阅相关资料认识一下它们。

小结

（1）过程控制装置在控制系统中的作用；变送器对被控参数进行测量和信号转换；控制器将给定值与被控参数进行比较和运算；执行机构将控制器的运算输出转换为开关阀门或挡板的位移或转角，从而调节工质流量，最终使生产过程自动地按照预定的规律运行。

（2）控制仪表及装置按能源形式不同可分为液动、气动、电动仪表和混合式四类。按信号的连续性可分为模拟控制仪表和数字控制仪表。

（3）控制仪表及装置的工作性能可通过准确性、线性误差、变差、重复性、平均无故障时间、电磁兼容性和受环境影响性来反映。

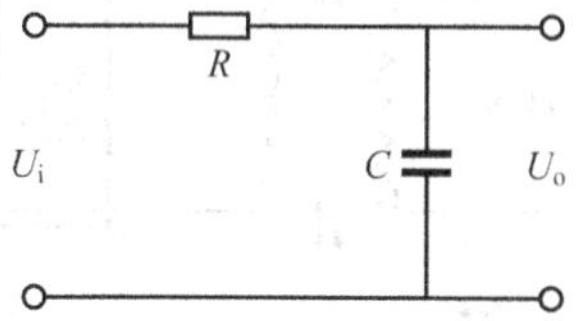

图 8-20　L形无源滤波器

（4）在工业控制系统中，不论是远距离传输或控制室内部各仪表间，常采用电模拟信号，包括直流电流信号和直流电压信号。

（5）干扰包括来自外部的干扰和来自内部的干扰。干扰的途径是指干扰信号的耦合方式，主要有经过漏电电阻耦合、经过公共阻抗耦合、电场耦合和磁场耦合等四种。根据干扰进入测量电路的方式不同，将干扰分为差模干扰与共模干扰两类。

（6）干扰形成的因素包括干扰源、干扰途径和干扰对象。可从消除或抑制干扰源、破坏干扰引入途径、削弱干扰接收对象对干扰的敏感性等方面消除或抑制干扰。

（7）隔离、浮空、屏蔽、接地是几种有效的抗干扰措施。

复习思考

1．热工控制仪表的作用是什么？

2．热工控制仪表有哪些主要分类方法？

3．常规模拟控制仪表是指哪些仪表？

4．数字控制仪表都是指哪些仪表？

5．水箱水位控制如图 8-21 所示，试画出方框图，并说明被控量、给定值、控制对象、内扰、外扰、操作变量指的是哪些物理量和设备。为了适应 q_2 的变化，需要控制出口阀的开度 L_2，问调节过程结束后水位是否有静差（假设进出口侧的水压不变）？

6．某电厂仪表班负责维修 40 台变送器，在一年内出现故障的变送器台数为 60，试求它们的平均无故障工作时间（MTBF）。

7．最为普遍和最为严重的干扰是什么？

8．何谓差模干扰？何谓共模干扰？

9．形成干扰的三个因素是什么？

10．电路如图 8-22 所示，U_a 为干扰源 A 对地电压，R 为漏电阻，R_i 为变送器输入电阻，U_n 为加在变送器输入电阻上的干扰电压。已知 $R_i=108\Omega$，$U_a=14V$，$R=1010\Omega$，试求 U_n。

11．A、B 两根导线平行敷设，A 导线对地电压 U_A 为 5V，频率为 11MHz，A、B 间的分布电容为 0.01pF，B 导线对地的分布电容为 0.001pF，B 导线对地的阻抗为 0.1MΩ。试求加在 B 导线与地之间的干扰电压 U_B。

12．图 8-23 表示通过电源变压器的一、二次侧之间的分布电容耦合，试分析干扰进入测量电路的方式。

13．A、B 两根导线平行敷设，流过 A 导线的电流为 10mA，电流变化的频率为 10kHz，A、B 两根导线间的互感为 0.1μH。试求叠加在 B 导线与地之间的干扰电压 U_B。

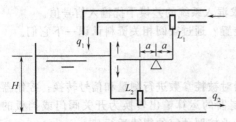

图 8-21　复习思考题 5 图

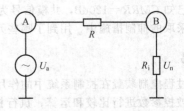

图 8-22　复习思考题 10 图

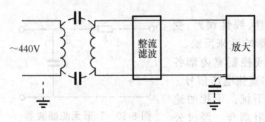

图 8-23　复习思考题 12 图

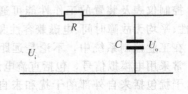

图 8-24　复习思考题 17 图

14. 一低通 RC 滤波器，截止频率 $f_0 = 3.5\text{kHz}$，试求 11kHz 输入信号的衰减量。

15. 平行敷设导线的长度 $L = 100\text{m}$，等效分布电容 $C = 100\text{pF/m}$，动力线上的电压 $U = 440\text{V}$，$R_e = 400\Omega$，求电场干扰信号。

16. 平行敷设导线的长度 $L = 100\text{m}$，$D = 1\text{mm}$，$I = 1\text{A}$，求磁场干扰值。

17. 滤波器如图 8-24 所示，已知 $R = 4\text{k}\Omega$，$C = 10\mu\text{F}$，设 $\omega_0 = 1/RC$，当输入端加入 1V 的 50Hz 交流电压时，试求通过滤波器后可衰减的百分数。

学习情境九 数字式调节器的使用

学习情境描述

在工业生产中，自动控制系统是用于维持生产过程正常运行的，而调节器是构成自动控制系统的核心仪表。数字式 PID（比例积分微分）控制是历史悠久、生命力强的基本控制方式。直到现在，PID 控制系统由于它自身的构建容易、简洁适用、价格低廉、技术成熟、运行稳定等特点，仍然得到了最广泛的应用。

本学习情境将完成两个学习性工作任务：

任务一 数字式 PID 调节器的认知；

任务二 数字式 PID 调节器的使用。

教学目标

（1）掌握 PID 控制规律的特点及参数调整对系统控制质量的影响。

（2）会根据控制系统要求正确选择控制算法，能使用 Matlab 软件进行控制规律仿真。

（3）掌握调节器的参数设置方法和整定方法。

（4）会按照校验接线图进行接线和正确校验。

（5）能正确进行手动/自动切换操作。

（6）会安装和调试调节器。

（7）确定调节器的正反作用方式，正确投运调节器。

本情境学习重点

（1）PID 控制规律。

（2）调节器的校验与整定方法。

（3）调节器的使用。

本情境学习难点

（1）P、I、D 参数调整对系统控制质量的影响。

（2）调节器的投运方法。

任务一 数字式 PID 调节器的认知

任务引领

调节器接收来自变送器的测量信号与调节器内给定或外给定信号，进行比较，得出偏差，然后对该偏差信号按一定规律进行运算，输出调节信号控制执行机构的动作，以实现对被控参数的自动控制作用。常用数字式调节器的外形如图 9-1 所示。

任务要求

（1）掌握 PID 控制规律的特点及参数调整对系统控制质量的影响。

（2）会根据控制系统要求正确选择控制算法，能使用 Matlab 软件进行控制规律仿真。

（3）掌握调节器的基本操作方法。

图 9-1　常用数字式调节器外形图

🔵 任务准备

问题引导：
(1) 调节器在系统运行过程中起什么样的作用？
(2) 调节器有哪几种控制规律？写出其控制算法。
(3) 绘制调节器 PID 控制曲线，试比较其不同点。

🔵 任务实施

(1) 启动实训系统，投入调节器，观察控制效果，分析调节器在系统中的作用。
(2) 请通过查阅资料，了解实训系统中所使用的调节器的类型、功能及特点。
(3) 适当调整调节器控制参数后，观察系统控制效果有什么样的变化。

🔵 知识导航

一、PID 典型调节规律

PID 控制是一种传统的、常用于反馈控制系统的控制方式。PID 控制方式在以模拟信号为主的控制系统中被广泛应用。

（一）比例调节

如果调节器的输入信号经调节器处理以后，其输出信号与输入信号成比例，则该种控制为比例调节（P 调节）。比例调节的输出信号 u 与输入的偏差信号 e 成比例，即

$$u = K_C e \tag{9-1}$$

式中，K_C 称为比例放大系数。比例放大系数 K_C 可以是正值，也可以是负值。式中的 u 实际上是起始值 u_0 的增量。当 $e=0$ 时，$u=0$，但此时调节器不等于没有输出，其输出应为 u_0。

比例调节的阶跃响应曲线如图 9-2 所示。

比例调节中，输出信号与输入信号的比例关系还用比例放大系数 K_C 的倒数 δ 表示，即

$$u = \frac{1}{\delta} e \tag{9-2}$$

式中，δ 称为比例带，具有重要的物理意义。如果输出信号 u 的变化范围恰好等于执行器所要求的输入信号的变化范围，且偏差量 e 的变化恰好能使 u 的变化从 0~100%，此时 δ 就表示 u 从 0~100% 变化时需要 e 对应的变化范围。例如 $\delta=10\%$，就表示调节器输入信号 e 的变化为有效输出信号变化范围的 10% 时，输出信号 u 即可做 0~100% 的变化；若 $\delta=50\%$，则表示调节器输入信号 e 的变化范围为有效输

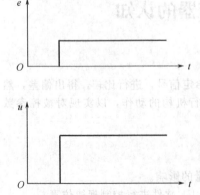

图 9-2　比例调节阶跃响应

出信号 u 的变化范围的 50% 时，输出信号 u 的变化相应为 $0\sim100\%$。

由以上分析可知，要想调节器的输出信号 u 有变化，调节器的输入端就必须有变化的信号 e；否则，若输入信号 e 变化为零，则输出信号 u 的变化也为零，执行器将无变化的信号输入，控制系统将不做任何调节。

以上分析说明，系统调节动作的起因来自于一定的偏差信号 e，也就是说，有偏差才有比例调节。

以图 9-3 为例，采用比例调节控制水箱中的水位。设水箱开始处于静态，水箱水位处于平衡位置且为 H_1。当水箱出水阀门 T_2 突然开大，对过程形成阶跃干扰时，水箱进入动态过程，此时 q_2 大于 q_1，水箱水位开始下降。水位下降后，水位传感器将水位信号反馈至调节器并与给定信号比较，其偏差信号进入调节器。

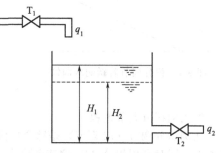

图 9-3　水箱水位比例调节

进入调节器的偏差信号，经调节器按一定比例计算后得出输出信号，并将该信号送至执行器。执行器接到控制指令，相应开启水箱进水阀门 T_1，减弱了水箱出水阀门突然开大使水位下降的趋势。直到水位降至 H_2 时，足够大的偏差信号使得调节器有足够大的控制信号输出，才使得执行器有足够的行程将水箱进水阀门开得足够大，让水箱进水流量 q_1 等于水箱出水流量 q_2，水箱水位不再降低，进入新的稳态过程。分析以上过程不难发现，克服出水阀门 T_2 开大引起的干扰，水位必须有相应地降低才能有足够的控制信号使进水阀门 T_1 开大到足以抵消干扰的影响。干扰的影响抵消了，但此时水位已经出现了水位差 $\Delta H = H_1 - H_2$。

所以，可以由此得出结论，比例调节是有差调节，这种受控参数与给定稳态值的差，称为残余偏差（静差）。

（二）积分调节

当受控过程需要自动控制系统将受控参数稳定地控制在某一特定值，而且要求受控参数受到干扰影响后新的稳态值与特定值之间不再有静差存在（或差值很小，可以忽略）时，仅采用比例调节就不可能完成调节任务，调节受控过程的受控参数就需要采用能够消除静差的调节方法。

1. 积分调节规律

在积分调节（I 调节）过程中，调节器输出信号的变化速度 $\dfrac{\mathrm{d}u}{\mathrm{d}t}$ 与偏差信号 e 呈正比，即

$$\frac{\mathrm{d}u}{\mathrm{d}t} = S_0 e \tag{9-3}$$

或

$$u = S_0 \int_0^t e \, \mathrm{d}t \tag{9-4}$$

式中，S_0 称为积分速度，可视情况取正值或负值。S_0 越大，同样的阶跃干扰产生的偏差 e 可使调节器的输出 u 值增长得越快。积分调节阶跃响应曲线如图 9-4 所示。

对式（9-3）进一步分析表明，只有当偏差 e 为零时，积分调节器的输出才会保持不变，或者说，控制过程只有使 e 为零才会终止。因此，积分调节最终的结果是静差为 0，即为无差调节。

应该注意到，式（9-4）清楚地表明，调节器的输出与偏差信号 e 的积分成正比，也就是说从阶跃干扰出现时起，只要积分调节器的输入持续存在着单一方向的（正或负）偏差信号 e，调节器的输出 u 就会持续增长，直至偏差 e 为零。采用积分调节时，执行器的动作幅度与当时受控参数的数值没有直接关系，而只与静差有关。

采用积分调节时，增大系统的积分速度 S_0 将会降低控制系统的稳定程度，甚至出现发散振荡过程。积分速度对调节过程的影响如图 9-5 所示。

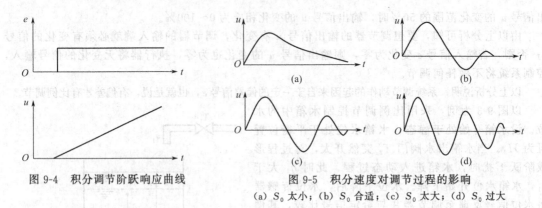

图 9-4　积分调节阶跃响应曲线

图 9-5　积分速度对调节过程的影响
(a) S_0 太小；(b) S_0 合适；(c) S_0 太大；(d) S_0 过大

2. 比例积分调节过程

比例积分调节（PI 调节）是综合比例、积分调节的优点，利用比例（P）调节快速抵消干扰的影响，同时利用积分（I）调节消除静差。比例积分调节控制规律如式（9-5），即

$$u = K_c e + S_0 \int_0^t e \, \mathrm{d}t \tag{9-5}$$

或

$$u = \frac{1}{\delta} \left(e + \frac{1}{T_I} \int_0^t e \, \mathrm{d}t \right) \tag{9-6}$$

式中，δ 可视情况取正值或负值；T_I 为积分时间。δ 和 T_I 是比例积分调节器的两个重要参数。图 9-6 是比例积分调节器的阶跃响应曲线，它由比例调节和积分调节两部分作用叠加而成。在调节器输入端施加阶跃信号的瞬间，调节器的输出端首先同时反应出一个幅值为 $\dfrac{\Delta e}{\delta}$ （或 $K_c \Delta e$）的阶跃响应输出，然后以 $\dfrac{\Delta e}{\delta T_I}$ （或 $K_c \dfrac{\Delta e}{T_I}$）的固定速度变化。当 $t = T_I$ 时，调节器比例积分作用的总输出为 $\dfrac{2\Delta e}{\delta}$，其中纯积分作用的输出值正好等于比例作用的输出值。这样，就可以根据图 9-6 所描述的变化规律，进一步确定 δ （或 K_c）和 T_I 的数值。由此可见，T_I 值的大小可以决定积分作用在总输出信号中所占的比例，即 T_I 愈小，积分部分所占的比例愈大。

现以容积式水加热器为例，分析 PI 调节过程。图 9-7 给出了热水流量阶跃变小后，比例积分调节器的调节过程。

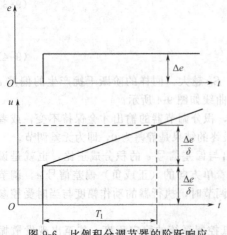

图 9-6　比例积分调节器的阶跃响应

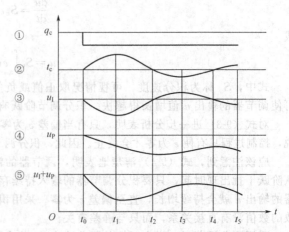

图 9-7　容积式加热器比例积分调节在热水流量阶跃
扰动下的调节过程

①表示容积式水加热器出口流量突然降低。

②表示容积式水加热器热水出口温度变化情况。

③表示热蒸汽入口调节阀阀位控制信号中的比例部分。因为调节器置于反馈控制作用方式，所以它的曲线形状与加热器热水出口水温变化曲线形状成镜面对称。

④表示热蒸汽入口调节阀阀位控制信号中的积分部分。它是加热器出口以控制水温为基准时水温变化曲线的积分曲线。

⑤表示比例积分调节器控制信号的总输出，其曲线为③、④的叠加。

分析受控过程状态如下。

当 t_0 时刻加热器热水出口流量 q_c 突然变小产生阶跃变化时，因为带出热量与流量及其温度有关，且温度不可能发生瞬时阶跃变化，所以热水带出的热量也突然减少。

由于温度仅与带出的累积热量的变化有关，所以热水出口温度不能突然改变。又因为蒸汽调节阀的开启度 u 与热水温度 t_c 的偏差有关，且此时并未产生偏差，所以此时蒸汽调节阀没有动作，输入容积式加热器的热量此时也无变化。

因带出的累积热量与累积出口流量相关，所以出流量 q_c 持续维持较小水平，使得带出的累积热量也持续维持较低水平，容积式加热器内热量逐渐积累，出口温度 t_c 开始逐渐上升。

容积式加热器内的温度逐渐升高后，慢慢偏离设定值。在逐渐增加的偏差 Δt_c 作用下，调节器输出控制信号中的比例（P）作用与积分（I）作用的强度同时都在增加，使蒸汽阀门开启度 u 随温度偏差增加而减小，直至 t_1 时刻前，比例与积分作用的增长都为同向。

由于调节阀的开度 u 值在不断地变小，进入容积式加热器的蒸汽量也逐渐减小，必然使得容积式加热器热水出口的温度升高速度减缓，至 t_1 时刻，温度偏差增长速度为零。

从 t_1 时刻起，由于蒸汽量携带的热量小于热水出口流量携带的热量，容积式加热器的温度才有可能逐渐降低，温度偏差 Δt_c 逐渐回落。与此同时，比例作用也逐渐减弱，而积分作用仍在增长。

至 t_2 时刻，温度偏差等于零，比例作用等于零，积分作用为最大。在 t_2 时刻，虽然温度偏差已经为零，但由于此时进入容积式加热器的热量仍然小于热水出水流量携带的热量，否则此前容积式加热器温度不可能降低，因此，调节过程仍然需继续进行。

从 t_2 时刻起，调节进入了下半个周期。从 $t_2 \sim t_4$ 时段，由于温度偏差改变了方向，所以比例作用也改变了方向，积分作用逐渐减弱，蒸汽阀门开启度 u 缓慢变大，直到进入容积式加热器蒸汽带入的热量开始大于热水出水流量携带的热量，将偏离的温度重新调整回来，至 t_4 时刻，温度偏差为零，一个周期的调整结束，与 t_2 时刻类似，调节仍需继续。

从 t_4 时刻起，调节进入了下一个周期。由于经过一个周期的调整，蒸汽调节阀的开启度 u 已经与 t_0 时刻不同，容积式加热器蒸汽带入的热量与热水出水流量携带的热量更为接近，所以，经过几个周期的调整后，就可使进出热量近似相等，直至消除静差。

应当指出，虽比例积分调节中的积分作用可以带来消除系统静差的好处，但却降低了原有系统的稳定性。因此，为保持控制系统原来的衰减率，比例积分调节器的比例带必须适当加大。也可以说，比例积分调节器是以略微损失控制系统的动态品质为代价，以换取自动控制系统能消除受控过程静差的性能。

（三）微分调节

以上讨论的比例调节和积分调节，都是根据当时偏差的大小和方向对受控过程进行调节的，而没有考虑在瞬时受控过程的受控参数将如何进行变化的变化趋势。由于受控参数大小和方向的变化速度可以反映当时或稍前一些时间干扰量的扰动强度，因此，如果调节器能够根据受控参数的变化速度对受控过程进行控制，而不要等到受控参数已经出现较大的偏差后才开始动作，那么，控制系统对于突变干扰将会具有快速的响应能力。这种快速响应能力将赋予调节器具有某种程度的预见性，以抵抗较强的突变干扰。微分调节就是具有这种特性的调节方式。

1.微分调节规律

微分调节规律是指调节器的输出与偏差量的变化率成正比，即

$$u = S_2 \frac{de}{dt} \tag{9-7}$$

需要注意的是，严格按式（9-7）的规律进行调节的调节器是没有的，该式仅为理论微分规律。式（9-7）中，若输入阶跃信号的变化率为无穷大，则调节器的输出也应为无穷大，这样的微分是不能在实际中应用的。

此外，单一具有微分调节规律的调节器是不能工作的，如果受控参数只以调节器不能察觉的速度缓慢变化时，调节器并不动作，但是经过相当长时间以后，受控参数的偏差却可以积累到相当大而得不到校正，这种情况当然是不能允许的。所以，微分调节只能起辅助的调节作用。

实际中，应用的微分调节均为实际微分调节，实际微分调节在输入阶跃信号时，输出一突然上升且有限的信号，然后缓慢下降至初始值，此后微分作用为零。

2. 比例微分调节规律

比例微分调节器的作用规律可用式（9-8）表示。

$$u = K_C e + S_2 \frac{de}{dt} \tag{9-8}$$

或

$$u = \frac{1}{\delta}\left(e + T_D \frac{de}{dt}\right) \tag{9-9}$$

式中，δ 为比例带；T_D 为微分时间。图 9-8、图 9-9 给出了相应的响应曲线。

根据比例微分调节器的斜坡响应，也可以单独测定它的微分时间 T_D，如图 9-9 所示，如果 $T_D = 0$，即没有微分调节，那么输出 u 将按 b 变化。可见，微分调节的引入使输出的变化提前一段时间发生，这段时间等于 T_D。因此可以说，比例微分调节器有预见性调节作用，其预见提前作用时间即是微分时间 T_D。

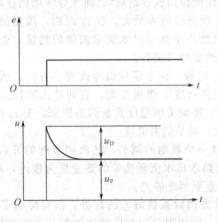 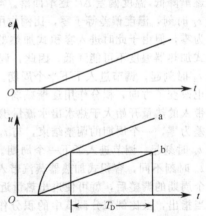

图 9-8　比例微分调节的阶跃响应曲线　　　　图 9-9　比例微分调节的斜坡响应曲线

u_D—微分作用；u_P—比例作用　　　　　　a—比例微分作用；b—比例作用

在稳态下，$\frac{de}{dt} = 0$，比例微分调节器的微分部分输出为零，因此比例微分调节也是有差调节，与比例调节相同。微分调节作用总是力图抑制过程的突然变化，适度引入微分作用可以允许稍许减小比例带。适度引入微分作用后，不但减小了静差，而且也减小了短期最大偏差。微分调节有提高自动控制系统的稳定性的作用。

微分调节的使用应注意以下问题。

①微分作用太强时，容易导致执行器行程向两端饱和，因此在比例微分调节中总是以比例作用为主，微分作用为辅。

②比例微分调节器的抗干扰能力很差，只能应用于受控参数的变化非常平稳的过程，一般

不用于流量和液位的控制系统。

③微分调节作用对于纯迟延过程是无效的，虽然在大多数比例微分控制系统随着微分时间 T_D 增大，其稳定性提高，但某些特殊系统也有例外，所以，引入微分作用要适度，当 T_D 超出某一上限值后，系统反而会变得不稳定。

（四）比例积分微分调节

在相同的阶跃扰动下，采用不同的调节作用时，具有同样衰减率的响应过程，比例、积分、微分共同作用时控制效果最佳。但是，三种调节共同作用时，必须认真解决三作用调节器三个参数的整定问题，如果这些参数整定不合适，则不能充分发挥三作用调节器的功能，反而有可能适得其反。

在实际工程中，选择何种作用规律的调节器

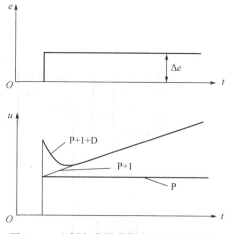

图 9-10　比例积分微分控制系统调节器的
阶跃响应曲线

（以图 9-10 比例积分微分调节阶跃响应曲线选择受控过程），是一个比较复杂的问题，需要综合考虑多方面的因素然后确定。一般情况下，可作如下考虑。

①当受控对象作用时间短、负荷变化较小、工艺要求不高时，可选择比例作用，如储箱压力、液位的控制。

②当受控对象作用时间短、负荷变化不大、工艺要求无静差时，可选择比例积分作用，如管道压力和流量的控制。

③当受控对象作用时间较长、受控过程容积迟延较大时，应引入微分作用。若工艺允许有静差，可选用比例微分作用；若工艺要求无静差时，则选用比例积分微分作用。如温度、湿度值控制等。

二、数字式调节器基本结构及功能特点

数字式调节器是以微处理机为核心的调节仪表，它是近代自动控制、计算机、通信技术（合称 3C）高度发展的产物。

在数字式调节器中，较常用的是单回路调节器，它可接收多路输入信号，但其输出只能控制一个执行器，故称之为数字式单回路调节器。

数字式调节器的硬件构成原理如图 9-11 所示。现就图中各组成部分做简要的说明。

（1）模拟量输入　输入的模拟量经过多路开关送往比较器，比较器的另一输入端输入来自正面板的给定信号。比较器的模拟量信号输出经 A/D 转换器转换成数字量信号，送到 CPU。

（2）中央处理器 CPU　它是数字式调节仪表的核心，接收操作人员的指令，完成数据传送、输入输出运算处理、判断等多种功能。它通过地址总线、数据总线、控制总线与其他部分连在一起，构成一个系统。

（3）只读存储器 ROM1　这是系统软件存储区。软件由制造厂编制，用来管理用户程序、通信、子程序库、人机接口等程序或文件。这些程序或文件是用户无法改变的。

（4）只读存储器 ROM2　这是用户程序区，存放用户编制的程序。

（5）随机存储器 RAM　用以存放通信数据、显示数据、计算的中间数据等。

（6）输入输出接口 IO1　这是数字输入输出接口。CPU 从 IO1 读取来自过程的数字量，IO1 还输出数字量信号。

（7）输入输出接口 IO2　它输入正面板的操作开关量，由 CPU 读取操作状态，以改变运行状态。

（8）异步通信接口转换器　这是一个通信接口，通常由它将并行的 8 位数据转换成串行的 8 位数据，并起调制和解调作用。

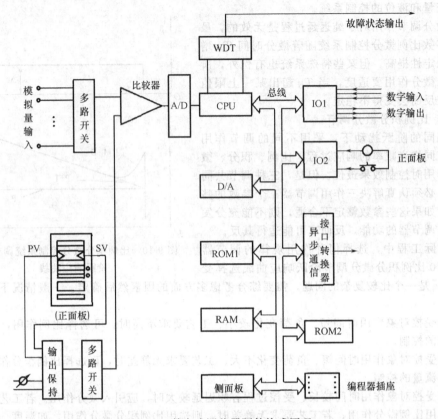

图 9-11　数字式调节器硬件构成原理

(9) 侧面板　包括参数整定键盘开关及数字显示器，用以显示和更改参数。

(10) 编程器插座　与编程器连接用。用户采用编程器编制的用户程序，经检测无误后写入在编程器上的可编程序只读存储器 EPROM 中，EPROM 就是用户 ROM，插入调节器侧面的用户 ROM 插座上。

(11) 监视时针 WDT　它由软件设置，是自诊断的一项重要措施。它随时监视 CPU 的工作状况。当出现异常时，发出报警信号，并做相应处理，如使仪表转入手动状态等。

(12) 正面板　在正面板上装有同模拟仪表相类似的设置给定值的拨盘、指示给定值和双调量的动圈仪表、手动/自动切换旋钮。此外，在正面板上还有报警指示灯、仪表异常指示灯等。

请你做一做

(1) 判断以下说法是否正确。

①积分调节作用能紧跟被调量偏差的变化，因此积分调节作用是及时的。

②通常在整定调节器参数时，应从稳定性、快速性、准确性这三方面入手，并且把准确性放在首位。

③比例调节器是一种无差调节器。

④对于某些迟延和惯性较大的对象，为了提高调节质量，一般需要在调节器中加入积分作用。

⑤在比例作用的基础上增加积分作用时，比例带的整定要比单纯比例调节时小。

⑥一般在实际整定调节器时，应尽量使过渡过程不出现振荡，因此应尽量使衰减率接近于 1。

(2) 选择正确答案。

①不能单独作为调节器的是（　　　）。

A. P   B. I   C. D   D. A

②微分环节的输出量与输入量的变化速度（   ）。

A. 相等   B. 成反比   C. 成正比

③一般电动组合仪表或电动单元组合仪表中的变送器，其延迟和惯性极小，可近似看做（   ）。

A. 积分环节   B. 比例环节   C. 微分环节

④因为（   ）对干扰的反应是很灵敏的，因此它常用于温度的调节，一般不能用于压力、流量、液位的调节。

A. 比例动作   B. 积分动作   C. 微分动作

⑤微分作用主要是在调节过程的（   ）起作用。

A. 最终端   B. 中间端   C. 起始端

（3）请分析调节器 P、I、D 参数的调整，对控制系统会产生什么样的影响？实际操作一下，检验分析的结果是否正确。

（4）请绘制单位阶跃下 PID 控制曲线。

任务二　数字式 PID 调节器的使用

🔘 任务引领

系统控制质量的好坏，很大程度上取决于所用调节器的参数整定是不是适当，本任务要求掌握数字式 PID 调节器的操作方法，能正确校验和整定数字调节器，正确投运调节器。

🔘 任务要求

（1）会按照校验接线图进行接线和正确校验、整定。

（2）能正确进行手动/自动切换操作。

（3）会安装和调试调节器。

（4）确定调节器的正反作用方式，正确投运调节器。

（5）能根据现象判断故障原因并正确处理。

🔘 任务准备

问题引导：

（1）数字式调节器能输入哪些信号？

（2）数字式调节器输出信号是什么类型？

（3）数字式调节器有哪些主要功能？

（4）自动控制时，数字式调节器输出信号与输入信号的数学关系是什么？

（5）举例说明在什么情况下调节器应设置为正作用。

🔘 任务实施

（1）画出数字式调节器校验接线图。

（2）列出数字式调节器校验步骤。

（3）准备数字式调节器校验的仪器和设备。

（4）进行实际接线，并完成参数的设置。

（5）校验数字调节器，填写数字式调节器校验单并进行数据处理。

一、WP 系列智能 64 段数字调节器的使用

(一) 主要特点

①多种输入信号。可在现场按需要任意选择：B、S、T、R、K、J、E 热电偶；PT100、Cu50 热电阻等；Ⅱ型、Ⅲ型线性电流、电压；远传压力变送器及毫伏信号输入。

②多种输出信号类型。

a.模拟信号控制输出，可选 4～20mA 或 1～5V。

b.模拟信号变送输出，可选 4～20mA 或 1～5V。

c.继电器报警输出。

d.继电器控制输出。

e.具有 RS485 或 RS232 通信接口。

③可选择是否需要热电偶自动补偿的功能。

④可设定程序段从任一段开始。

⑤具有"标准/特殊"两种 PID 参数自整定方式。

⑥具有高亮度数码管显示。

⑦采用可调整数字滤波和抗脉冲干扰滤波等措施，抗串模干扰性能较好。

⑧故障报警功能：仪表 A/D 转换器损坏、存储器损坏、信号断偶（开路）等，均会报警提示。

⑨显示精度：0.5%F.S±1（字）。

⑩输出精度：0.5%。

(二) 面板说明

1.面板示意

见图 9-12。

2.面板各部分说明

见表 9-1。

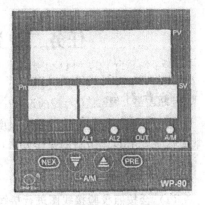

图 9-12　面板

表 9-1　面板说明

名　称		内　容
显示器	测量值 PV 显示器	显示实时测量值 在参数设定状态下，显示参数符号
	目标值 SV 显示器	显示目标控制值或 PID 输出量的百分比 在参数设定状态下，显示参数值
	程序段号 Pn 显示器	显示当前仪表运行在哪一段号上
操作键	(NEX) 键	在参数设定状态下，保存所设定的参数值 顺序查看参数
	(PRE) 键	逆序查看参数 开启/关闭液晶屏背光（液晶显示表才有该功能）
	(▲) 键	变更设定时用于增加数值 长按进入标准自整定 与减键配合实现手动/自动状态的切换
	(▼) 键	变更设定时用于减少数值 长按进入特殊自整定 与增键配合实现手动/自动状态的切换

续表

名　　称		内　　容
指示灯	AL1（红）	继电器1吸合时灯亮
	AL2（绿）	继电器2吸合时灯亮
	OUT（红）	在PID有控制输出时灯亮
	A/M（绿）	仪表工作在手动状态时灯亮

（三）仪表参数

仪表分为一、二、三级参数，每级菜单都需要相应的密码（CL）才能进入。

一级参数：可随时查看，但只有当CL＝10时才允许修改。

二级参数：只有当CL＝20时才允许进入查看并修改。

三级参数：只有当CL＝40时才允许进入查看并修改。

1. 一级参数

仪表在正常测量状态下，按"NEX"键1次，仪表将进入一级参数菜单，一级参数说明见表9-2。

表9-2　参数说明

参数符号	参数名称	设定范围	说明
CL	操作员密码	0～255	允许任意修改
OU	控制输出值	0.0～100.0	单位：%
SU	起点控制目标值设定	－1999～9999	单位：同测量单位
dt	本段剩余时间	0～1080	单位：min

连续按"NEX"键，将以此顺序查看下一参数，最终循环回到正常测量状态。

连续按"PRE"键：可依次逆序查看上一参数值，最终也循环回到正常测量状态。

按增键使参数加1，连续按（不放）则快速加至上限值。

按减键使参数减1，连续按（不放）则快速减至下限值。

参数显示超过20s（无加/减操作），则自动返回常规显示。

2. 二级参数

当常规显示或一级菜单显示时，令操作员密码CL＝20，按"NEX"键持续2.5s（不放），可进入二级参数设定菜单，参数说明见表9-3。

表9-3　二级参数说明

参数符号	参数名称	单位	设定范围	出厂值
dL	测量、变送量程下限	工程量	－1999～9999	0
dH	测量、变送量程上限	工程量	－1999～9999	1000
AL1	继电器1报警值设定	工程量	－1999～9999	100
AL2	继电器2报警设定值	工程量	－1999～9999	200
P	比例带	%	0～9999	100
I	积分时间	s	0～9999	50
d	微分时间	s	0～9999	10
AAA	保留参数			
OL	PID控制输出下限幅	%	0～100%	0
OH	PID控制输出上限幅	%	0～100%	100
JF1	继电器1控制方式		0～9	0
JF2	继电器2控制方式		0～10	1

参数符号	参数名称	单位	设定范围	出厂值
FLt	数字滤波系数	0.1s	0~25.0s	10
POt	小数点位置		0~3	0
Ct	保留参数			
Ln	信号输入分度号类型		0~17	5
PUO	显示值修正	字	0~200	100
Pd	微分增益系数		0~250	10
AU	超调限制	工程量	0~250	5
bP	P值修改系数		0~200	100
Jn1	继电器1动作起始段号		0~250	2
JL1	继电器1动作持续段数		0~250	1
Jn2	继电器2动作起始段号		0~250	3
JL2	继电器2动作持续段数		0~250	1
Pnb	程序起始运行段号		0~63	0
PnS	程序循环运行次数		0~250	1
otc	PWM控制输出周期	s	1~250	20
bt	通讯波特率		2~5	5
dE	本机设备号		0~255	1
OP.0	正/反作用控制		1/0	0
OP.1	无/有冷端补偿		1/0	0
OP.2	保持/清除　断电前状态		1/0	0
OP.3	有/无　自动变P功能		1/0	0
OP.4	有/无　超调关断输出		1/0	0
OP.5	温度/时间　优先		1/0	0
OP.6	Ⅲ/Ⅱ型　控制输出电流		1/0	0
OP.7	Ⅲ/Ⅱ型　变送输出电流		1/0	0

进入二级菜单后，按"NEX"键顺序查看各参数，按"PRE"键逆序查看各参数。若前一参数被修改，先按"NEX"键将其保存后，再显示下一参数。

按"NEX"键2.5s（不放），仪表将返回到正常测量状态。

Ln为输入分度类型选择。本仪表可选用输入类型见表9-4。

表9-4　Ln输入类型

Ln	输入类型	显示分辨率	配用传感器	测量范围	精度
0	B	1℃	铂30-铂铑6	400~1800℃	0.5
1	S	1℃	铂铑10-铂	0~1600℃	0.5
2	T	1℃	铜-康铜	0~320℃	0.5
3	R	1℃	铂铑13-铂	0~1760℃	0.5
4	Wre	1℃	钨铼3-钨铼25	0~2300℃	0.5
5	K	1℃	镍铬-镍硅	0~1300℃	0.5
6	J	1℃	铁-康铜	0~1200℃	0.5
7	E	1℃	镍铬-康铜	0~1000℃	0.5
8	Pt100	1℃	铂热电阻 $R_0=100\Omega$	−199~650℃	0.5
9	Pt100.0	0.1℃	铂热电阻 $R_0=100\Omega$	−199.9~320.0℃	0.5

续表

Ln	输入类型	显示分辨率	配用传感器	测量范围	精度
10	Cu50.0	0.1℃	铜热电阻 $R_0=50\Omega$	$-50.0\sim150.0℃$	0.5
11	Cu100.0	0.1℃	铜热电阻 $R_0=100\Omega$	$-50.0\sim150.0℃$	0.5
12	$30\sim350\Omega$	$0.001\sim1$	远传压力电阻	$-1999\sim9999$ 可设定	0.5
13	$0\sim10mA$	$0.001\sim1$	DDZ-Ⅱ型变送器	$-1999\sim9999$ 可设定	0.5
14	$4\sim20mA$	$0.001\sim1$	DDZ-Ⅱ型变送器	$-1999\sim9999$ 可设定	0.5
15	$0\sim5.0V$	$0.001\sim1$	DDZ-Ⅲ型变送器	$-1999\sim9999$ 可设定	0.5
16	$1.0\sim5.0V$	$0.001\sim1$	DDZ-Ⅲ型变送器	$-1999\sim9999$ 可设定	0.5
17	$0\sim200mV$	$0.001\sim1$	压力传感器	$-1999\sim9999$ 可设定	0.5

注：其他参数的具体含义可查阅仪表说明书。

3. 三级参数

在常规显示或一级参数显示下，令操作员密码 CL=40，按"NEX"键持续 2.5s 不放，可进入三级参数设定菜单。仪表的三级参数是用来设置每段程序的运行时间和该段程序运行结束后应达到的目标值。仪表最多能够设置 64 段程序。各程序段设定值定义见表 9-5 和图 9-13。

表 9-5　程序段设定值定义

程序段号	起始目标值	结束目标值	运行时间
1	SU	U01	t01
2	U01	U02	t02
3	U02	U03	t03
62	U61	U62	t62
63	U62	U63	t63
64	U63	U64	t64

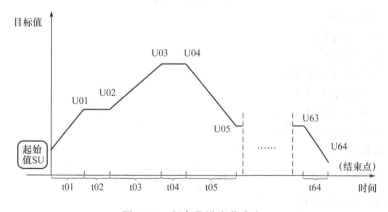

图 9-13　程序段设定值定义

二、数字调节器的校验

（一）比例度校验

1. 校验接线

见图 9-14。

2. 参数设定

（1）出厂参数　按"NEX"键，设 CL=160，再按"NEX"2.5s，恢复出厂设置。

（2）二级参数设置　CL=20，再按"NEX"2.5s，PV 显示 dL，进入二级参数。dL=00，dH=1000，In=14，P=100，I=0，d=0，OP.0=1，OP.6=1，其他不变。

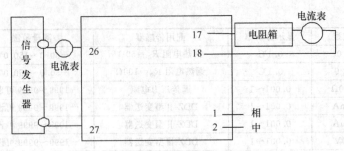

图 9-14　校验接线

（3）三级参数设置　CL＝40，再按"NEX"2.5s，PV 显示 t01，进入二级参数。t01＝1080，U01＝500，其他不变。

3.操作步骤

①设定值设置为 500（按"NEX"键，设 CL＝10）。

②输入电流 12mA，PV 显示 500。

③切换到手动：同时按上、下标键，A/M 灯亮。

④按"NEX"键，设 CL＝10，按上或下标键，数字调节器手动输出显示 50％及输出为 12mA。

⑤再按"NEX"2.5s，回到正常显示状态。

⑥切换到自动：同时按上、下标键，A/M 灯灭。

⑦输入阶跃增加 2mA，观察输出变化。

⑧实测比例度计算。

$$P_{实} = \Delta I_入 / \Delta I_出 \times 100\%$$
$$\Delta I_入 = I_{入1} - I_{入0}$$
$$\Delta I_出 = I_{出1} - I_{出0}$$

式中　$P_实$——实测比例度；

　　　$\Delta I_入$——信号变化量；

　　　$\Delta I_出$——信号变化量；

　　　$I_{入1}$——阶跃后输入电流值；

　　　$I_{入0}$——阶跃前输入电流值；

　　　$I_{出1}$——阶跃后输出电流值；

　　　$I_{出0}$——阶跃前输出电流值。

⑨比例度误差计算。

$$\delta = \frac{\delta_{实测} - \delta_{理论}}{\delta_{理论}} \times 100\%$$

比例度误差≤50％为合格。

（二）数字调节器积分时间校验

1.积分时间定义（图 9-15）

输入信号阶跃变化时，输出信号变化到与比例作用相同的幅度所需的时间。

2.参数设定

要求：P 实测 100％（输入变化多少，输出就变化多少，成 1 比 1 的变化）。

$$P_{设2} = \frac{P_设}{P_实}$$

重新测定比例度再校验一次比例度。

（1）出厂参数　按"NEX"键，设 CL＝160，再按"NEX"2.5s，恢复出厂设置。

（2）二级参数设置　CL＝20，再按"NEX"2.5s，PV显示dL，进入二级参数。dL＝00，dH＝1000，In＝14，P按上式计算后设定，I＝30，d＝0，OP.0＝1，OP.6＝1，其他不变。

（3）三级参数设置　CL＝40，再按"NEX"2.5s，PV显示t01，进入二级参数。t01＝1080，U01＝500，其他不变。

3. 操作步骤

①设定值设置为500（按"NEX"键，设CL＝10）。

②输入电流12mA，PV显示500。

③切换到手动：同时按上、下标键，A/M灯亮。

④按"NEX"键，设CL＝10，按上或下标键，数字调节器手动输出显示50％及输出为12mA。

⑤再按"NEX"2.5s，回到正常显示状态。

⑥切换到自动：同时按上下标键，A/M灯灭。

⑦输入阶跃变化2mA，开始计时，到输出为16mA停止计时，此段时间即为积分时间。

⑧积分时间误差计算。

$$\delta = \left| \frac{\text{实测值} - \text{设定值}}{\text{设定值}} \right| \times 100\%$$

积分时间误差≤100％为合格。

（三）数字调节器微分时间效验

1. 微分时间定义（图9-16）

输入信号阶跃变化，输出信号由最大值下降到微分增益的0.632倍时所需时间。

微分增益＝输出信号最大值－比例作用输出值

2. 参数设定

P＝实测100％，I＝0，d＝30，其他参数同比例度校验。

3. 检验步骤

①设定值设置为500（按"NEX"键，设CL＝10）。

②输入电流12mA，PV显示500。

③切换到手动：同时按上、下标键，A/M灯亮。

④按"NEX"键，设CL＝10，按上或下标键，数字调节器手动输出显示50％及输出为12mA。

⑤再按"NEX"2.5s，回到正常显示状态。

⑥切换到自动：同时按上下标键，A/M灯灭。

⑦输入阶跃增加2mA，观察并记录输出电流，计算微分增益，确定停表的电流。

⑧微分时间误差计算。

$$\delta = \left| \frac{\text{实测值} - \text{设定值}}{\text{设定值}} \right| \times 100\%$$

微分时间误差≤100％为合格。

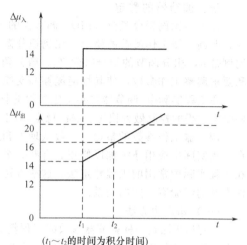

（$t_1 \sim t_2$的时间为积分时间）

图9-15　积分时间定义

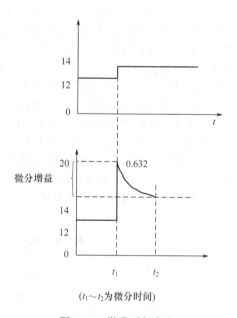

（$t_1 \sim t_2$为微分时间）

图9-16　微分时间定义

三、调节器的整定

在采用比例积分微分（PID）调节器的控制系统投入运行之前，首先应确定调节器的工作参数，即调节器工作参数的整定。比例积分微分调节器的主要工作参数有比例调节放大系数 K_C 或比例带 δ，积分调节的积分时间 T_I，微分调节的微分时间 T_D。调节器需要根据受控过程的性能和要求调整工作参数，使其性能能够和受控过程的要求协调一致，以取得最好的控制效果。

在工程实际中，调节器主要工作参数的整定常采用工程整定法。如何进行调节器参数的整定，使受控过程的控制做到快速、准确、稳定，对于不同的工艺过程要求，参数整定的方式方法也不同。

调节器工作参数的整定，一般从理论和经验两个方面入手。大部分从理论出发研究的方法，在工程实际中应用还需加以修正，有些甚至不可能在实际中使用。基于上述原因，以下介绍两种在工程实际中常用的工程整定法。这些方法简单实用、容易掌握，但参数整定后的调节效果与操作人员的经验有一定的关系。

（一）稳定边界法

稳定边界法是一种调节器参数的工程整定方法。它可以在受控过程本身特性不十分清楚的条件下，人工在闭合控制系统中进行参数整定。在参数的整定过程中，需要借助于受控过程自动控制系统纯比例控制振荡实验得到数据（临界比例带 δ 和临界震荡周期 T_0），进而求取工作值。

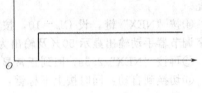

如图 9-17 所示，当调节过程在阶跃干扰作用下仅有比例调节而产生等幅振荡时，则调节过程的状态为临界状态。此时，振荡周期称为临界周期 T_0，调节器的比例带值称为临界比例带 δ_0。根据表 9-6 所列的经验公式，可以计算得出调节器相应的工作参数值。

稳定边界法整定调节器工作参数具体步骤如下。

①置调节器的积分时间 T_I 为最大值，微分时间 T_D 为最小值，比例带 δ 为较大值，使控制系统投入运行。

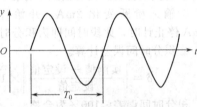

图 9-17　调节过程在阶跃干扰作用下仅有比例调节的等幅振荡

②待稳定一段时间后，逐步减小调节器的比例带 δ，细心观察受控过程的动态过程，直到持续出现等幅振荡为止。此时的比例带就是临界比例带 δ_0，振荡一次的时间就是临界周期 T_0。

③根据临界比例带 δ_0 与临界周期 T_0 的值，可根据表 9-6 的经验公式求出调节器的工作参数 δ、T_I、T_D。

表 9-6　稳定边界法参数整定调节器参考值参数

调节规律	参　　数		
	比例带 $\delta/\%$	积分时间 T_I	微分时间 T_D
P	$2\delta_0$		
PI	$2.2\delta_0$	$0.85T_0$	
PID	$1.67\delta_0$	$0.50T_0$	$0.125T_0$

④求得调节器的工作参数后，先把比例带放在比计算值稍大一些的数值上，然后把积分时间 T_I 放在求得的数值上，根据需要，再放上微分时间，最后，把比例带减小到计算值上。

由于受控对象特性的个性差异很大，按上述方法整定的调节器工作参数，有时还不能获得令人满意的整定效果，为此，整定后的调节器工作参数需要针对具体系统在实际运行过程中的实际情况做在线校正。

稳定边界法适用于许多过程控制系统，但对于有些不允许进行稳定边界试验的系统，是无法用稳定边界法来进行参数整定的。

（二）衰减曲线法

衰减曲线法虽不需像稳定边界法那样得到临界振荡过程，但却同样需要做衰减振荡试验，从中获取实验数据，进而根据经验计算得出调节器的主要工作参数。衰减曲线法整定调节器工作参数计算公式见表 9-7。

表 9-7　衰减曲线法整定调节器参数参考值

衰减率 ψ	调节规律	参　数		
		比例带 δ/%	积分时间 T_1	微分时间 T_1
0.75	P	δ_s		
	PI	$1.2\delta_s$	$0.5T_s$	
	PID	$0.8\delta_s$	$0.3T_s$	$0.1T_s$
0.9	P	δ_s		
	PI	$1.2\delta_s$	$2T_s$	
	PID	$0.8\delta_s$	$1.2T_s$	$0.4T_s$

4∶1 衰减曲线法具体整定过程如下。

①置调节器的积分时间 T_I 为最大值，微分时间 T_D 为最小值，比例带 δ 为较大值，使控制系统投入运行。

②控制系统稳定后，逐步减小比例带，细心观察受控过程的动态过程。如果动态过程出现 4∶1 衰减过程，则记下此时的比例带 δ_s 和振荡周期 T_s。

③根据 δ_s 和 T_s，按照表 9-7 所列的经验公式求得调节器相应的工作参数。

采用衰减曲线法整定调节器参数时，应注意到人为所加给定值的扰动，要根据受控过程承受扰动的能力来确定人为扰动的限值。对于一般受控过程，可大致确定为给定值的 5% 左右。

对于反应较快的系统，得到严格的 4∶1 衰减曲线较困难，可将受控参数波动两次达到稳定值时的过渡过程状态近似地认为达到了 4∶1 衰减过程。

（三）经验整定法

经验整定法是现场工作人员根据自动控制理论和长年系统运行管理经验，现场整定调节器工作参数的一种经验方法。这种方法不需要进行计算和试验，而是根据自动控制理论和长年系统运行管理经验，先行确定一组调节器工作参数，让系统投入运行，然后人为加入给定值阶跃干扰，再根据受控过程响应曲线的形状，进一步调整初步整定的调节器工作参数，并观察系统的响应情况，如果响应曲线不理想，则再次整定调节器工作参数，反复进行对比，直到满意为止。表 9-8 和表 9-9 分别给出了经验整定法调节器工作参数经验值及给定值干扰情况下整定值对调节过程的影响。

按经验整定法整定调节器工作参数时，一般按照先 δ、再 T_I 最后 T_D 的顺序进行。

表 9-8　经验整定法整定调节器参数经验值

受控过程	参　数		
	δ/%	T_I/min	T_D/min
温度	20～60	3～10	0.5～3
压力	30～70	0.4～3	
流量	40～100	0.1～1	
液位	20～80		

表 9-9　给定值扰动下调节器参数对受控过程的影响

性能指标	整定参数变化趋势		
	δ ↓	T_I ↓	T_D ↑
最大动态偏差	↑	↑	↓
残差	↓	—	—
衰减率	↓	↓	↑
振荡频率	↑	↑	↓

请你做一做

（1）简述 WP 系列数字调节器的功能及特点。

（2）正确解释 WP 系列数字调节器各参数的基本含义，会对这些参数进行基本设置。

（3）将数字调节器作为显示仪表，显示出 1151 变送器送过来的压力信号。请设计方案，绘制接线图，完成仪表组态、校验、接线与调试工作。

（4）请到石油化工厂自备电厂调研，记录该厂所用调节器的类型，了解调节器的具体操作内容和操作方法。

（5）当采用纯比例控制规律时，若实验曲线如图 9-18 所示，试求其实际比例度为多少？若要保证为单位比例控制，即要求实际比例度为 100%，则应置预定比例度为多少？说明：$e(t)$ 为偏差；$u_P(t)$ 为比例调节器的输出。

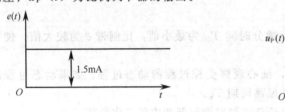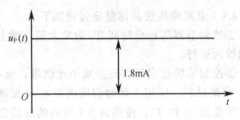

图 9-18　实验曲线

（6）请对数字 PID 调节器的比例度、积分时间和微分时间进行校验。要求：

①制定校验方案、选择校验方法和校验设备、绘制校验接线图；

②完成调节器的参数设置、校验接线；

③按照步骤进行校验，记录数据，分析数字 PID 调节器是否合格。

（7）请选择一种整定方法对流量控制系统的调节器进行整定，并检验整定的效果。

（8）调节器的投运。

①启动实训系统，正确投用液位调节器，认识调节器的调节规律。

②调节器的参数设置和校验。

③整定调节器参数，使系统控制质量达到要求。

小结

常用的基本控制规律主要有三种：比例控制规律、积分控制规律和微分控制规律。在实际应用中，应根据具体的情况选择调节规律，同时应对调节器的参数（比例带、积分时间和微分时间）进行合理的设计（系统整定），以取得满意的调节效果。

复习思考

1. 什么是正作用调节器和反作用调节器？如何实现数字式调节器的正、反作用？

2. 总结各种控制作用对控制质量的影响及控制器的选择原则。

3. 一个单回路 PI 控制系统，控制器的 P 为 200%，$T_I = 10\min$，试计算：

①阶跃负荷 5% 所引起的最大误差是多少？

②当 5% 的负荷变化是在 30min 内逐渐发生的，误差是多少？

4. 一个单回路换热器 PID 温度控制系统，温度量程为 40~200℃，当输入电流为 12mA DC 时，温度为 140℃，当输入电流由 12mA DC 跃变为 13mA DC 时，系统稳定时的温度为 140℃，这时测得对象的时间常数为 $T = 2.5\min$，滞后时间 $\tau = 1.5\min$。请选择适当的参数整定方法，并估算出 PID 的整定参数值。

学习情境十 执行机构的安装与检修

学习情境描述

执行机构是构成自动控制系统的不可缺少的重要组成环节，人们常把它称为实现生产过程自动化的"手足"。因为它在自动控制系统中接收来自调节单元的输出信号，并将其转换成直线位移或角位移，以改变调节阀的流通面积，从而控制流入或流出被控过程的物料或能量，实现过程参数的自动控制，使生产过程按预定要求正常进行。

执行机构安装在生产现场，直接与介质接触，通常在高温、高压、高黏度、强腐蚀、易结晶、易燃易爆、剧毒等场合下长期工作，如果选用不当，将直接影响过程控制系统的控制质量。

本学习情境将完成以下学习性工作任务：

任务一 执行机构的认知；

任务二 执行机构的检查与校验；

任务三 执行机构的安装与故障处理。

教学目标

（1）了解电动执行机构、气动执行机构和液动执行机构的结构及原理。

（2）能按电动执行机构、气动执行机构和液动执行机构接线图接线，会对智能型电动执行机构的参数进行设置。

（3）会安装电动执行机构、气动执行机构，能进行手动/自动切换操作。

（4）会判断电动执行机构的一般故障并进行排除。

（5）能根据现象判断故障原因并正确处理。

（6）能对检修专用工具进行规范操作使用。

（7）能结合安装与检修安全注意事项进行文明施工。

本情境学习重点

（1）执行机构的结构及原理。

（2）执行机构的基本操作。

（3）执行机构的一般故障及排除方法。

本情境学习难点

（1）执行机构的校验方法。

（2）执行机构的一般故障及排除方法。

任务一 执行机构的认知

任务引领

执行器由执行机构和调节机构（调节阀）两部分组成，其工作原理见图10-1。执行机构首先将来自调节器的信号转变成推力或位移，对调节机构产生推动作用；调节机构（调节阀）根据执行机构的推力或位移，改变调节阀阀芯与阀座间的流通面积，以达到最终调节被控介质的目的。

由图10-1可见，来自调节器的信号经信号转换单元转换信号制式后，与来自执行机构的位置反馈信号比较，其信号差值输入到执行机构，以确定执行机构作用的方向和大小，其输出的力

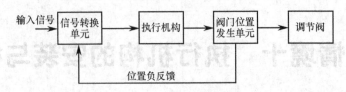

图 10-1　执行器工作原理

或位移控制调节阀的动作，改变调节阀的流通面积，从而改变被控介质的流量。当位置反馈信号与输入信号相等时，系统处于平衡状态，调节阀便处于某一开度。

　　根据所使用的能源种类，执行器可分为电动执行器、气动执行器和液动执行器三种。常规情况下，三种执行器的主要特性比较见表 10-1。

表 10-1　执行器主要特性比较

主要特性	气动执行器	电动执行器	液动执行器
构造	简单	复杂	简单
体积	中	小	大
配管配线	较复杂	简单	复杂
推力	中	小	大
动作滞后	大	小	小
维护检修	简单	复杂	简单
使用场合	适于防火防爆	不适于防火防爆	要注意火花
价格	低	高	高

　　气动执行器的输入信号是 $0.02\sim0.1\mathrm{MPa}$ 气压信号，其结构简单，维护方便，价格便宜，可用于易燃易爆场合，其应用最为广泛。

　　电动执行器的输入信号为 $0\sim10\mathrm{mA\ DC}$ 或 $4\sim20\mathrm{mA\ DC}$ 信号，其优点是能源采用方便，信号传输速度快，传输距离远，但其结构复杂，推力小，价格贵，仅适用于防爆要求不高的场合，其应用仅次于气动执行器。

　　液动执行器的最大特点是推力大，适用于被调节压力高的场合，其实际工业应用较少。

任务要求

　　(1) 正确描述电动执行机构、气动执行机构和液动执行机构的结构及工作原理。

　　(2) 能按电动执行机构、气动执行机构和液动执行机构接线图正确接线，会对智能型气动执行机构的参数进行设置。

　　(3) 安全规范手动/自动操作各类执行机构。

任务准备

　　问题引导：

　　(1) 执行器在控制过程中起什么样的作用？

　　(2) 执行器由哪几部分组成？描述其工作原理。

　　(3) 执行器有哪几种类型？各具有什么特点？

　　(4) 试述各类执行机构的使用场合。

任务实施

　　(1) 教师对各类执行机构进行实物演示与操作示范。

　　(2) 教师启动实训系统进行控制演示与操作示范，观察执行机构的控制效果。

　　(3) 学生归纳并进行小组总结。

①实训室中装有哪几类执行器?

②结合实物归纳电动执行器、气动执行器的结构和功能特点。

③通过教师实物演示分析其工作原理。

（4）请到实习电厂进行调研，了解电动执行机构、气动执行机构和液动执行机构在电厂的应用情况，归纳这些执行机构的应用地点和应用场合。

知识导航

电动、气动和液动执行机构的结构及工作原理

（一）DKJ 型电动执行机构

在自动控制系统中，DKJ 型电动执行机构（图 10-2）接收来自调节单元的自动调节信号（4～20mA DC）或来自操作器的远方手动操作信号，并将其转换成相应的角位移（0°～90°），以一定的机械转矩（或推力）操纵调节机构（阀门、风门或挡板），完成调节任务。

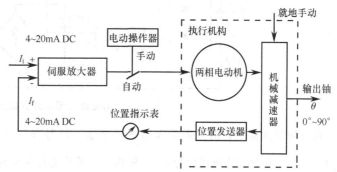

图 10-2　DKJ 型电动执行机构　　　　图 10-3　DKJ 型角行程电动执行机构原理方框图

1. 基本结构及工作原理

DKJ 型角行程电动执行机构由结构上互相独立的伺服放大器和执行机构两大部分组成，如图 10-3 所示。

当电动执行机构与电动操作器配合使用时，可实现远方操作和自动调节：切换开关切至"手动"位置时，通过三位（开、停、关）操作开关将 220V 电源直接加到伺服电动机的绕组上，驱动伺服电动机转动，实现远方操作；切换开关切至"自动"位置时，伺服放大器和执行机构直接接通，由输入信号 I_i 控制两相伺服电动机转动，实现自动调节。当执行机构断电时，还可以在现场摇动执行机构上的手柄就地操作。

伺服放大器将输入信号 I_i 和来自执行机构位置发送器的反馈信号 I_f 进行比较，并将两者的偏差进行转换放大，然后驱动两相伺服电动机转动，经减速器减速，带动输出轴改变转角。输出轴转角的变化经位置发送器按比例地转换成相应的位置反馈电流 I_f，馈送到伺服放大器的输入端。当 I_i 与 I_f 的偏差小于伺服放大器的不灵敏区时，两相伺服电动机停止转动，输出轴稳定在与输入信号相对应的位置上。

如果忽略电动执行机构的不灵敏区，在稳态时，输出轴转角 θ（°）与输入信号 I_i（mA）之间的关系为

$$\theta = 5.625 I_i - 22.5 \tag{10-1}$$

式中，5.625 的单位为（°）/mA；22.5 的单位为（°）。

由式（10-1）可知，电动执行机构的输出轴转角与输入信号 I_i 成正比，所以整个电动执行机构的动态特性可近似地看成一个比例环节。

2. 伺服放大器

伺服放大器的作用是将多个输入信号与反馈信号进行综合并加以放大，根据综合信号极性

的不同，输出相应的信号控制伺服电动机正转或反转。当输入信号与反馈信号相平衡时，伺服电动机停止转动，执行机构输出轴便稳定在一定位置上。

伺服放大器主要由前置磁放大器、触发器、晶闸管主回路和电源等部分组成，其组成原理如图 10-4 所示。为适应复杂的多参数调节的需要，伺服放大器设置有三个输入信号通道和一个位置反馈信号通道，因此它可以同时输入三个信号和一个位置反馈信号。在单参数的简单调节系统中，只使用其中一个输入通道和反馈通道。

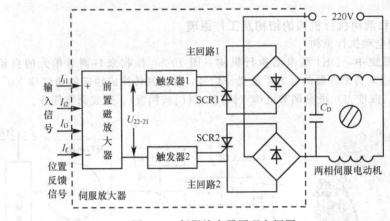

图 10-4　伺服放大器原理方框图

在伺服放大器中，前置磁放大器把三个输入信号和一个反馈信号综合为偏差信号（$\Delta I = \sum_{i=1}^{3} I_{ii} - I_f$）并放大为电压信号 U_{22-21} 输出。此输出电压同时经触发器 1（或 2）转换成触发脉冲去控制晶闸管主回路 1（或 2）的晶闸管导通，从而将交流 220V 电源加到两相伺服电动机绕组上，驱动两相伺服电动机转动。当 $\Delta I > 0$ 时，$U_{22-21} > 0$，触发器 2 和主回路 2 工作，两相电动机正转；当 $\Delta I < 0$ 时，$U_{22-21} < 0$，触发器 1 和主回路 1 工作，两相电动机反转。两组触发器和两组晶闸管主回路的电路组成及参数完全相同，所以当输入信号 $\sum_{i=1}^{3} I_{ii}$ 与位置反馈电流 I_f 相平衡时。前置磁放大器的输出 $U_{22-21} \approx 0$，两触发器均无触发脉冲输出，主回路 1 和 2 中的晶闸管阻断，两相伺服电动机的电源断开，电动机停止转动。由此可见，伺服放大器相当于一个三位式的无触点继电器，并具有很大的功率放大能力。

3. 执行机构

执行机构由两相电动机、减速器及位置发送器等部分组成。它的任务是接收晶闸管交流开关或电动操作器的信号，使两相电动机顺时针或逆时针方向转动，经减速器减速后，变成输出力矩去控制阀门；与此同时，位置发送器根据阀门的位置发出相应数值的直流电流信号反馈至前置磁放大器的输入端，与来自调节器的输出电流相平衡。

（1）两相电动机　两相电动机的作用是把晶闸管交流开关输出的电功率转变成机械的转矩。它是个感应电动机，其定子具有两个绕组 N_1 和 N_2，相位差为 90°。跟三相感应电动机一样，它也是依靠定子绕组产生的旋转磁场，在转子中感应出电流并产生转子磁场，两个磁场相互作用，使转子旋转。利用电容电流超前 90°的原理，把定子的一个绕组与电容串联后，接入单相电源，而另一个绕组则直接接入单相电源，串联电容的绕组中的电流就比没有串联电容的超前 90°，从而构成了相位相差 90°的两相电源。

图 10-5 说明了两相电动机中旋转磁场是如何产生的。图中，上部表示通入的交流电流的变化曲线，下部为定子绕组几个瞬时产生的磁场方向。这里，绕组 N_1 串有电容，因此它所通过的电流比通过 N_2 的电流要超前 90°。假定电流进入 N_1 和 N_2 为正，根据右手螺旋定则，得磁场方向如虚线所示。从前后几个瞬时的磁场方向变化可看出该磁场是逆时针方向旋转的，因为每相

只有两极，所以电流每变化一周期，磁场就相应旋转一周。

如果绕组 N_2 串联电容，则旋转磁场的转向便与上述相反。

因此，随着两个触发器中的动作，相应的晶闸管交流开关便导通，分别使绕组 N_1 中的电流比绕组 N_2 中的超前或滞后 $90°$，于是就构成了两相电动机朝不同方向旋转。

（2）机械减速器　机械减速器的作用是把伺服电动机输出的高转速、小力矩的输出功率转换成执行机构输出轴的低转速、大力矩的输出功率，以带动阀门等控制机构运动。

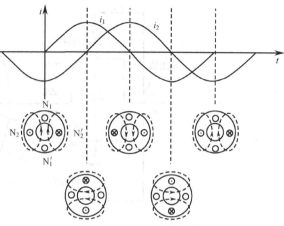

图 10-5　两相电动机逆时针旋转磁场的产生

电动执行机构中的减速器采用一组平齿轮和行星齿轮传动机构相结合的传动机构，如图 10-6 所示。它主要由偏心轴、摆轮、齿轮、内齿轮、销轴、销套、凸轮和输出轴等组成。

减速器的工作过程是：电动机输出轴上的平齿轮（圆柱齿轮）2 带动与偏心轴连成一体的齿轮 3 转动，在偏心轴偏心的一端套有齿轮 4（即摆轮），偏心轴也就是行星齿轮传动机构中的导杆，内齿轮 10 固定不动，偏心轴转动带动摆轮 4 沿内齿轮 10 做摆动和自身转动，然后由联轴器 7 将摆轮 4 的转动经输出轴 9 传输到执行机构。显然，摆轮的摆动是不需要的，因此选用销轴、销套和联轴器将摆轮与输出轴连接起来，以消除摆轮摆动对输出轴的影响。

当偏心轴 6 转动时，摆轮 4 的轴心 O_2 也随之转动，而摆轮 4 又与固定不动的内齿轮 10 相啮合，因此摆轮 4 将产生两个运动：一是摆轮的轴心 O_2 绕主轴心 O_1 的转动所引起的往复摆动；二是摆轮 4 与内齿轮啮合形成的绕自身轴心 O_2 的自转动。当偏心轴转动一周时，摆轮 4 沿内齿轮也滚动一周。摆轮与内齿轮的啮合如图 10-7 所示。由于摆轮的齿数比内齿轮少，因此，摆轮与内齿轮的啮合点变化的齿数为内齿轮齿数与摆轮齿数之差。

显然，偏心轴每转动一周，摆轮将自转 $(z_{10}-z_4)/z_4$ 周（z_{10} 为内齿轮齿数，z_4 为摆轮齿

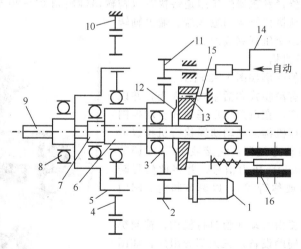

图 10-6　机械减速器的结构示意图

1—电动机；2—平齿轮；3—齿轮（与偏心轴连为一体）；4—摆轮；5—销轴、销套；6—偏心轴；7—联轴器；8—轴承；9—输出轴；10—内齿轮；11—齿轮；12—盘簧；13—凸轮；14—手轮；15—限位销；16—差动变压器

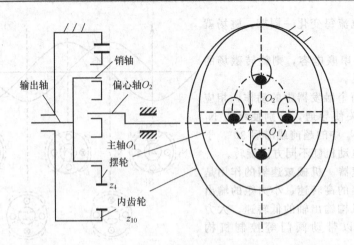

图 10-7　内行星齿轮传动原理示意图

数）。若偏心轴为减速器的输入轴，摆轮的自转速为输出轴的转速，则输入与输出轴之间的传动比（减速比）i 为

$$i = \frac{1}{\dfrac{z_{10} - z_4}{z_4}} = \frac{z_4}{z_{10} - z_4}$$

(10-2)

式中，负号表示摆轮与偏心轴转向相反。齿数差越小，减速比越大，一般取 z_{10} 与 z_4 齿数差为 1～4，故减速比很大。当偏心轴每转一圈（周）时，摆轮相对固定内齿轮的自转只有 $z_{10} - z_4$ 个齿的角度，即摆轮自转 $\dfrac{z_{10} - z_4}{z_4}$ 圈（周），从而使输出轴只有很小的旋转角度。

　　在减速器箱体上装有手轮，用以进行就地手动操作。手动操作时，将电动机尾部的切换把手拨向"手动"位置，拉出手轮 14 使齿轮 11 与齿轮 3 啮合，摇动手轮即可使输出轴转动，实现就地手动操作。在机座上还装有两块止挡，起机械限位作用，即把输出轴限制在 90′ 的转角范围内转动，以保证不损坏控制机构及有关的连杆。

　　（3）位置发送器　位置发送器的作用是将执行机构输出轴转角 0°～90° 转变成 4～20mA DC 电流信号，再反馈到电动执行机构的输入端。输出轴转角到电压的转换是由差动变压器完成的。

　　（二）气动薄膜执行机构

　　气动薄膜执行机构的外形如图 10-8 所示。

　　气动执行机构主要有薄膜式和活塞式两大类，并以薄膜式执行机构应用最广，在电厂气动基地式自动控制系统中，常采用这类执行机构。气动薄膜执行机构以清洁、干燥的压缩空气为动力能源，它接收 DCS 或调节器或人工给定的 20～100kPa 压力信号，并将此信号转换成相应的阀杆位移（或称行程），以调节阀门、闸门等调节机构的开度。

　　气动薄膜执行器主要由气动薄膜执行机构、控制机构和气动阀门定位器（辅助设备）三大部分组成，如图 10-9 所示。

　　1.气动薄膜执行机构

　　气动薄膜执行机构的主要工作部件由波纹膜片 1、压缩弹簧 2 和推杆 4 组成。

图 10-8　气动薄膜执行机构的外形

当压力信号（通常是 20～100kPa）通入薄膜气室时，在波纹膜片 1 上产生向下的推力。此推力克服压缩弹簧 2 的反作用力后，使推杆 4 产生位移，直至弹簧 2 被压缩的反作用力与信号压力在波纹膜片 1 上产生的推力相平衡时为止。显然，压力信号越大，向下的推力也越大，与之相平衡的弹簧力也越大，即弹簧的压缩量也就越大。平衡时，推杆的位移与输入压力信号的大小成正比关系。推杆的位移就是执行机构的输出，通常称之为行程。调节件 3 可用来改变压缩弹簧 2 的初始压紧力，从而调整执行机构的工作零点。

2.气动阀门定位器

在执行机构工作条件差而要求调节质量高的场合，常把气动阀门定位器与气动薄膜执行机构配套使用，组成闭环回路，利用负反馈原理来改善调节质量，提高灵敏度和稳定性，使阀门能按输入的调节信号准确地确定自己的开度。

气动阀门定位器是一个气压-位移反馈系统，它按位移平衡原理进行工作，其动作过程是：当来自调节器（或定值器）的气压信号 P_i 增加时，波纹管 19 的自由端产生相应的推力，推动托板 18 以反馈凸轮 14 为支点逆时针

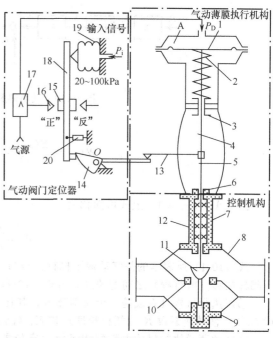

图 10-9　气动阀门定位器与气动薄膜执行器的配合
1—波纹膜片；2—压缩弹簧；3—调节件；4—推杆；5—阀杆；6—压板；7—上阀盖；8—阀体；9—下阀盖；10—阀座；11—阀芯；12—填料；13—反馈连杆；14—反馈凸轮；15—挡板；16—喷嘴；17—气动放大器；18—托板；19—波纹管；20—拉紧弹簧

偏转，使固定在托板 18 上的挡板 15 与喷嘴 16 之间的距离减小，喷嘴的背压上升，气动放大器 17 的输出压力 P_D 增大。P_D 输入气动薄膜执行机构的气室 A，对波纹膜片 1 施加向下的推力。此推力克服压缩弹簧 2 的反作用力后，使推杆 4 向下移动。推杆下移时，通过反馈连杆 13 带动反馈凸轮 14 绕凸轮轴 O 顺时针偏转，从而推动托板 18 以波纹管 19 为支点逆时针转动，于是固定在托板 18 上的挡板离开喷嘴 16，喷嘴的背压下降，放大器 17 的输出压力减小。当输入信号使挡板 15 所产生的位移与反馈连杆 13 动作（即阀杆 5 的行程）使挡板 15 产生的位移相平衡时，推杆便稳定在一个新的位置上。此位置与输入信号相对应，即执行机构的行程与输入压力信号 P_i 成比例关系。

气动阀门定位器与气动薄膜执行机构配用时，也能实现正、反作用两种动作方式。正作用方式就是当输入气压信号增加时，调节机构输出行程增加（推杆 4 下移）；反之，即为反作用方式。正作用方式要改变成反作用方式，只需将反馈凸轮反向安装，并将喷嘴从托板 18 的左侧移至右侧即可。

3.工作特性

根据前述分析，若忽略机械系统的惯性及摩擦影响，则可画出气动阀门定位器与气动薄膜执行机构配合使用时的方框图，如图 10-10 所示。

图 10-10 中，P_i 为输入信号；S 为阀杆行程；A_i 为波纹管 19 的有效面积；C_i 为波纹管 19 的位移刚度；K_i 为波纹管 19 的顶点到喷嘴 16 之间的位移转换系数；K 为放大器 17 的转换放大系数；A_s 为波纹膜片的有效面积；C_s 为波纹膜片及压缩弹簧组的位移刚度；K_f 为阀杆 5 到挡板 15 之间的位移转换系数；F_i 为波纹管所产生的输入力；S_i 为波纹管顶点所产生的输出位移；h_i 为输入信号使挡板 15 产生的位移；h_f 为阀杆 5 的行程使挡板 15 产生的位移；F_s 为波纹膜片产生的推力。

由图 10-10 可得出该系统的传递函数为

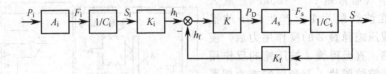

图 10-10　气动薄膜执行机构方框图

$$W(s) = \frac{S(s)}{P_i(s)} = \frac{A_s A_i K_i K \frac{1}{C_i} \frac{1}{C_s}}{1 + K A_s K_f \frac{1}{C_s}} \tag{10-3}$$

当 $KA_s K_f \frac{1}{C_s} \gg 1$，上式可简化为

$$W = \frac{A_i K_i}{K_f C_i} \tag{10-4}$$

式（10-4）所表示的是气动薄膜执行机构与气动阀门定位器配合使用时的输入气压信号与输出阀杆位移（或行程）之间的关系。由式（10-4）可知，该执行机构具有以下几个特性。

①该执行机构可看成是一个比例环节，其比例系数与波纹管的有效面积 A_i；和它的位移刚度 C_i、位移转换系数 K_i（托板长度）和 K_f（凸轮的几何形状）有关。

②气动薄膜执行机构由于配用了阀门定位器，引入了深度的位移负反馈，因而消除了执行机构波纹膜片有效面积和弹簧刚度的变化、薄膜气室的气容以及阀杆摩擦力等因素对阀位的影响，保证了阀芯按输入信号精确定位，提高了调节准确度。

③由于使用了气动功率放大器，增强了供气能力，因而大大加快了执行机构的动作速度，改善了调节阀的动态特性。在特殊情况下，还可通过改变定位器中的反馈凸轮形状（即改变 K_f）来修改调节阀的流量特性，以适应调节系统的要求。

（三）ZSLD 型电信号气动长行程执行机构

气动活塞式执行机构由气缸内的活塞输出推力，由于气缸的允许操作压力较大，故可获得较大的推力，并容易制造成长行程的执行机构。所以，气动活塞式执行机构特别适用于高静压、高差压及需要较大推力和位移（转角或直线位移）的工艺场合，显然在火电厂中的许多控制系统中，应用这类执行机构较为合适。

电信号气动长行程执行机构是以干燥、清洁的压缩空气为动力能源的一种电-气复合式执行机构。它可以与 DCS 或调节器配套使用，接收 DCS、或调节器、或人工给定的 4～20mA DC 输入信号，输出与输入信号成比例的角位移（0°～90°），以一定转矩推动调节机构（阀门、挡板）动作。为适应控制系统的要求，气动执行机构还具有一些附加功能，如三断（断气源、断电源、断电信号）自锁保护功能、阀位移电气远传功能等。

电信号气动长行程执行机构主要由气缸、手操机构、输出轴、电-气阀门定位器、阀位传送器、三断自锁装置（自锁阀、电磁阀、压力开关）、切换开关、平衡阀等部件组成。ZSLD 型电信号气动长行程执行机构工作原理如图 10-11 所示。

1. 电-气阀门定位器

电-气阀门定位器是电信号长行程执行机构的一个重要辅助设备，气动执行机构的输出（角位移）与其输入电流信号成比例关系是由阀门定位器来实现的。阀门定位器的输入信号为 4～20mA 直流电流，输出信号为 20～100kPa。因此，电-气阀门定位器相当于电-气转换器和气动阀门定位器的组合。

电-气阀门定位器按力矩平衡原理进行工作。在定位器的主杠杆 8 上承受了以下三个作用力：信号电流流过线圈时，在力矩电机内产生与信号电流成正比的输出力；反馈弹簧 9 的拉力；调零弹簧 10 的拉力。

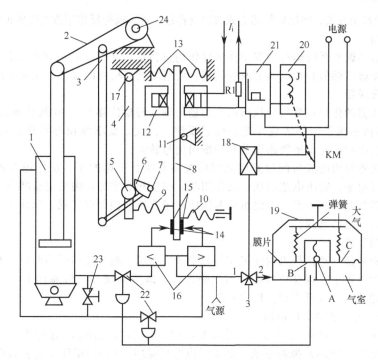

图 10-11　ZSLD 型电信号气动长行程执行机构工作原理示意图

1—气缸；2—输出臂；3—连杆；4—副杠杆；5—滚轮；6—凸轮；7—凸轮转动支点；8—主杠杆；9—反馈
弹簧；10—调零弹簧；11—主杠杆支点；12—力矩电机；13—平衡弹簧；14—喷嘴；15—挡板；16—放大
器；17—副杠杆支点；18—两位三通电磁阀；19—控制阀；20—继电器；21—开关电路；22—气阀；23—
平衡阀；24—输出轴

当系统处于平衡状态时，上述三个力对主杠杆支点 11 的力矩之和等于零。此时，安装在主
杠杆下端的挡板 15 处于两个喷嘴 14 的中间位置，使两个放大器 16 的输出压力相等，故气缸 1
的活塞停在与输入电流相对应的某一位置上。

当输入电流信号 I_i 增加时，力矩电机的输出力也增加。假定该力的方向为向左，则对主杠
杆产生逆时针方向的力矩，使主杠杆 8 绕支点 11 做逆时针方向的转动，固定在主杠杆 8 下端的
挡板 15 靠近右喷嘴而离开左喷嘴，右喷嘴的背压增加，左喷嘴的背压下降。两个背压信号经各
自的放大器放大后输至气缸 1 活塞的上、下侧，使上气缸的压力增加，下气缸的压力降低。在
上、下气缸的差压作用下，气缸活塞向下运动，带动输出臂做逆时针方向转动，输出轴 24 也转
动，这个角位移被送到控制机构（阀门或挡板）。输出臂转动时，带动连杆 3 向下移动，使凸轮
6 绕支点 7 逆时针转动，凸轮 6 推动滚轮 5，使副杠杆 4 绕支点 17 顺时针转动，反馈弹簧 9 被拉
伸，反馈弹簧对主杠杆 8 的拉力增加，产生一个顺时针方向的力矩作用在主杠杆 8 上，主杠杆做
顺时针方向转动。当反馈弹簧力对主杠杆所产生的反馈力矩与力矩电机输出力作用在主杠杆上
的力矩相平衡时，整个系统重新达到平衡状态，但输出臂（轴）已转动了一定的角度。输出臂的
转角与输入电流信号的大小相对应，但气缸活塞两侧产生的差压与外负载相平衡。因此，改变电
流信号的大小，即可改变输出臂的转角，它们之间有一一对应的关系。当输入电流信号减小时，
其动作过程与上述情况相反。

由于凸轮 6 绕支点 7 的转角与连杆 3 的位移之间不是线性关系，而是正弦关系，因此，用正
弦凸轮 6 进行补偿，以使反馈力矩与连杆 3 的位移呈线性关系，从而使气动执行机构的输出转角
与输入电流信号之间呈线性关系。

气动长行程执行机构具有正作用和反作用两种作用方式。正作用方式就是当输入电流信号增加
时，输出臂做顺时针方向转动；反之，即为反作用方式。改变输入阀门定位器的电流信号的方向，就

可改变定位器的作用方式，即把正作用方式改成反作用方式，或把反作用方式改成正作用方式。

2.手操机构

为了保证自动调节系统运行的安全性和操作的灵活性，在气动执行机构中设置了手操机构。转动手轮可改变输出轴的转角，从而改变阀门、挡板等调节机构的开度，实现手动操作。

3.阀位移传送器

阀位移传送器的作用是将气动执行机构的输出轴的转角位移 0°～90°线性地转换成 4～20mA DC信号，用以指示阀位，并实现系统的位置反馈。为此，要求阀位移传送器具有良好的线性度，以保证执行机构的输出轴紧跟调节器的输出信号转动。

阀位移传送器输出电流与阀位开度之间的关系与执行机构的正、反作用方式相对应：正作用时，阀位开度增加，输出电流增加；反作用时，阀位开度增加，输出电流减小。正、反作用方式的改变，只需将差动变压器二次绕组的两接线端子交换连接即可实现。当作用方式改变后，必须重新调整输出电流的范围。

4.三断自锁装置

三断自锁指的是气动执行机构在工作气源中断、电源中断、电信号中断时，其输出臂转角能够保持在原先的位置上。该自锁装置采用气锁方式，即在自锁时，将通往上、下气缸的气路切断，使活塞不能动作，从而达到自锁的目的。

（四）ABB DEH 液动执行机构

近年来，ABB 旋转机械控制部（前美国 ETSI 公司）采用 Symphony 分散控制系统配套生产的汽轮机数字电液（DEH）控制系统，已在国内电厂应用。ABB DEH 主要包含两大部分，即汽轮机控制系统（Turbine Control）和电液系统（Electronic Hydraulic，EH）。EH 是 ABB DEH 的执行机构，主要由电液伺服阀、卸荷阀、油动机、滤网、截止阀、单向阀等部分组成。

1.电液伺服阀

电液伺服阀也称为电液转换器。电液伺服阀是由一个力矩马达和两级液压放大及机械反馈系统所组成，如图 10-12 所示。电液伺服阀第一级液压放大是双喷嘴和挡板系统；第二级放大是滑阀系统。其原理如下。

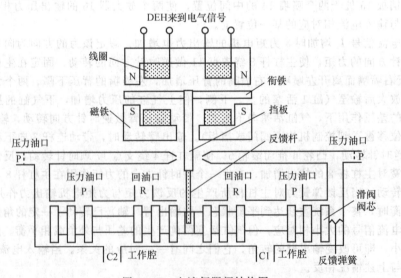

图 10-12　电液伺服阀结构图

线圈绕制在衔铁两端，衔铁、挡板、反馈杆三者在头部以刚性连接。当有欲使执行机构动作的电气信号由伺服放大器输入时，伺服阀力矩马达中的电磁铁线圈中就有电流通过，并在两旁的磁铁作用下，产生一个旋转力矩衔铁旋转，同时带动与之相连的挡板转动，此挡板伸到两个喷嘴中间。在正常、稳定工况时，挡板两侧与喷嘴的距离相等，使两侧喷嘴的泄油面积相等，从而使喷嘴两侧的油压相等。

当有电气信号输入，衔铁带动挡板转动时，挡板移近一只喷嘴，使这只喷嘴的泄油面积变小，流量变小，喷嘴的背压变高，而对侧的喷嘴与挡板间的距离变大，泄油量增大，使喷嘴的背压变低，这样就将电气信号转变为力矩而产生机械位移信号，再转变为油压信号，并通过喷嘴挡板系统将信号放大。挡板两侧的喷嘴背压与下部滑阀的两个腔室相通，因此，当两个喷嘴的背压不等时，滑阀两端的油压也不相等，两端的油压差使滑阀移动并由滑阀上的凸肩控制的油口开启或关闭，以控制高压油通向油动机活塞下腔，克服弹簧力打开汽阀，或者将活塞下腔通向回油口，使活塞下腔的油泄去，由弹簧力关小或关闭汽阀。为了增加调节系统的可靠性，在伺服阀中设置了反馈弹簧并在伺服阀调整时设有一定的机械零偏，这样，假如在运行中突然发生断电或失去电信号，借机械力量最后使滑阀偏移一侧，使伺服阀主阀芯负偏，汽阀也关闭。当线圈中无电流通过时，衔铁处于平衡位置，挡板与喷嘴两侧间隙相同。

当线圈中有电流输入时，衔铁逆时针偏转，此时挡板也偏转，喷嘴两侧压力改变，如图 10-13 所示。

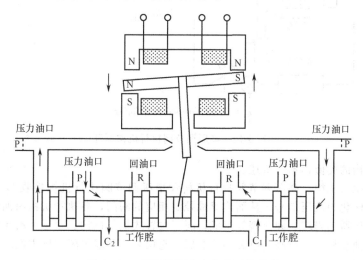

图 10-13　伺服线圈中有电流时的状态

滑阀阀芯在喷嘴两侧压差的作用下跟随动作，此时，阀芯动作到新的位置，阀芯的凸肩与进油口已经错开，压力油从压力油口 P 进入，经压力油口 C_2 进入油缸的活塞，克服弹簧力将汽阀开启，同时，油缸的活塞上的油经油口 C_1 由回油口 R 泄出。滑阀阀芯移动时，通过反馈杆拉动挡板，使喷嘴-挡板两侧间隙大致相等。线圈中通以反向电流时也是同理。

2.高压调节阀执行机构

高压调节阀执行机构原理如图 10-14 所示。

机组正常运行时，所有调节阀的开启或关闭都必须首先建立 OPC（控制油或超速保护油）油压。当机组挂闸时，超速保护集成块关闭，高压供油→隔离阀→滤油器→节流孔→卸荷阀/单向阀（止回阀）→OPC 母管，建立 OPC 油压。其次，卸荷阀关闭，截断油动机下腔至有压回油 DP 的通路。当有阀位控制要求阀门开大的指令时，电液伺服阀中的线圈带电，使电液伺服阀的滑阀移动，高压供油经电液伺服阀进入油动机下腔，在油压的作用下，油动机活塞移动，带动阀门开启，当实际阀位与阀位指令相平衡时，阀门停止在新的位置。

当发生 103％超速时，OPC 集成块动作，OPC 失去油压，使所有调节阀快速关闭，切断进汽，防止汽轮机进一步超速。当危急遮断器动作时，AST 失去油压，因为 AST 母管与 OPC 母管之间有单向阀联系，所以 OPC 也失去油压，使调节阀、主汽阀关闭。

3.中压调节阀执行机构

中压调节阀执行机构也是由电液伺服阀、卸荷阀、LVDT 和油动机组成的，其工作原理与高

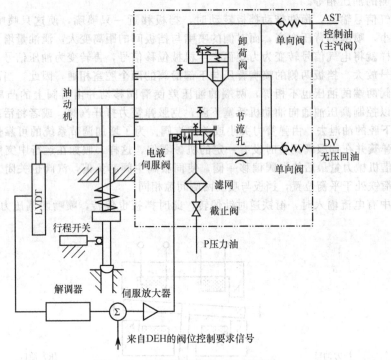

图 10-14　高压调节阀执行机构原理

压调节阀执行机构的类似，不再赘述。

　　高压主汽阀执行机构、高压调节阀执行机构和中压调节阀执行机构接收 DEH 来的电信号，通过电液伺服阀转化为液压信号，从而连续地控制相应的阀门，各执行机构由油动机、电液伺服阀、线性差动变压器 LVDT、卸荷阀等组成，属于位置式执行机构。中压主汽阀执行机构属两位式执行机构，由油动机、卸荷阀、电磁阀等组成，它用来打开或关闭中压主汽阀。

请你做一做

　　将调节器设置成手动状态，由调节器对现场执行器进行控制，通过盘上显示记录仪表观察被控参数的变化情况。

任务二　执行机构的检查与校验

任务引领

　　执行机构是工艺生产过程自动调节系统中极为重要的环节。执行机构各组成部分，出厂时都经过调试，但为了保证正常运行，在安装使用前或检修后应根据实际需要进行必要的检查和校验。

任务要求

　　(1) 科学制定执行机构检查项目和校验方案。
　　(2) 按要求能正确校验气动和电动执行机构。
　　(3) 正确处理执行机构校验过程中出现的问题。
　　(4) 正确使用检查和校验工具。
　　(5) 清楚检查与校验内容，明确安全规范。

● 任务准备

问题引导：
(1) 描述电动与气动执行机构检查的具体项目和校验方法。
(2) 详细列出执行机构检查与校验过程中需做好的安全措施。
(3) 列出执行机构检查与校验过程中需使用的工具，能否熟练使用？
(4) 执行机构校验过程完成后，如何检查安装质量？

● 任务实施

(1) 电动执行机构的校验。
①伺服放大器与电动执行器的外观检查与绝缘检查。
②校验一台伺服放大器。
③校验一台 DKJ 电动执行机构。
④伺服放大器与电动执行机构联调。
(2) 气动执行机构的校验。
①电气阀门定位器与气动执行器的外观检查与绝缘检查。
②校验一台电气阀门定位器。
③校验一台气动薄膜执行机构。
④电气阀门定位器与电动执行机构联调。

● 知识导航

一、电动执行机构的检查与校验

检查步骤分伺服放大器、执行机构、电动执行器系统三部分。

1. 伺服放大器的检查

①按图 10-15 接线图接线。

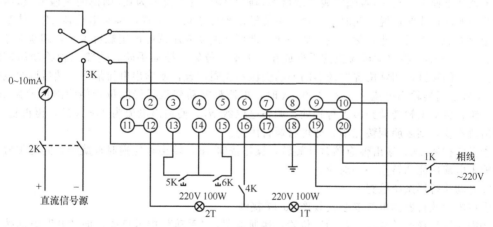

图 10-15　伺服放大器校验接线图

　　②合电源开关 1K，用直流电压表跨接在前置级磁放大器输出测量点上，如电压不为零，可调 "调零" 电位器（1R）使 U_{21-22} 为零。

　　③合信号开关 2K，输入端加 $\pm150\mu A$（或 $240\mu A$）和 $\pm10mA$（或 $20mA$）信号，测量 U_{21-22} 电压值，正常时应分别 0.7V 和 3V 左右，并用示波器观察触发器输出波形。

　　④断开 2K，合上 4K，此时灯泡 1T、2T 均应不亮。

　　⑤合上 2K，输入端依次加 $\pm150\mu A$（或 $240\mu A$）和 $\pm10mA$（或 $20mA$）信号，加正信号时

1T 发亮，按下 5K，1T 应熄灭；加负信号时 2T 发亮，按下"6K"，2T 应熄灭。用 3K 突然改变输入信号极性时，1T、2T 应迅速交替发亮，不应有同时发亮的现象。同时用交流电压表测量灯泡两端的电压，均应接近电源电压值。

　　2.执行机构的检查

　　①按图 10-16 接线图接线。

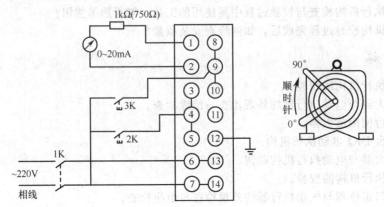

图 10-16　　执行机构校验接线图

　　②合电源开关 1K，将电动机把手放在"手动"位置，摇动手轮使输出轴转到出厂时调整好的零位，此时毫安表指示应为零（或 4mA）。

　　③摇动手轮，使输出轴顺时针旋转 90°，毫安表指示应相应地从 0～10mA 或（4～20mA）变化。输出轴转角和位置发送器的输出电流应符合要求。若输出轴处于零位或最大位置时，位置发送器输出电流不对应在 0～10mA（或 4～20mA），则应做如下调整。

　　a. 0～10mA。将电动机端盖的手柄放在"手动"位置，摇动手轮，使输出轴移动所需的零位。松开位置发送器紧固螺钉，调整位置发送器的差动变压器线圈位置，使毫安表指示为零。摇动手轮输出轴从下向上移动时，若毫安表指示增加，则为真零点；若指示为负，则说明是假零点，需重新调整差动变压器线圈位置。此时，应摇手轮使输出轴处于最大位置，调整电位器 3R，使毫安表输出指示为 10mA 时停止，然后重复调一次，即可将差动变压器的固定螺钉上紧，调整完毕。

　　b. 4～20mA。将电动机端盖的手柄放在"手动"位置，摇动手轮，使输出轴移动所需的零位。拉开紧固螺钉，调整位置发送器的差动变压器线圈位置，使输出电流最小。然后调整电位器 W_2 使位置发送器输出电流为 3.8～3.9mA 时，再调整差动变压器线圈位置使输出指示为 4mA。摇动手轮，将输出轴转动到最大行程处，调整电位器 W_1，使输出电流为 20mA 后，再重复一次。如输出值不变，则表明调整完毕，即可将螺钉固定。

　　④操作按钮 2K，输出轴应顺时针旋转，操作按钮 3K，输出轴应逆时针旋转，同时位置发送器的输出电流应能和转角一一对应。

　　3.电动执行器系统检查

　　①按电动执行器的电气安装接线图 10-17 接线。

　　②操作器切换开关放在"手动"位置，接通电源，"手动"指示灯亮。向"开"方向拨动操作开关，输出轴转角顺时针方向增大，同时，阀位开度表指针向 0～10mA 或 4～20mA 变化；向"闭"方向扳动操作开关，输出轴转角逆时针方向减少，阀位开度表指针向 0 或 4mA 变化。

　　③轴处于任意转角位置时，将切换开关拨动"自动"，"自动"指示灯亮，同时输出轴应向预选的零位方向运转。如转角反而顺时针方向增加，说明位置反馈极性接反，需要换⑦、⑧端子接线。如发现在零位有振荡现象，可调整"稳定"电位器消除，若仍不能稳定，可将伺服放大器 R_{13} R_{14} 阻值适当增加。

　　④在伺服放大器输入端依次加 1～10mA 或 8、12、16、20mA 直流信号，输出轴应顺时针方

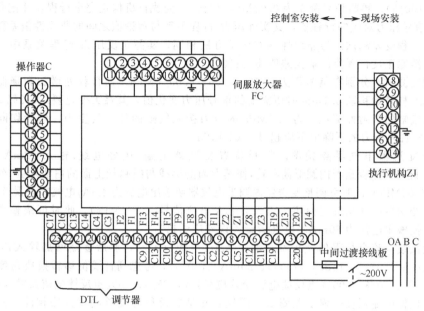

图 10-17　电动执行器电气安装接线图

向运转，输入信号和输出轴的转角应符合要求。

二、气动执行机构的检查与校验

气动薄膜调节阀是工艺生产过程自动调节系统中极为重要的环节。为了确保其安全、正常运行，在安装使用前或检修后，应根据实际需要进行必要的检查和校验。

随着气动阀门的广泛应用，气动执行器的技术越来越好，国产气动执行器与进口气动执行器的差距越来越小，种类也越来越多。

1. 校验准备及外观检查

①所有测试用仪器均须提前 30min 通电预热。

②试验气源压力要满足（0.6±0.1）MPa。

③执行机构外观无明显损伤，导气铜管无明显瘪痕且装配牢固。

④位置变送器连接螺杆长度必须符合被检执行机构型号的技术要求；紧固在变送器轴上的连杆与连接螺杆所构成的平面应垂直于水平面。

2. 检验标准和方法

①将气动执行机构固定于校验台上，分别接好气源、控制气源和位移检测连杆；将校验台上仪表调校准确。

②机械零点校准。输入 4mA 电流信号（0%），控制气源信号应为 0.02MPa，此时气缸活塞行程应为零；如果不为零，可通过调整调零螺杆上的螺帽调整零点（零点高了紧螺帽）；零点和量程需要反复调整；零点误差要≤1%。

③机械满量程校准。输入 20mA 电流信号（100%），控制气源信号应为 0.10MPa，此时气缸活塞行程应为上限值；如果不为上限值，可通过调整量程拉簧的松紧来调整量程（量程小了松拉簧，量程大了紧拉簧）；零点和量程需要反复调整；满量程误差要≤1%。

④机械量程中点定位。零点和量程调准后，输入 12mA 电流信号（50%，0.06MPa），调整位置变送器连接杆的位置，使其在该点保持与水平面垂直。

⑤全行程偏差校准。输入控制气源信号 0.02MPa（0%），然后逐渐增加输入信号至 0.036MPa（20%）、0.052MPa（20%）、0.068MPa（60%）、0.084MPa（80%）、0.1MPa（100%），使气缸活塞走完全行程，各点偏差均要≤1.5%。

⑥非线性偏差测试。输入控制气源信号 0.02MPa（0%），然后逐渐增加输入信号直至

0.10MPa（100%），再将信号降至为 0.02MPa（0%），使执行机构走完全行程，并记录下每增减 0.008MPa 信号压力对应的行程值，其实际压力-行程关系与理论值之间的非线性偏差要≤1%。

⑦正反行程变差测试。与非线性偏差测试方法相同，实际正反压力-行程关系中，同一气压值下的气缸活塞正反行程值的最大差值要≤1%。

⑧灵敏度测试。分别在信号压力 0.03、0.06、0.09（MPa）的行程处增加和降低气压，测试在气缸活塞杆开始移动 0.1mm 时所需的信号压力变化值，其最大变化要≤0.2%。

⑨活塞气缸的密封性测试。将 0.5MPa 的压力接入气缸的任一气室中，然后切断气源，在 10min 内，气缸内压力的下降值不应超过 0.01MPa。

⑩位置变送器电气零点检测。打开位置变送器上盖，接好电线；输入 12mA 电流信号（0.06MPa），此时调整变送器内圆形偏心轮，使其上面的黑线与线路板上的白线对齐；然后再输入 4mA 电流（0.02MPa），此时可调整变送器内调零电位器使输出电流为 4mA；电气零点误差应≤1%。

⑪位置变送器电气满量程检测。输入 20mA 电流信号（0.1MPa），此时可调整变送器内调量程电位器使输出电流为 20mA；电气满量程误差应≤1%。

⑫位置反馈电流全行程偏差校准。输入 4mA 电流（0%），然后逐渐增加输入信号至 8mA（25%）、12mA（50%）、16mA（75%）、20mA（100%），考虑到直线位移转换成角度变化的非线性误差，0%、50%、100%点反馈电流误差应≤1%，25%、75%点反馈电流误差应≤2%。

⑬位置反馈电流正反行程变差测试。同气缸正活塞反行程变差测试方法相同，实际正反位置反馈电流-行程关系中，同一反馈电流值下的气缸活塞正反行程值的最大差值要≤1%。

⑭做好校验记录，按校验记录表上的内容逐项认真填写。

⑮上述各项测试做完合格后，应将位置变送器内接线端子插好，拧紧后盖，然后将阀门定位器气源入口用塑料堵头堵好。

请你做一做

请正确校验一台智能型电动执行机构。

①制定校验方案，选择校验方法和校验设备。

②绘制校验接线图，按接线图正确接线。

③进行必要的外观检查和性能测试。

④按照步骤进行校验，记录数据。

任务三　执行机构的安装与故障处理

任务引领

执行机构应按照规程正确安装，否则影响系统的控制质量。为提高执行机构的使用可靠性，应尽可能减少和消除故障。

任务要求

（1）科学制定执行机构安装方案和故障检查与排除方案。

（2）按要求安装气动和电动执行机构，正确处理常见故障。

（3）正确使用安装与检修工器具，安全文明操作。

任务准备

问题引导：

（1）电动与气动执行机构安装的具体要求有哪些？

（2）执行机构安装完成后，如何检查安装质量？

（3）描述电动与气动执行机构常见故障和处理方法。

任务实施

（1）制定执行机构安装方案。

（2）安装一台气动和电动执行机构。

（3）投运过程中正确检查和处理出现的故障。

知识导航

一、执行机构的安装

1.气动执行器安装的一般要求

①执行器安装位置应方便操作和维修，必要时应设置平台。执行器的上、下方应留有足够的空间，以便进行阀的拆装和维修。尤其装有阀门定位器和手轮机构的阀，还应保证观察、调整和操作的安全方便。

②执行器应垂直、正立安装在水平管道上。$DN>50mm$ 的阀，应设置永久性支架。

③一些重要场合，如执行器检修中不允许工艺停车时，应安装切断阀和旁路阀。控制阀组合形式如图 10-18 所示。其中，图 10-18（a）推荐选用，阀组排列紧凑，控制阀维修方便，系统容易放空；图 10-18（b）推荐选用，控制阀维修比较方便；图 10-18（c）经常用于角形控制阀，控制阀可以自动排放，用于高压降时，流向应沿阀芯底进侧出；图 10-18（d）推荐选用，控制阀比较容易维修，旁路能自动排放；图 10-18（e）阀组排列紧凑，但控制阀维修不便，用于高压降时，流向应沿阀芯底进侧出；图 10-18（f）推荐选用，旁路能自动排放，但占地空间大。

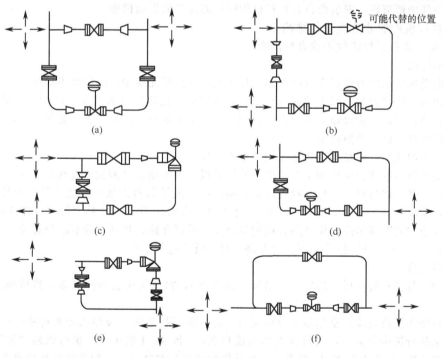

图 10-18 控制阀组合安装形式

注意：控制阀的任一侧的放空和排放管没有表示，控制阀的支撑也没有表示。

④阀的工作环境温度一般不高于 60℃、不低于−30℃，相对湿度不大于 95%。环境温度太低，执行器的薄膜和密封环等橡胶制品零件易硬化变脆；环境温度太高，这些橡胶制品零件易老化。

⑤应远离振动的设备，必要时采取防振措施。

⑥用于高黏度、易结晶、易汽化及低温介质，应采取保温和防冻措施。

⑦执行器的口径与工艺管道不同时，应采用异径管。执行器一般采用法兰与工艺管道连接；小口径执行器安装也可采用螺纹连接。

⑧用于浆料和高黏度流体时，应配冲洗管线。

⑨凡未装阀门定位器的执行器，膜头上应安装控制信号的小型压力表。

⑩执行器在安装前应彻底清除管道内的异物，如杂质、焊渣等，安装后启用时应注意不能让杂质堵住或损伤执行器，必要时可把阀门拆下，用短节代替。

⑪执行器使用的气源及气路要进行净化处理，空气管路为 $\phi8mm\times1mm$ 和 $\phi6mm\times1mm$ 的铜管，管路连接要保证气密性。

2.电动执行机构安装注意事项

①执行机构一般安装在调节机构的附近，不得有碍通行和调节机构的检修，并应便于操作和维护。

②执行机构和调节机构连杆不宜过长，否则应加大连杆连接管的直径。

③执行机构和调节机构的转臂应在同一平面内动作（否则应加装中间装置或换向接头）。一般在 1/2 开度时，转臂应与连杆近似垂直。

④执行机构与调节机构用连杆连接后，应使执行机构的操作手轮顺时针转动时调节机构关小，逆时针转动时调节机构开大。如与此不符，应在执行机构上标明开、关时的手轮方向。

⑤当调节机构随主设备产生热态位移时，执行机构的安装应保证其和调节机构的相对位置不变。如二次风调节阀，其执行机构可固定在二次风筒上，以便随调节机构一起移动，否则，可能在执行机构未操作时，其转臂随着锅炉热膨胀而自行动作，甚至发生碰坏拉杆等现象。在热管道上有热位移的调节阀，安装角行程执行机构时，亦需采取类似措施。

二、执行机构的故障检查与排除

（一）电动执行机构的故障检查与排除

1.指示灯故障

①给电动执行机构通电后发现电源指示灯不亮，伺放板无反馈，给信号不动作。

故障判断和检修过程：因电源指示灯不亮，首先检查保险管是否开路。经检查保险管完好，综合故障现象，可以推断故障有可能发生在伺放板的电源部分，接着检查电源指示灯，用万用表检测发现指示灯开路，更换指示灯故障排除。

结论：电源指示灯开路会造成整个伺放板不工作。

②电动执行器的执行机构通电后，给信号开可以，关不动作（调试中发现）。

故障判断和检修过程：先仔细检查反馈线路，确认反馈信号无故障。给"开"信号时"开"指示灯亮，说明"开"正常，给"关"信号时"关"指示灯不亮，说明"关"可控硅部分有问题。首先检查"关"指示灯，用万用表检测发现关指示灯开路，将其更换后故障排除。

结论："关"和"开"指示灯不亮（开路）时，可控硅不动作。

2.电阻电容

①电动执行机构通电后，给定一个信号（如 75%），执行机构会全开到底，然后回到指定位置（75%）。

故障判断和检修过程：根据以上故障现象，首先要判断是伺放板和执行机构哪一个有问题。将伺放板从执行机构上拆下，直接将电源线接到 X5/1 和 X5/4 端子上，执行机构"关"方向动作，将电源线接到 X5/1 和 X5/2 端子上，执行机构"开"方向动作。如果执行机构动作不正常，说明故障在执行器上。用万用表测电动机绕组正常，再测电容两边的电阻发现有一只开路，将其更换后故障排除。

结论：遇到以上故障现象时，首先要判断故障发生在哪一个部分上，最后确定根源。

②执行机构通电后给"关"信号（4mA），执行机构先全开后再全关。

故障判断和检修过程：先拆除伺放板，直接给执行机构通电发现仍然存在原故障，检查电阻，电阻阻值正常，说明电阻没问题，检查电动机绕组，发现阻值正常，电动机没问题。由此推断有可能电容坏了，重新更换电容，故障排除。

结论：出现该问题时，首先怀疑电阻和电容。

3.其他

①现场只要送 220V AC 电源，保护开关立即动作(跳闸)，执行机构伺放板保险管已烧。

故障判断和检修过程：首先用万用表检测执行机构上的电动机绕组，发现电动机绕组的电阻趋于零，说明电动机已短路。再检测抱闸两端电阻，电阻趋向无穷大，说明抱闸已坏，正常应是 1.45kΩ 左右。最终的处理办法是更换新的抱闸和电动机，把伺放板的保险管装上，重新调试，恢复正常运作。

结论：此情况应是由于抱闸坏了之后把电动机抱死而现场没有及时发现，使电动机长期处于堵转发热，最终使电动机相间绝缘破坏所导致的。

②执行机构的动作方向不受输入信号的控制。

故障判断和检修过程：先检查两个限流电阻和移相电容均没有异常，用万用表检查电动机的绕组阻值，发现电动机的电阻值为 1.45MΩ（且不时地发生变化），说明电动机绕组不对。最终的办法是更换电动机。

③电动执行器构的动作方向不受伺放板的控制。

故障判断和检修过程：影响执行机构转向的三个因素如下。

a. 电动机本身的绕组。

b. 限流电阻。

c. 移相电容。

④无论现场给什么信号电动机都不动作。

故障判断和检修过程：直接在电动机绕组间通电，电动机也不转，抱闸拆下通电，电动机还是不转。检测电动机绕组阻值均正常，手轮摇执行机构动作正常。检测的结果都正常就是通电时电动机不转，把电动机拆开，发现转子用手都拧不动，原来转子和电动机端盖之间已有一层坚固的灰，把这层灰清除之后，加上一点润滑油，用手就可以拧动了。重新把电动机装好并与执行机构配合装上，通电正常，重新调试。

（二）气动执行机构的故障检查与排除

1.气动执行机构的常见故障

气动执行机构的常见故障及故障原因见表 10-2。

表 10-2　气动执行机构的常见故障及故障原因

故障现象	故障原因	故障现象	故障原因
无信号，无气源	①压缩机无输出 ②气源总管泄漏	有气源，无信号	①调节器无输出 ②信号管线泄漏 ③执行机构膜片或活塞密封环泄漏
有信号，不动作	①阀芯与衬套或阀座卡死 ②阀芯与阀杆脱开 ③阀杆弯曲或折断 ④执行机构有故障	气源压力不稳	①压缩机容量太小 ②减压器有故障
气源信号稳定，阀动作不稳	①输出管线泄漏 ②执行机构刚度太小 ③阀杆摩擦力太大	调节阀接近全闭位置时振动	①阀口径太大，常在小开度工作 ②单座阀采用闭流状态
任何开度振动	①支撑不稳 ②附近有振动源 ③阀芯与衬套磨损	往复动作迟钝	①阀被黏度大的介质或泥浆堵塞、结焦 ②填料硬化、干涸，活塞密封环磨损
单方向动作迟钝	①执行机构膜片破裂 ②执行机构 O 形环泄漏	阀全闭但泄漏量大	①阀芯坏 ②阀座外围螺丝被腐蚀

续表

故障现象	故障原因	故障现象	故障原因
阀达不到全闭位置	①介质压差很大，执行机构刚度不足 ②阀体有异物 ③衬套烧结	渗漏	①填料盖未压紧 ②填料润滑油干燥 ③填料老化 ④密封垫被腐蚀
可调比小	阀芯被腐蚀，使 q_{min} 变大		

2. 电气转换器的常见故障与处理方法

电气转换器的常见故障与处理方法见表10-3。

表 10-3　电气转换器常见故障与处理方法

序号	故障现象	故障原因	处理方法
1	气源压力波动	减压阀或供气管网有污物	消除污物
		反馈通道堵塞，反馈气量小	消除堵塞
		磁-电转换部分有摩擦	消除摩擦
2	有输入信号时，输出信号小或没有输出	放大器有故障	检修放大器
		气阻堵塞	疏通节流孔
		喷嘴挡板位置不正	重调平行度
		信号线接反	正确接线
		线圈断开或短路	更换线圈
		背压或输出漏气	消除漏气
3	输出振动	输出管线长度不够	在输出管线上加气容
		喷嘴挡板有污物	消除污物
		放大倍数太高	重新调整
		输入信号交流分量过大	并联电容
4	无输入时有输出	背压气路堵塞	消除堵塞
		切换阀位置不正确	恢复"自动"位置
		放大器有污物	清洗放大器
5	输入100%信号时，输出小于100kPa	输出管线漏气	消除漏气
		平行度不好	重新调整喷嘴挡板位置
		供气量不足	调整供气压力
		磁钢退磁	重新充磁或更换磁阀

3. 阀门定位器的常见故障与处理方法

阀门定位器常见故障与处理方法见表10-4。

表 10-4　阀门定位器常见故障与处理方法

序号	故障现象	故障原因	处理方法
1	气源压力波动	减压阀或供气管网有污物	消除污物
		反馈通道堵塞，反馈气量小	消除堵塞
		磁-电转换部分有摩擦	消除摩擦
2	有输入信号时，输出信号小或没有输出	放大器有故障	检修放大器
		气阻堵塞	疏通节流孔
		喷嘴挡板位置不正	重调平行度
		信号线接反	正确接线
		线圈断开或短路	更换线圈
		背压或输出漏气	消除漏气

续表

序号	故障现象	故障原因	处理方法
3	输出不稳定	放大器、气阻或背压管路有污物	消除污物
		调节阀杆摩擦力过大	消除摩擦
		膜头阀杆与膜片有轴向松动	消除松动
		放大倍数太高	重新调整
		输入信号交流分量过大	消除交流分量
		喷嘴挡板组装不良	调整挡板对准喷嘴的中心线
4	无输入时有输出	背压气路堵塞	消除堵塞
		切换阀位置不正确	恢复"自动"位置
		放大器有污物	清洗放大器
5	线性度不好	背压漏气	消除漏气
		喷嘴挡板平行度不好	重新调整喷嘴挡板位置
		膜头径向位移大	重新检修
		可动部件有卡碰现象	重新调整，消除卡碰
		放大器有污物	消除污物
		调节阀本身线性差	重新调整
		紧固件松动	消除松动
		安装调整不当	重新调校
6	回程误差大	紧固部件有松动	紧固各部件，重新调校
		滑动件摩擦力大	消除摩擦
		力矩转换线圈支点错动	更换力矩转换组件

请你做一做

（1）正确安装指定管道上的电动执行机构、气动执行机构及其主要配件。

（2）将已校验、安装好的执行机构投入运行，观察能否正常工作，若有故障，请分析原因并制定解决方案。

（3）按照制定好的解决方案进行检修，并填写检修报告单。

（4）归纳总结执行机构使用过程中常出现的故障和解决措施。

（5）通过查阅使用说明书和相关技术资料，比较电动执行机构和气动执行机构安装上有什么不同。

小结

（1）执行器由执行机构和调节机构（调节阀）两部分组成。按所使用的能源种类，可分为电动执行器、气动执行器和液动执行器。

（2）执行机构将来自调节器的信号转变成推力或位移，对调节机构产生推动作用；调节机构（调节阀）根据执行机构的推力或位移，改变调节阀阀芯与阀座间的流通面积，以达到最终调节被控介质的目的，当位置反馈信号与输入信号相等时，系统处于平衡状态，调节阀便处于某一开度。

（3）DKJ型电动执行机构是DDZ型电动单元组合仪表中的执行单元，接收来自调节单元的自动调节信号（4～20mA DC）或来自操作器的远方手动操作信号，并将其转换成相应的角位移（0°～90°）或直行程位移，以一定的机械转矩（或推力）和旋转（或直线）速度操纵调节机构（阀门、风门或挡板），完成调节任务。

（4）气动薄膜执行机构主要有薄膜式和活塞式两大类，并以薄膜式执行机构应用最广。它以压缩空气为动力能源，接收 DCS、或调节器、或人工给定的 20～100kPa 压力信号，并将此信号转换成相应的阀杆位移（或称行程），以调节阀门、闸门等调节机构的开度。

（5）电信号气动长行程执行机构主要由气缸、手操机构、输出轴、电气阀门定位器、阀位传送器、三断自锁装置（自锁阀、电磁阀、压力开关）、切换开关、平衡阀等部件组成。以压缩空气为动力能源，接收 DCS、或调节器、或人工给定的 4～20mA DC 输入信号，输出与输入信号成比例的角位移（0°～90°），以一定转矩推动调节机构（阀门、挡板）动作。

（6）ABB DEH 液动执行机构主要由电液伺服阀、卸荷阀、油动机、滤网、截止阀、单向阀等部分组成。

（7）气动执行器安装的一般要求共 11 条，电动执行机构安装注意事项。

（8）电动执行机构的检查包括伺服放大器的检查、执行机构的检查和电动执行器系统检查；气动执行机构的检查与校验和方法共 15 条。

（9）电动执行机构、气动执行机构的常见故障与处理措施。

复习思考

1. 气动执行机构具有什么特点？
2. 气动薄膜执行机构由哪几部分组成？各部分的作用是什么？
3. 气动阀门定位器起什么作用？它由哪几部分组成？它是按什么原理进行工作的？
4. 电信号气动长行程执行机构由哪几部分组成？各部分的作用是什么？
5. 电气阀门定位器由哪几部分组成？它按什么原理进行工作？简述其动作过程。
6. 简述电信号气动长行程执行机构在断气源、断电源、断电信号时的输出轴自锁原理。
7. 阀位移传送器的作用是什么？
8. 怎样实现气动执行机构的正反作用方式？
9. DKJ 型电动执行器有哪几部分组成？各部分起什么样的作用？
10. 若 DKJ 执行机构位置发送器的指示为 40%，试求机械转角和输入电流。
11. 若 DKJ 执行机构行星齿轮的 $z_{10}=378$、$z_4=375$，则传动比（减速比）为多少？
12. 在液动执行机构中，高压调节阀设有几个逆止阀？各起什么作用？

学习情境十一　调节机构的安装与检修

图 11-1 为常用调节机构外观图。调节机构也称调节阀，是执行器的控制部分，又称为控制机构，它安装在流体管道上，直接与被调介质接触。在执行机构的输出力和位移作用下，阀芯动作，改变流通面积，使被调介质的流量做相应的变化。

图 11-1　常用调节机构外观图

本学习情境将完成三个学习性工作任务：

任务一　调节阀的认知；

任务二　调节阀的选择；

任务三　调节阀的安装与检修。

教学目标

（1）了解调节机构的种类及特点。

（2）理解调节阀的基本结构和流量特性。

（3）会根据情况选择调节阀的类型和流量特性。

（4）能根据工艺提供的数据确定调节阀的口径。

（5）会安装与调试调节阀。

（6）会检修调节阀的一般故障。

（7）能对检修专用工具进行规范操作使用。

（8）能结合安装与检修安全注意事项进行文明施工。

本情境学习重点

（1）调节阀的基本结构和流量特性。

（2）调节阀的安装与调试。

（3）调节阀的一般故障及排除方法。

本情境学习难点

（1）调节阀的选择。

（2）调节机构的一般故障及排除方法。

任务一　调节阀的认知

任务引领

以调节阀作为控制操作设备的过程控制系统，是由被控参数的测量变送装置、控制器、执行器和调节阀等几部分组成。

据统计，一台 300MW 的机组大约装设有 270 多种不同规格的阀门 1000 多个。因此，正确合理地选择和使用阀门，对发电厂的经济运行有着重要的意义。

任务要求

（1）正确描述调节阀的种类及特点。

（2）正确描述调节阀的工作原理。

（3）能按接线图正确接线，安全规范操作各种阀设备。

任务准备

问题引导：

（1）调节阀在控制过程中起什么作用？

（2）调节阀由哪几部分组成？描述其工作原理。

（3）调节阀有哪几种类型？各具有什么特点？

（4）简述各类调节阀的使用场合。

任务实施

（1）教师对各类调节阀进行实物演示与操作示范。

（2）教师启动实训装置，进行系统控制演示与操作示范，观察调节机构的控制效果。

（3）学生归纳并进行小组总结。

①实训室中都安装有哪几类调节阀？

②结合实物归纳调节阀的结构和功能特点。

③通过教师实物演示分析其工作原理。

（4）请到实习电厂进行调研，了解调节阀在电厂的应用情况，归纳这些执行机构的安装位置和应用特点。

知识导航

一、调节阀的工作原理

图 11-2 所示的下部为调节阀，它安装在流体管道上，是一个局部阻力可变的节流元件，属于典型的直通单座调节阀结构。流体从左侧进入调节阀，从右侧流出。阀杆的上端通过螺母与执行机构的阀杆连接，带动阀杆及其下端的阀芯上下移动，使阀芯与阀座间流通面积产生变化，从而使被控介质产生变化。

当不可压缩流体流经调节阀时，由于流通面积的缩小，会产生局部阻力，并形成压力降。设 P_1 和 P_2 分别是流体在调节阀前后的压力，ρ 为流体的密度，v 为接管处的流体平均流速，ξ 为阻力系数，在高雷诺数（Re）条件下，根据伯努利方程可得

$$\frac{P_1 - P_2}{\rho} = \xi \frac{v^2}{2}$$

即

$$\Delta P = P_1 - P_2 = \frac{v^2}{2}\xi\rho \qquad (11\text{-}1)$$

设调节阀接管的面积为 A，则流体流过调节阀的体积流量 q 为

$$q = Av = A\sqrt{\frac{2\Delta P}{\xi\rho}} \qquad (11\text{-}2)$$

由式（11-2）可见，由于阻力系数 ξ 与阀门的结构形式和开度有关，在调节阀截面积 A 一定时，改变调节阀的开度即可改变阻力系数 ξ，从而达到调节被控介质流量的目的。

二、调节阀的阀芯结构

阀芯是阀内最为关键的零件，为了适应不同的需要，得到不同的阀门特性，阀芯的结构形状是多种多样的，一般分为直行程和角行程两大类。

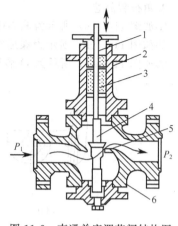

图 11-2　直通单座调节阀结构图
1—阀杆；2—上阀盖；3—填料；4—阀芯；
5—阀座；6—阀体

1. 直行程阀芯

（1）平板型阀芯　如图 11-3（a）所示，这种阀芯的底面为平板形，具有快开特性，可用于两位调节。

（2）柱塞型阀芯　可分为上下双导向和上导向两种。图 11-3（b）左边两种用于双导向，上下可以倒装，倒装后可以改变调节阀的正、反作用；图 11-3（b）所示右边两种为上导向，多用于角形阀和高压阀；对于小流量，可采用球形、针形阀芯，见图 11-3（c），也可在圆柱体上铣出小槽，见图 11-3（d）。

（3）三通阀阀芯　图 11-3（e）所示为三通阀分流和合流阀芯。

（4）多级阀芯　如图 11-3（f）所示，把几个阀芯串接起来，起到逐级降压的作用，用于高差压场合，可防止噪声。

（5）套筒阀芯　如图 11-3（g）所示，套筒阀芯分为单密封、双密封两种。单密封结构套筒阀芯特点同单座阀，泄漏小，压差小。双密封结构套筒阀芯特点同双座阀，泄漏大，压差大。套筒上打小孔，有利于降低噪声，称为低噪声阀。

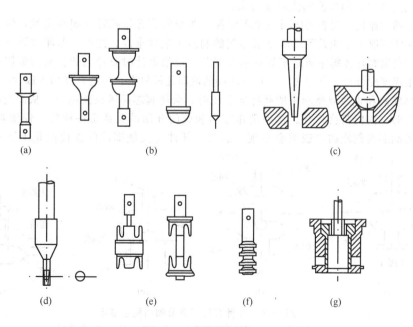

(a)　　　　　　(b)　　　　　　(c)

(d)　　　　(e)　　　　(f)　　　　(g)

图 11-3　直行程阀芯

2.角行程阀芯

①如图 11-4（a）所示为偏心旋转阀芯，适用于偏转阀。

②如图 11-4（b）所示为蝶形阀芯，适用于蝶阀。

③如图 11-4（c）所示为 O 形和 V 形阀芯，只适用于球阀。

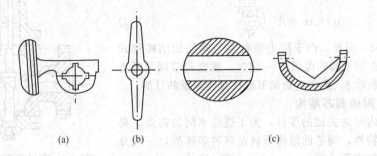

(a)　　　　　　(b)　　　　　　(c)

图 11-4　角行程阀芯

三、调节阀的基本结构

根据不同的用途，调节阀的结构形式很多，主要有以下几种。

1.直通单座阀

最常见的调节阀属于直通单座式，见图 11-5（a），直通是指介质流动方向，单座是指只有一个阀芯和阀座。

这种调节阀的基本构造由阀杆、填料、阀芯、阀座和阀体组成。填料是防止泄漏用的，一般为聚四氟乙烯、石墨或石棉类物质，有的还有弹簧以保持填料处于压紧状态。

单座阀的优点是全关时比较严密，可以做到不泄漏。但是当阀门前后压力差很大时，泄漏加大。因此，它只适用在口径小于 25mm 的管路中，或压力差不大的情况下。

2.直通双座阀

这种阀有两个阀座，和同一阀杆上的两个阀芯配合，见图 11-5（b），由于两个阀芯的横断面积接近，使得阀前后的压力差基本上抵消，因此开启比较容易。而且，因为流体从两个阀座流过，所以比同样口径的单座阀流通能力大。

对于直通双座阀，要想关闭时完全不泄漏，两个阀芯必须同时和阀座接触，但这只能在加工精度有保证的情况下才能做到，所以双座阀的制造工艺要求高。此外，即使常温下确实不漏，但在高温下难免因阀杆和阀座膨胀不等而引起泄漏。虽然设计时要考虑到材料的膨胀系数，但也很难使热膨胀程度配合得十分完美，而且双座阀的流路比较复杂，不适合高黏度或含纤维的流体。

直通单座阀和直通双座阀中的阀杆向下压时，会使阀芯压紧在阀座上，从而把阀门关闭。阀杆向上提起时，阀门将会打开。这种动作方向和阀门开闭的关系是一样的。仔细观察图 11-5 中这两种阀的阀芯及阀座的构造就会发现，这两个部件与其他部件的连接都是上下对称的，也就

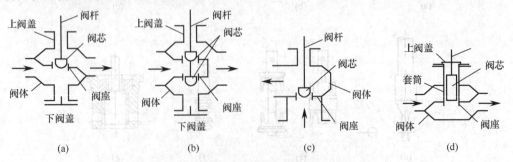

(a)　　　　　　(b)　　　　　　(c)　　　　　　(d)

图 11-5　几种直行程调节阀结构示意图

(a) 直通单座阀；(b) 直通双座阀；(c) 角形阀；(d) 套筒阀

是说，如果把阀座连同阀芯一起拆下来，上下翻转之后再装上去，仍然可以工作。不过，经过翻转安装后，动作方向和阀门开闭的关系就改变了，阀杆向下时阀门开大，向上时关小。

由此可见，当需要改变动作方向和阀门开闭的关系时，不妨自行改装。但并不是所有的调节阀都能这样改装，要视其结构而定。

3. 角形阀

在管道呈直角转弯处，为了适应安装场所的要求，可采用角形调节阀，见图 11-5（c），这种阀的流路简单，阻力小，不易堵塞。

角形阀有两种，流体的流路为底进侧出和侧进底出。前者流动稳定性好，调节性能好，常被采用。

4. 套筒阀

套筒阀是一种结构比较特殊的调节阀，见图 11-5（d），它的阀体与一般的直通单座阀相似，但阀内有一个圆柱形套筒，又称笼子，利用套筒导向，阀芯可在套筒中上下移动。套筒上开有一定形状的窗口（节流孔），阀芯移动时，就改变了节流孔的面积，从而实现了流量控制。根据流通能力大小的要求，套筒的窗口可分为四个、两个或一个。套筒阀分为单密封和双密封两种结构，前者类似于直通单座阀，适用于单座阀的场合；后者类似于直通双座阀，适用于双座阀的场合。套筒阀还具有稳定性好、拆装维修方便等优点，因而得到广泛应用，但其价格较贵。

5. 蝶阀

蝶阀又称翻板阀或挡板，见图 11-6（a），其可动部分呈圆盘状，沿直径方向有伸出管外的轴，调整轴的转角可使圆盘倾斜角度改变，从而改变流通阻力以调节流量。蝶阀全开时的流通阻力小，结构又很简单，金属材料消耗也少，而且容易做成大口径的调节阀。但是它的主要缺点是全关时的泄漏量较大，不能用在要求关闭严密的场合。

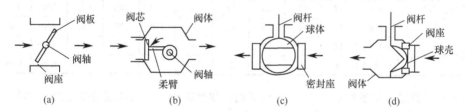

图 11-6　几种角行程调节阀结构示意图
（a）蝶阀；（b）偏心旋塞阀；（c）直孔球阀；（d）V 孔球阀

6. 偏心旋塞阀

偏心旋塞阀也叫凸轮挠曲阀或偏心旋转阀，见图 11-6（b），将蘑菇形阀芯的柄部偏心地安装在垂直于图面且伸出管外的轴上。此轴稍有弹性，允许进行小范围挠曲。因此，在阀门全关时，可挠性轴有使阀芯和阀座自动对中的作用，将阀芯紧压在阀座上，使得泄漏很小，仅占全开时流量的 0.01％左右。开启时，轴的转动使阀芯横向离开阀座，所以压力差形成的阻力不大，在较高差压的管道中也能应用。

7. 球阀

顾名思义，球阀的阀芯呈球状，或为球的一部分。球阀的具体构造有直孔球阀和 V 孔球阀两种。

直孔球阀其阀芯有通孔，见图 11-6（c），由阀杆控制通孔的方向，阀杆旋转 90°可使通孔由平行于流向变为垂直于流向，即阀由全开到全关。这种球阀只用在开关式控制上，不能用于连续调节。

V 孔球阀的阀芯为空心圆球的一个局部，像一块瓜皮，见图 11-6（d），并且在其一边开有缺口，缺口是不等宽的，一边大，一边小，像个横写的 V 字，当阀杆使这个带缺口的阀芯转动时，阀芯与阀座间的流通面积就会因 V 形缺口的宽度变化而改变，因而能连续调节流量。它的转角范围也只有 90°。

流体压力在球阀上产生的不平衡力小，转动灵活，若采用良好的密封材料，则防漏也较易解决，所以用球阀调节流量的也逐渐多起来。

四、调节阀的流量系数

调节阀的流量系数是调节阀重要的特性参数，它是指在规定条件下，流体单位时间内通过调节阀的体积，用 C 表示，又称作流通能力。为了使各类调节阀在比较时有一个统一的标准，我国规定的流量系数 C 的定义为：在给定行程下，阀两端差压为 0.1MPa，水的密度为 $1g/cm^3$ 时，流经调节阀的水的流量（以 m^3/h 表示）如式（11-3）所示。

$$C = 10q \sqrt{\rho/(P_1 - P_2)} \qquad (11-3)$$

式中 C——调节阀流量系数；

q——通过调节阀的流量，m^3/h；

P_1、P_2——调节阀两端的压力，kPa；

ρ——水的密度，g/cm^3。

阀全开时的流量系数称为额定流量系数，以 C_{100} 表示。C_{100} 是表示阀流通能力的参数。流量系数作为调节阀的基本参数，由阀门制造厂提供。表 11-1 为调节阀的规格与流量系数对照表。

表 11-1 调节阀规格与流量系数对照表

公称直径 DN	mm	19.15 (3/4″)						20				25
阀座直径 d	mm	3	4	5	6	7	8	10	12	15	20	25
额定流量系数 C_{100}	单座阀	0.08	0.12	0.20	0.32	0.50	0.80	1.2	2.0	3.2	5.0	8
	双座阀											10
公称直径 DN	mm	32	40	50	65	80	100	125	150	200	250	300
阀座直径 d	mm	32	40	50	65	80	100	125	150	200	250	300
额定流量系数 C_{100}	单座阀	12	20	32	56	80	120	200	280	450	—	—
	双座阀	16	25	40	63	100	160	250	400	630	1000	1600

例如一台额定流量系数 C_{100} 为 32 的调节阀，如果阀全开且其两端的差压为 100kPa，流经水的密度为 $1g/cm^3$ 时，其通过的流量为 $32m^3/h$。

调节阀是一个局部阻力可变的节流元件，即便在其他条件相同时，其阀门的开度不同，所对应的流量也将不同。流量系数 C 不仅与阀门的公称直径 DN、阀门的节流面积 A 有关，而且还与阻力系数 ξ 有关。阀门的口径增大，流量系数也随之增大；同类结构的调节阀，在相同的开度下具有相近的阻力系数；类型不同、口径不同的调节阀，阀门的阻力系数不同，因而流量系数也不一样。

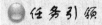 **请你做一做**

（1）认识一下实训室安装的各种调节阀，归纳总结各类调节阀的性能及特点。

（2）手动操纵各类阀门，观察调节阀的动作状态。

（3）将调节器设置为手动状态，通过调整调节器的输出控制信号，对执行器进行操作，观察调节阀的动作状态。

（4）请分析调节阀的流量系数与哪些因素有关，如何选取调节阀的流量系数？

任务二 调节阀的选择

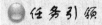 **任务引领**

调节阀是过程控制系统中一个极其重要的环节，对它的选择正确与否直接影响到过程控制

系统的控制质量，严重时，其至影响系统的正常运行，因此必须引起足够的重视。一般应根据被控介质的特点和生产工艺要求等方面合理地选择。

任务要求

(1) 按要求正确选择调节阀尺寸。
(2) 按要求正确选择调节阀的气开、气关方式。
(3) 按要求正确选择单座阀与双座阀。
(4) 按要求正确选择调节阀的流量特性。
(5) 按要求正确选择调节阀的结构形式和材料。

任务准备

问题引导：
(1) 选择调节阀时应考虑哪几方面的问题？
(2) 调节阀的气开、气关方式如何确定？
(3) 什么是调节阀的流量特性？共有几类？如何选择？

任务实施

(1) 教师给出现场案例。
(2) 学生小组分析讨论，确定应选择哪类调节阀。
(3) 强调调节阀的选择内容：
①调节阀尺寸选择；
②气开、气关式调节阀的选择；
③单座阀、双座阀的选择；
④调节阀流量特性的选择；
⑤调节阀结构形式和材料的选择。

知识导航

一、调节阀的尺寸选择

调节阀接管的尺寸通常用公称直径 DN 和阀座直径 d_g 表示。DN 和 d_g 是根据计算出来的调节阀的流通能力 C 来确定的，它们之间的关系见表 11-2。

表 11-2　调节阀流通能力 C 与其尺寸的关系

公称直径 DN/mm		3/4in					20				25	32	40	50	65
阀门直径 d_g/mm		2	4	5	6	7	8	10	12	15	20	25	32	40	50	65
流通能力 C/m³·h⁻¹	单座阀	0.08	0.12	0.20	0.32	0.50	0.80	1.2	2.0	3.2	5.0	8	12	20	32	56
	双座阀											10	16	25	40	63

公称直径 DN/mm		80	100	125	150	200	250	300
阀门直径 d_g/mm		80	100	125	150	200	250	303
流通能力 C/m³·h⁻¹	单座阀	80	120	200	280	450		
	双座阀	100	160	250	400	630	1000	1600

流通能力 C 是指在阀全开时，单位时间内流过调节阀的流体的体积或质量的数值，它与流体的种类、阀前后差压和阀座尺寸有关。因此，表达调节阀的流通能力必须规定一定的条件。调节阀流通能力 C 的定义为：调节阀全开、阀前后差压为 0.1MPa、流体密度为 1g/cm³ 时，每小时流过调节阀的流体流量，通常以"m³/h"或"t/h"计。

例如一调节阀的流通能力 $C=40\text{m}^3/\text{h}$，则表示当此调节阀前后压差为 0.1MPa 时，调节阀全开每小时能够流过的水的流量为 40m^3，

由式（11-3）可知，对于不可压缩流体，流过调节阀的体积流量为

$$q = A\sqrt{\frac{2\Delta P}{\xi\rho}} \tag{11-4}$$

考虑选取接管面积 A 的单位为 cm^3，ΔP 的单位为 Pa，密度 ρ 的单位为 g/cm^3，故式（11-4）需修正为

$$q = A\sqrt{1000 \times \frac{2\Delta P}{\xi\rho}} = \frac{3600}{10^6}\sqrt{2\times 10^3}\,A\sqrt{\frac{\Delta P}{\xi\rho}}$$

$$= 0.16A\sqrt{\frac{\Delta P}{\xi\rho}} = C\sqrt{\frac{\Delta P}{\rho}} \tag{11-5}$$

式中，C 为调节阀流通能力。

$$C = 0.16\frac{A}{\sqrt{\xi}} \tag{11-6}$$

由式（11-6）可看出以下结论。

①调节阀流通能力 C 与接管截面积 A 成正比。A 与调节阀公称直径 DN 的关系为 $A = \frac{\pi}{4}DN^2$。对于同类结构调节阀，DN 愈大，A 愈大，C 愈大。因此，流通能力 C 值的大小可作为确定调节阀公称直径 DN 的依据。

②调节阀阻力系数 ξ 值主要由阀体决定，对于相同口径 DN，结构不同的阀门，其流通能力不一定相同。ξ 值还与流体的流动方向有关。生产厂提供的调节阀流通能力 C 值是指流体的流向与阀座上标示的箭头方向一致时的 C 值，否则，C 值会变化。

二、气开式、气关式调节阀的选择

气开阀是指输入气压信号 $P>0.02\text{MPa}$ 时，调节阀开始打开，也就是说"有气"时阀打开。气关阀是指输入气压信号 $P>0.02\text{MPa}$ 时，调节阀开始关闭，当 $P=0.1\text{MPa}$ 时，调节阀全关闭；相反，当 $P\leqslant 0.02\text{MPa}$ 时，调节阀全打开。

由于执行机构有正、反两种作用形式，调节阀也有正装和反装两种形式。因此，实现调节阀的气开、气关有四种组合，见图 11-7 和表 11-3。

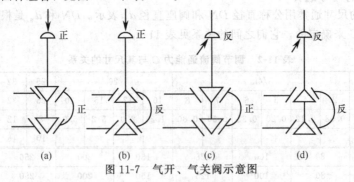

图 11-7　气开、气关阀示意图

表 11-3　执行器组合方式

序号	执行机构	阀体	气动调节阀	序号	执行机构	阀体	气动调节阀
图 11-7 (a)	正	正	（正）气关	图 11-7 (c)	反	正	（反）气开
图 11-7 (b)	正	反	（反）气开	图 11-7 (d)	反	反	（正）气关

组合的规律与正负数乘法运算相似：正正得正，正反得反，反反得正。

选择调节阀的气开式和气关式，要从以下几方面考虑。

①事故条件下，工艺装置应尽量处于安全状态。例如，一般蒸汽加热器选择气开调节阀，一旦气源中断，阀门处于全关位置，停止加热，保证设备不致因温度过高而发生故障或危险。锅炉进水调节阀应选择气关式，当气源中断时仍有水进入锅炉，不致产生烧干或爆炸事故。对于小口径（DN<25mm）调节阀，通常采用改变执行机构的正、反作用来实现调节阀的气开、气关形式［图11-7（a）、（c）］；对于大口径（DN>25mm）调节阀，通常采用改变阀体的正、反装实现调节阀的气开、气关形式［图11-7（a）、（b）］。图11-7（d）形式是很少用的。

②事故状态下，减少原料或动力消耗，保证生产质量。例如，炼油厂蒸馏塔进料调节阀一般用气开式，事故时阀门关闭，停止进料；而回流调节阀一般用气关式，出现事故时阀门全开，保证回流量，防止不合格产品蒸出。

③考虑介质的特性。例如，蒸馏塔塔釜内是易结晶、易凝固的液体时，再沸器蒸汽流量调节阀应采用气关式，以防止事故时塔釜内物料结晶或凝固。

三、单座阀和双座阀的选择

如前所述，单座阀和双座阀各具有不同的特点和适用场合。通常，在低静压、低差压和小口径的场合，应选择单座阀；在高静压、高差压和大口径（DN>25mm）的场合，由于产生的不平衡力较大，应选用双座阀。

四、调节阀流量特性的选择

调节阀的流量特性是指被控介质流过阀门的相对流量与阀门相对开度之间的关系，即

$$\frac{q}{q_{max}}=f\left(\frac{l}{L}\right) \tag{11-7}$$

式中，$\frac{q}{q_{max}}$ 为相对流量，即某一开度的流量 q 与阀全开流量 q_{max} 之比；$\frac{l}{L}$ 为相对开度，即某一开度的行程 l 与阀全开的行程 L 之比。

显然，调节阀的流量特性会直接影响到自动控制系统的控制质量和系统的稳定性，必须合理选择。一般地说，改变调节阀的流通面积（阻力系数 ξ）便可调节被控介质的流量。但是，当调节阀接入管道后，其实际流量特性会受到多种因素的影响。为便于分析，首先假定阀前后差压不变，然后再考虑到实际使用情况，于是调节阀的流量特性分为理想流量特性和工作流量特性。

（一）理想流量特性

在调节阀前后差压不变条件下得到的流量特性，称为理想流量特性。理想流量特性仅取决于阀芯的形状，不同阀芯曲面可得到不同的流量特性，图11-8为常用阀芯形状。阀芯形状一旦固定，该阀便具有固定的理想流量特性。

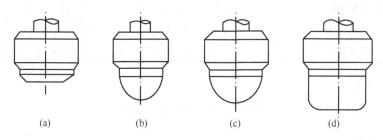

（a）　　　　（b）　　　　（c）　　　　（d）

图11-8　阀芯形状

目前，常用调节阀中有四种典型的理想流量特性：直线流量特性、对数流量特性、快开流量特性和抛物线流量特性，相对行程与相对流量变化曲线见图11-9。

1.直线流量特性

直线流量特性是指调节阀的相对流量与相对位移成直线关系，即单位位移变化所引起的流量变化是常数，用数学式表示为

$$\frac{d\frac{q}{q_{max}}}{d\frac{l}{L}} = K_V \qquad (11\text{-}8)$$

式中，K_V 为常数，即调节阀的放大系数。

对式（11-8）积分得

$$\frac{q}{q_{max}} = K \frac{l}{L} + C \qquad (11\text{-}9)$$

式中，C 为积分常数。

已知边界条件：$l=0$ 时，$q=q_{min}$，$l=L$ 时，$q=q_{max}$。将边界条件代入式（11-9）求得各常数项为

$$C = \frac{q_{min}}{q_{max}} = \frac{1}{R}, \quad K = 1 - C = 1 - \frac{1}{R}$$

式中，R 为可调范围。最后可求得

$$\frac{q}{q_{max}} = \frac{1}{R}\left[1 + (R-1)\frac{l}{L}\right] = \frac{1}{R} + \left(1 - \frac{1}{R}\right)\frac{l}{L}$$

$$(11\text{-}10)$$

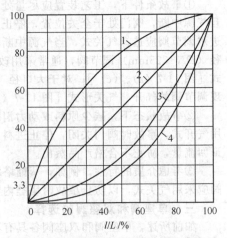

图 11-9　典型调节器理想流量特性曲线
1—快开特性；2—直线特性；3—抛物线特性；
4—等百分比特性

由式（11-10）可知，$\frac{q}{q_{max}}$ 与 $\frac{l}{L}$ 之间呈直线方程，以不同的 $\frac{l}{L}$ 代入式（11-10）求出 $\frac{q}{q_{max}}$ 的对应值，在直角坐标上表示，可得到一条直线，见图 11-9 曲线 2。由图 11-9 可见，直线流量特性调节阀的放大系数 K 为常数。

直线流量特性调节阀的特点是无论工作在曲线的哪一点，只要相对位移变化量相同，相对流量变化量总是相同的。

例如设 $R=30$，相对位移 $\frac{l}{L}$ 每变化 10% 时，由式（11-10）可求得相对流量 $\frac{q}{q_{max}}$ 的增量总是 9.7%。但是，当调节阀原来处于某一开度，例如相对开度为 10%、50%、80% 三点，若产生相同的相对开度变化（例如 10%），而产生的流量的增量与该点原来的流量之比的百分数却不相同。由表 11-4 可见，该三点的流量相对变化量如下。

表 11-4　调节阀的相对流量与相对开度（$R=30$）对照表

相对开度（$l/L \times$%） 相对流量（$q/q_{max} \times$%）	0	10	20	30	40	50	60	70	80	90	100
直线流量特性	3.3	13.0	22.7	32.3	42.0	51.7	61.3	71.0	80.6	90.3	100
对数流量特性	3.3	4.67	6.58	9.26	13.0	18.3	25.6	36.2	50.8	71.2	100
快开流量特性	3.3	21.7	38.1	52.6	65.2	75.8	84.5	91.3	96.13	99.03	100

在 10% 开度时

$$\frac{22.7 - 13}{13} \times 100\% = 75\%$$

在 50% 开度时

$$\frac{61.3 - 51.7}{51.7} \times 100\% = 19\%$$

在 80% 开度时

$$\frac{90.3 - 80.6}{80.6} \times 100\% = 11\%$$

可见，直线流量特性调节阀在小开度工作时，其相对流量变化太大，控制作用太强，容易引

起超调，使系统产生激烈振荡；而在大开度工作时，其相对流量变化太小，控制作用太弱，造成控制不及时，系统反应迟钝，过渡过程时间长。

2. 对数流量特性（等百分比流量特性）

对数流量特性指单位相对位移所引起的相对流量变化与该点的相对流量成正比关系，即调节阀的放大系数是变化的，随着对数流量的增大，K 也增大。用数学表达式表示为

$$\frac{\mathrm{d}\frac{q}{q_{max}}}{\mathrm{d}\frac{l}{L}} = K\frac{q}{q_{max}} = K_v \tag{11-11}$$

式中，K_v 为调节阀的放大系数。

对式（11-11）积分得

$$\ln\frac{q}{q_{max}} = K\frac{l}{L} + C \tag{11-12}$$

代入前述的边界条件，求得常数项为

$$C = -\ln R, \quad K = \ln R$$

最后整理得

$$\frac{q}{q_{max}} = R^{(\frac{l}{L}-1)} \tag{11-13}$$

从式（11-12）可见，相对位移 $\frac{l}{L}$ 与相对流量 $\frac{q}{q_{max}}$ 成对数关系，故称为对数流量特性，其特性曲线见图 11-9 曲线 4。

为了与直线流量特性比较，同样以阀门开度 10％、50％、80％三点为例，当开度变化 10％时，这三点的相对流量的变化量如下（表 11-4）。

在 10％开度时

$$\frac{6.58 - 4.67}{4.67} \times 100\% = 40\%$$

在 50％开度时

$$\frac{25.6 - 18.3}{18.3} \times 100\% = 40\%$$

在 80％开度时

$$\frac{71.2 - 50.8}{50.8} \times 100\% = 40\%$$

可见，对数流量特性调节阀，当相对开度变化相同时，其流量变化的增量与该点流量之比的百分数相同，即相对流量总是相等的，由上例可见，均是 40％，故又称为等百分比阀。从过程控制来看，利用对数流量特性调节阀，在小开度时，放大系数 K_v 较小，控制作用缓和平稳，而在大开度时，K_v 较大，控制作用及时有效。因此，对数流量特性调节阀是最常用的。

3. 快开流量特性

这种流量特性调节阀，在小开度时，流量已很大，随着开度增大，流量很快达到最大值（全开流量），故称为快开流量特性。其特性曲线见图 11-9 曲线 1。数学表达式为

$$\frac{q}{q_{max}} = 1 - \left(1 - \frac{1}{R}\right)\left(1 - \frac{l}{L}\right)^2 \tag{11-14}$$

快开特性的阀芯形状是平板形的 [图 11-8（a）]，其有效行程一般在 $D/4$ 以内（D 为阀座直径）。当位移开始增大时，阀的流通面积就不再增大，失去调节作用。所以，快开特性调节阀主要用于双位式控制或程序控制中。

4. 抛物线流量特性

抛物线流量特性是指调节阀的放大系数 K 与该点的相对流量值的平方根成正比。用数学式

表达式为

$$\frac{\mathrm{d}\dfrac{q}{q_{max}}}{\mathrm{d}\dfrac{l}{L}} = K\left(\frac{q}{q_{max}}\right)^{\frac{1}{2}}$$

式经积分后，再代入前述边界条件，整理可得

$$\frac{q}{q_{max}} = \frac{1}{R}\left[1 + (\sqrt{R}-1)\frac{l}{L}\right]^2 \qquad (11\text{-}15)$$

式 (11-15) 表明，$\dfrac{q}{q_{max}}$ 与 $\dfrac{l}{L}$ 之间呈抛物线关系（图 11-9 曲线 3），介于直线特性与对数特性之间。通常，抛物线流量特性调节阀可用对数流量特性代替，因此，工程上很少用。

（二）工作流量特性

在讨论调节阀的工作流量特性之前，首先引入一个反映调节阀特性的重要参数——可调范围，它是选择调节阀时必须考虑的参数。

1. 调节阀的可调范围

其定义是指调节阀所能控制的最大流量 q_{max} 与最小流量 q_{min} 之比，以 R 来表示，即

$$R = \frac{q_{max}}{q_{min}} \qquad (11\text{-}16)$$

必须指出，这里 q_{min} 是调节阀可调流量的下限值，并不等于调节阀全关时的泄漏量。

通常，最小可调流量为最大流量的 $2\%\sim4\%$；而泄漏量仅为最大流量的 $0.01\%\sim0.1\%$。

调节阀有理想流量特性和工作流量特性，因此，其可调范围也有理想可调范围和工作可调范围。

（1）理想可调范围　在调节阀前后差压恒定条件下，调节阀的可调范围称为理想可调范围。从调节阀原理可知

$$q = \frac{A}{\sqrt{\xi}}\sqrt{\frac{2\Delta P}{\rho}} \qquad (11\text{-}17)$$

也可写成

$$q = C\sqrt{\frac{\Delta P}{\rho}}$$

因此

$$R = \frac{q_{max}}{q_{min}} = \frac{C_{max}\sqrt{\dfrac{\Delta P}{\rho}}}{C_{min}\sqrt{\dfrac{\Delta P}{\rho}}} = \frac{C_{max}}{C_{min}} \qquad (11\text{-}18)$$

可见，调节阀的理想可调范围是其最大流通能力与最小流通能力的比值，它反映了调节阀调节能力的大小，希望可调范围大者为好，一般 $R=30\sim50$。我国生产的调节阀可调范围统一设计为 $R=30$。

（2）工作可调范围　调节阀在实际工作时，由于管道的阻力变化，阀前后差压也随之变化的调节范围，称为工作可调范围（或实际可调范围），可分为串联管道和并联管道两种情况来讨论。

① 串联管道。当调节阀与工艺管道串联时，见图 11-10 (a)，此时，随着流量增加，管道阻力损失相应增加。若系统的总差压 ΔP 不变，分配到调节阀的差压 ΔP_V 相应减小，见图 11-10 (b)，引起调节阀所能通过的最大流量减少，故调节阀的实际可调范围降低。设 R_s 为串联管道时调节阀的实际可调范围，根据可调范围的定义可得

$$R_s = \frac{q_{max}}{q_{min}} = \frac{C_{max}\sqrt{\dfrac{\Delta P_{Vmin}}{\rho}}}{C_{min}\sqrt{\dfrac{\Delta P_{Vmax}}{\rho}}} = R\sqrt{\frac{\Delta P_{Vmin}}{\Delta P_{Vmax}}} \qquad (11\text{-}19)$$

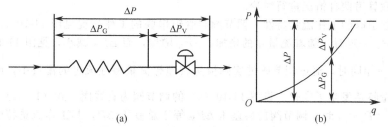

图 11-10 调节阀和管道阻力串联的情况

(a) 串联管道；(b) 压力分布

式中，ΔP_{Vmin} 和 ΔP_{Vmax} 分别为阀全开及接近全关时，阀前后差压值。

设 S 为阀全开时阀前后差压 ΔP_{Vmin} 与系统总差压 ΔP 之比，即

$$S = \frac{\Delta P_{Vmin}}{\Delta P} \qquad (11-20)$$

由于调节阀接近全关时的流量为 q_{min}，其前后差压 $\Delta P_{Vmax} \approx \Delta P$，故

$$R_s = R\sqrt{S} \qquad (11-21)$$

式（11-21）表明，S 值愈小，调节阀实际可调范围愈小，因此在实际使用中，应考虑调节阀前后差压值，使 S 值不致过低，以保证一定的可调范围。

②并联管道。由于调节阀的流通能力选择不合适，或者工艺生产负荷变化较大（如增加产量），有时不得不把旁路阀打开，形成并联管道，见图 11-11。

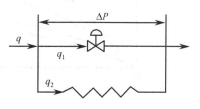

图 11-11 并联管道工作情况

由图 11-11 可见，总管流量 q 分成两路：一路为调节阀控制流量 q_1，而另一路为旁路流量 q_2。由于旁路流量 q_2 的存在，相当于 q_{min} 提高，致使调节阀实际可调范围下降。

设 $R_{s'}$ 为并联管道的实际可调范围，根据可调范围的定义，则

$$R_{s'} = \frac{q_{max}}{q_{1min} + q_2} \qquad (11-22)$$

式中，q_{max} 为总管的最大流量；q_{1min} 为调节阀最小流量。

令 S' 为调节阀全开时的流量 q_{1max} 与总管最大流量 q_{max} 之比值，即

$$S' = \frac{q_{1max}}{q_{max}} \qquad (11-23)$$

由 $q_{max} = q_{1max} + q_2$，$R = \dfrac{q_{1max}}{q_{1min}}$，故

$$q_{1min} = \frac{q_{max}S'}{R}$$

$$q_2 = q_{max}(1 - S')$$

将 q_{1min} 和 q_2 代入式（11-22）得

$$R_{s'} = \frac{q_{max}}{\dfrac{q_{max}S'}{R} + q_{max}(1-S')} = \frac{1}{\dfrac{S'}{R} + 1 - S'} = \frac{1}{1 - \dfrac{R-1}{R}S'} \qquad (11-24)$$

式（11-22）表明，由于调节阀的最小流量 q_{1min} 远远小于旁路流量 q_2，因此实际可调范围 $R_{s'}$ 近似为总管的最大流量与旁路流量的比值。由式（11-24）可知，随着 S' 的减小，实际可调范围迅速降低，比串联管道时的情况更为严重。因此，在生产实际中，应尽量避免把调节阀的旁路阀打开。

2.工作流量特性

工作流量特性是指调节阀前后差压变化时调节阀的相对流量与相对位移之间的关系，分为

串联管道和并联管道两种情况进行讨论。

（1）串联管道时的工作流量特性　调节阀与管道串联的工作情况见图 11-10（a）。当总差压 $\Delta P = \Delta P_G + \Delta P_V$ 一定时，随着流量 q 的增加，ΔP_G 增加，而 ΔP_V 减小，见图 11-10（b）。由于 ΔP_V 减小，在 $\frac{l}{L}$ 相同时，流过调节阀的实际流量较理想流量特性流过的流量小，因此工作流量特性较理想流量特性发生了变化。设图 11-10（a）的调节阀为直线阀，式（11-20）中，如果 $S=1$，即管道差压 $\Delta P_G = 0$ 时，调节阀前后差压 ΔP_V 等于总差压 ΔP，其工作流量特性就是理想流量特性，见图 11-12（a）。当 $S<1$ 时，由式（11-21）可见，调节阀的可调范围减小，而且 S 愈小，其可调范围 R_s 愈小，见图 11-12（a）。此时，直线特性变为快开特性；而对数特性趋向于直线特性，见图 11-12（b）。在实际使用中，一般希望 S 取值范围最小不低于 0.3～0.5。

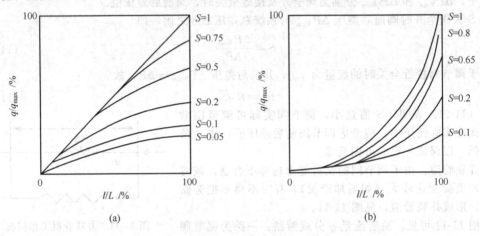

图 11-12　串联管道调节阀的工作流量特性
(a) 直线阀；(b) 对数阀

（2）并联管道时工作流量特性　图 11-11 给出了调节阀并联管道的工作情况。当旁路阀关闭且 ΔP 一定时，由式（11-23）可得 $q_{1max} = q_{max}$，$S'=1$。由式（11-24）可得 $R_{s'} = R$，即调节阀的工作流量特性就是理想流量特性。对于理想流量特性为直线和对数的调节阀，在不同 S' 值时，其工作流量特性曲线见图 11-13。

对于 $R=30$ 的调节阀，$S'=0.9$ 时，由式（11-24）计算实际可调范围 $S'\approx0.8$ 时，$R_{s'}\approx$

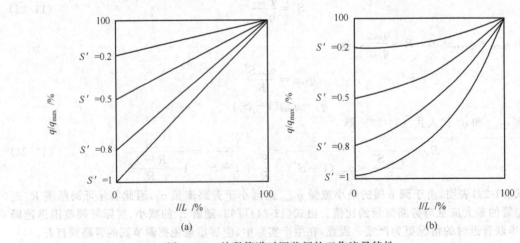

图 11-13　并联管道时调节阀的工作流量特性
(a) 直线阀；(b) 对数阀

4.5。可见，S' 不能低于 0.8，否则调节阀操作不灵敏。

综上所述，串联管道对调节阀流量特性影响较大，而并联管道对调节阀的可调范围影响较大，在实际使用时必须认真考虑。

（三）调节阀流量特性的选择

调节阀流量特性的选择是一个十分重要的问题，它直接影响过程控制系统的控制品质，最常用的是直线流量特性调节阀和对数流量特性调节阀。一般可从下述几个方面来考虑。

1. 根据被控过程的特性来选择

一个过程控制系统在负荷变化情况下，要使系统保持预定的控制品质，必须保证系统总的放大系数保持为常数。一般变送器、调节器（已整定好）和执行机构等的放大系数基本上是不变的，但被控过程的特性往往是非线性的，因此，必须合理选择调节阀的流量特性，以补偿被控过程的非线性，其选择原则为

$$K_0 K_V = 常数$$

式中，K_0 为被控过程的放大系数；K_V 为调节阀的放大系数。

若调节对象特性是线性的，可采用直线工作特性的调节阀。对于放大系数随负荷增大而变小的调节对象，则所选用的调节阀的调节特性应是放大系数随负荷增加而变大（如等百分比特性调节阀），这样，调节对象特性和调节阀特性互相补偿，使总的特性近似直线特性，如图 11-14 所示。

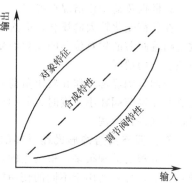

图 11-14　调节对象与调节阀
放大系数的配合

2. 根据配管情况选择

调节阀在使用中总是与设备和管道连接在一起，由于系统配管情况不同，调节阀的工作流量特性与理想流量特性有差异。如前所述，串联管道对流量特性的影响较大，并联管道对可调范围影响较大，必须根据配管情况合理选择调节阀的流量特性。通常首先根据系统的特点选择工作流量特性，然后再考虑配管情况选择相应的理想流量特性。选择原则可参考表 11-5。

表 11-5　根据配管情况选择调节阀的流量特性

配管状况	$S=1\sim0.6$		$S=0.6\sim0.3$	
工作特性	直线	等百分比	直线	等百分比
理想特性	直线	等百分比	等百分比	等百分比

由表 11-5 可知，当 S 在 $1\sim0.6$ 之间时，所选的结构特性与所要求的工作特性相类似；当 S 值下降到 $0.6\sim0.3$ 之间时，结构特性与工作特性就不相同了。若要求工作特性是直线，则所选的结构特性应是等百分比的。这是因为调节阀的工作特性由直线畸变而成为快开特性，所以只能使用等百分比的结构特性才能满足要求。当所要求的工作特性是等百分比时，则希望使用比等百分比更向下凹的结构特性，如双曲特性。但是，由于受现有阀型限制，一般仍可采用等百分比特性。

对于直线型结构调节阀，当 $S<0.3$ 以后，其工作特性严重畸变，近似于快开特性，不利于调节。而等百分比结构特性调节阀在 $S<0.3$ 之后，其工作特性严重偏离结构特性（即理想流量特性），而近似直线特性，仍具有较好的调节作用，只是可调范围明显减小。因此，一般不希望 $S<0.3$。在工程设计中，通常取调节阀的差压为系统总差压的 $30\%\sim50\%$（即 $S=0.3\sim0.5$）。对于高压系统，基于节约动力的观点，允许降到 $S=0.15$，即调节阀差压为系统总差压的 15%。

对于气体介质，由于阻力损失较小，尤其在高压系统中，调节阀有较大的差压，此时 S 值一般都大于 0.5。对于低压或真空系统，由于允许压力损失较小，所以 S 值取 $0.3\sim0.5$ 为宜。

由上述可知，选择阀门结构特性的关键是选择 S 值的大小。S 值为阀门全开时的差压与系统总差压的比值，即

$$S = 阀全开时的差压 / 系统总差压$$

S 值应从两个方面选择确定：从保证调节性能出发，S 值越大，工作特性的畸变越小，这对调节有利；另一方面，S 值大是由于调节阀的压力损失大，需要选择较大扬程的泵，因而不经济。因此，在选择 S 值时，应全面综合比较。

综上所述，选择调节阀特性的步骤是：首先按调节对象的特点选择调节阀的工作特性，然后再考虑配管状态选择调节阀的结构特性，从而在保证调节性能的前提下，尽可能节约动力。

3. 根据负荷变化情况选择

在负荷变化较大的场合，应选用对数流量特性调节阀。由于对数流量特性调节阀的放大系数是随着阀芯的相对位移的变化而变化的，其相对流量变化率是不变的，因此，它能适应负荷较激烈变化的情况。

当调节阀经常工作在较小负荷时，由于其开度较小，应选用对数流量特性调节阀。因为直线流量特性调节阀在小开度时，其相对流量变化率很大，控制作用过于强烈，不利于控制系统的稳定，不宜进行微调。

五、调节阀结构形式和材料的选择

调节阀的品种很多，根据上阀盖的不同结构形式可分为普通型、散热片型、长颈型和波纹管密封型等，分别适用于不同的使用场合。

根据不同的使用要求，调节阀具有不同的结构，主要包括直通单座阀、直通双座阀、角形阀、高压阀、隔膜阀、蝶阀、球阀、凸轮绕曲阀、套筒阀、三通阀和小流量调节阀等。

调节阀的结构形式和材料，应根据不同的工艺条件和使用要求（例如介质的温度、介质的压力、介质的物理性质、高压差、高黏度、含悬浮物、真空、气蚀、介质的化学特性、腐蚀流体、有毒流体等）以及介质的种类（液体、气体、蒸汽）等合理选择。例如，高温介质应选带散热片的高温阀；高压情况下，选用高压阀；高差压场合应选用直通双座阀；要求很低泄漏量时，应选择直通单座阀；对腐蚀性介质应选用隔膜阀等。

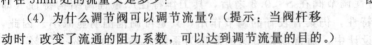 请你做一做

(1) 流过某一油管的最大体积流量为 $40\text{m}^3/\text{h}$，流体密度为 $0.05\text{g}/\text{cm}^3$，阀前后差压 $\Delta P = 0.2\text{MPa}$，试选择调节阀的尺寸。

(2) 试设计一个加热炉出口温度控制系统，并防止发生事故时将加热炉烧坏，见图 11-15。

①确定被控变量、操纵变量。

②画出带控制点的工艺流程图、方框图。

③试确定调节阀的正、反作用，调节器的正、反作用。

(3) 一台线性控制阀，其最大流量为 $800\text{kg}/\text{h}$，最小流量为 $40\text{kg}/\text{h}$，若阀杆全行程为 10mm，则阀杆在 5mm 处其流量是多少？如果是一台等百分比控制阀，则其阀杆在 5mm 处的流量又是多少？

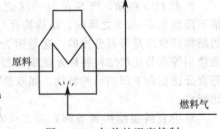

图 11-15　加热炉温度控制

(4) 为什么调节阀可以调节流量？（提示：当阀杆移动时，改变了流通的阻力系数，可以达到调节流量的目的。）

(5) 何谓调节阀的流量特性？常用流量特性有哪几种？举例说明在实际工作情况下流量特性与理想情况有何不同。

(6) 线性流量特性控制阀相对行程和相对流量关系见表 11-6，计算线性流量特性控制阀行程变化量为 10% 时，不同行程位置（10%、50%、90%）的相对流量变化量。

表 11-6　线性流量特性控制阀相对行程和相对流量关系 （R=30）

相对行程/%	0	10	20	30	40	50	60	70	80	90	100
相对流量/%	3.33	13.0	22.67	32.33	42.0	51.67	61.33	71.00	80.67	90.33	100

（7）将调节器设置成手动状态，由调节器对现场执行器进行控制，通过盘上显示记录仪表观察被控参数的变化情况。

任务三　调节阀的安装与检修

任务引领

根据工艺要求和管道实际情况，选择好调节阀后，如果没有按照安装规程进行安装，必然影响系统的控制质量。调节阀在使用前应进行必要的检查，投运后若出现问题要进行必要的检修，以免影响系统正常运行。

任务要求

（1）正确安装调节阀。
（2）能按要求对调节阀进行正确检查。
（3）会判断调节阀故障原因并正确分析和处理。

任务准备

问题引导：
（1）调节阀安装时应注意哪些问题？
（2）调节阀如何进行全面检查？
（3）列出调节阀常见的故障及具体处理措施。

任务实施

（1）教师布置任务，并提出要求。
（2）分小组制定调节阀安装方案。
（3）将电动调节阀、气动调节阀和相关配件按照安装规范正确安装到指定管道中。
（4）安装和检查后的电动调节阀、气动调节阀投入后若不能正常运行，请分析故障产生的原因，并正确处理。

知识导航

一、调节阀的安装

1.调节阀的安装

①在新安装的调节阀投运和大修投运初期，在工艺管道吹扫时应采取隔离或拆除措施，以防止由于管道内焊渣、铁锈等在节流口、导向部位造成堵塞使介质流通不畅，或调节阀检修中填料过紧，造成摩擦力增大，导致小信号不动作而大信号动作过大的现象。

②在安装调节阀时要注意调节阀的气开和气关，以防止由于阀杆长短不适而造成阀内漏。气开阀阀杆太长和气关阀阀杆太短，容易造成阀芯和阀座之间有空隙，不能充分接触，导致关不严而内漏。

③为防止气蚀，在选型和安装时应注意以下几点。

a.尽量将调节阀安装在系统的最低位置处，这样可以相对提高调节阀入口 P_1 和出口 P_2 的压力。

　　b.在调节阀的上游或下游安装一个截止阀或者节流孔板来改变调节阀原有的安装压降特性（这种方法一般对于小流量情况比较有效）。

　　c.用专门的反气蚀内件也可以有效地防止闪蒸和气蚀，它可以改变流体在调节阀内的流速变化，从而增加了内部压力。

　　d.尽量选用材质较硬的调节阀，因为在发生气蚀时，这样的调节阀有一定的抗冲蚀性和耐磨性，可以在一定的条件下让气蚀存在，并且不会损坏调节阀的内件。相反，对于软性材质的调节阀，由于它的抗冲蚀性和耐磨性较差，当发生气蚀时，调节阀的内部构件很快就会被磨损，因而无法在有气蚀的情况下正常工作。

　　④调节阀一般应直立安装，如需倾斜则应加以支撑。低温调节阀一般均须加阀门定位器。

　　⑤介质流向必须与阀体箭头一致。

　　⑥调节阀的安装位置应便于观察、操作和维护。

　　⑦执行机构的信号管应有足够的伸缩余量，不应妨碍执行机构的动作。

　　⑧气动调节阀一般都应设置旁通管路，如图11-16所示，以便在自控系统发生故障或维修调节阀时不致停产。在调节阀上装有手轮机构时，也可省略旁通管路。手轮机构使用时，必须恢复原来空挡位置，否则将影响自动控制。

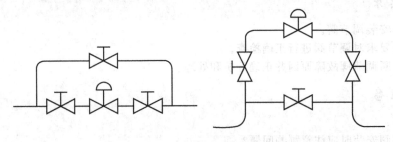

图 11-16　旁通管路

　　2.调节阀的附件安装

　　在生产过程中，根据控制回路的功能要求，调节阀必须配备一些附件来满足需要。如图11-17所示，调节阀常用附件有阀门定位器、手轮机构、电气转换器、空气过滤减压器、回讯器、电磁阀、保位阀等。具体安装请查阅相关资料。

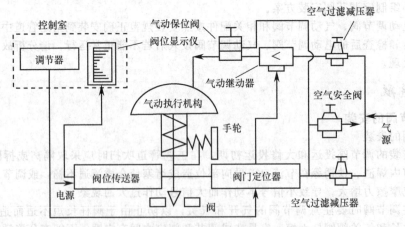

图 11-17　调节阀常用附件安装图

二、调节阀的故障分析与处理

　　1.气动调节阀常见故障与处理

　　气动调节阀常见故障与处理方法见表11-7。

表 11-7　气动调节阀常见故障与处理方法

常见故障		主要原因	处理方法
阀不动作	定位器有气流，但没有输出	定位器中放大器的恒载流孔堵塞	疏通
		压缩空气中有水分凝积于放大器球阀处	排出水分
	有信号而无动作	阀芯与衬套或阀座卡死	重新连接
		阀芯脱落（销子断了）	更换销子
		阀杆弯曲折断	更换阀杆
		执行机构故障	更换执行机构
阀的动作不稳定	气源信号压力一定，但调节阀动作仍不稳定	定位器有毛病	更换定位器
		输出管线漏气	处理漏点
		执行机构刚度太小，推力不足	更换执行机构
		阀门摩擦力大	采取润滑措施
阀振动，有鸣声	调节阀接近全闭位置时振动	调节阀选大了，老在小开度时使用	更换阀内件
		介质流动方向与阀门关闭方向相同	流闭改流开
	调节阀任何开度都振动	支撑不稳	重新固定
		附近有振源	消除振源
		阀芯与衬套磨损	研磨或更换
阀的动作迟钝	阀杆往复行程动作迟钝	阀体内有泥浆或黏性大的介质，有堵塞或结焦现象	消除阀体内异物，更换聚四氟乙烯填料
		聚四氟乙烯填料硬化变质	更换聚四氟乙烯填料
	阀杆单方向动作时动作迟钝	气室中的波纹薄膜破损	更换波纹薄膜
		气室有漏气现象	查找处理漏源
阀的泄漏量大	阀全闭时泄漏量大	阀芯或阀座腐蚀、磨损	研磨或更换
		阀座外圆的螺纹被腐蚀	更换阀座
	阀达不到全闭位置	介质差压太大，执行机构输出力不够	更换执行机构
		阀体内有异物	清除异物
填料及连接处渗漏	密封填料渗漏	填料压盖没压紧	重新压紧
		聚四氟乙烯填料老化变质	更换聚四氟乙烯填料
		阀杆损坏	更换阀杆
	阀体与上、下阀盖连接处渗漏	紧固六角螺母松弛	重新紧固
		密封垫损坏	更换密封垫片

作业步骤如下。

①检查调节阀前必须向工艺人员询问管道内介质情况，联系工艺人员改手动、改副线，并开好相关作业票。

②检查现场调节阀信号与 DCS 输出是否一致，以判断 DCS 输出模件与输出安全栅是否有故障。须注意检查调节阀的弹簧压力与定位器相符。

③了解调节阀的作用方式，给信号校验调节阀，确认调节阀动作到位。

④更换定位器时须注意其作用方式。

⑤检查膜片是否漏气，更换执行机构膜片时一定要先将气源关死，拆卸螺栓时注意缓慢泄压，将上膜盖拿起时注意谨防余压伤人。

⑥检查阀杆是否卡。拆卸调节阀时必须由工艺将上、下游阀关死，放空阀打开，确认调节阀管道内介质放尽，降温降压正常后方可拆卸。

2.电动调节阀常见故障与处理

表11-8是电动调节阀常见故障与处理方法。

表 11-8　电动调节阀常见故障与处理方法

故障现象	故障原因	处理方法
电动机不转	电源相线、中线接反	调换电源接线
	分组电容损坏	更换分相电容
	电动机一侧线圈不通或短路	测量电动机线圈电阻
	机械部分失灵	检修电动机
	操作器保险丝断或插座不良	检查操作器保险丝及插座
	操作器开关接触不好	检查操作器开关
无反馈信号	反馈信号回路线路不通	检查信号回路及接线
	导电塑料电位器接触不好	测量电位器阻值检查焊接点
	位置反馈线路板电子元件损坏或反馈模块损坏	更换电子元器件及反馈模块
电动机温度过高	电动机动作次数过于频繁	整定好调节系统参数使调节器输出稳定
	制动器有卡滞现象	整定好制动器间隙
电动机有惰走现象	制动器制动力太小	紧固制动器部分螺钉，调整好制动器间隙
	制动轮与制动盘之间磨损严重，间隙变大，两只杠杆顶力有差异	更换制动盘，调整好两只杠杆顶力

三、安全操作注意事项

1.维修安全注意事项

①维修必须由两人以上作业。

②进入现场维护必须穿戴好规定的保护用品。

③发现阀门出现异常需处理时，必须取得工艺人员认可，采取安全措施后方可作业。

2.检修安全注意事项

①在线使用的阀们检修时必须办理交出证。

③在线阀门解体前必须将管道和阀体内的工艺介质排放干净，并确认不泄漏方可进行作业。

③在检修时应关闭气源。

④检修时，必须使用专用工具，不得损坏零部件。

⑤拆卸下来的零部件及裸露出来的阀体应用软材料盖好及抱起来，防止丢失、损坏及掉入异物。

⑥更换的零部件必须经检查合格后方可使用，并留下记录。

3.投运安全注意事项

①投运前应通知工艺人员办理交出手续。

②投运时应做到工艺和仪表工作人员双方密切配合，不要单独一方投运。

请你做一做

（1）将电动调节阀、气动调节阀和相关配件按照安装规范正确安装到指定管道中。

（2）对一台气动薄膜调节阀进行渗漏和泄漏检查。

①制定检查方案。

②选择检查方法，准备所用工具及设备。

③按照步骤，规范操作。

（3）将电动调节阀和气动调节阀投入后，观察能否正常运行，若不能正常运行，请分析故障产生的原因，并正确处理。

（4）归纳调节阀常见故障及处理措施。

小结

（1）调节阀通过改变阀芯与阀座间流通面积使被控介质产生变化。

（2）调节阀的阀芯结构。

①直行程阀芯包括：平板型阀芯、柱塞型阀芯、三通阀阀芯、多级阀芯、套筒阀芯等。

②角行程阀芯包括：偏心旋转阀阀芯、蝶阀阀芯、球阀 O 形和 V 形阀芯等。

（3）调节阀的流量系数。调节阀的流量系数是调节阀重要的特性参数，它是指在规定条件下，流体单位时间内通过调节阀的体积，用 C 表示，又称作流通能力。

（4）调节阀的选择内容包括以下几点。

①调节阀的尺寸选择。

②气开式、气关式调节阀的选择。

③单座阀和双座阀的选择。

④调节阀流量特性的选择。

⑤调节阀结构形式和材料的选择。

（5）调节阀的安装与检修。

①调节阀的安装应注意 8 条。

②调节阀应注意密封填料函及其他连接处的渗漏检查和关闭时的泄漏检查。

（6）电动与气动调节阀的常见故障分析与处理方法。

复习思考

1. 控制机构在过程控制中起什么作用？

2. 控制阀在过程控制中常出现哪些问题？

3. 根据公式说明控制阀控制流体流量的原理。

4. 简述流通能力的概念。

5. 何谓控制阀的可调比？

6. 什么是控制阀可控制的最小流量与泄漏量？

7. 什么是控制阀的流量特性？常用的流量特性有哪几种？

8. 什么是理想流量特性？有何特点？

9. 什么是工作流量特性？在串、并联管道中，工作流量特性和理想流量特性有什么不同（以直线和等百分比特性阀为例说明）？

10. 等百分比流量特性控制阀相对行程和相对流量关系（$R = 30$）见表 11-9。当等百分比流量特性控制阀行程变化量为 10% 时，计算不同行程位置（10%、50%、90%）的相对流量变化量。

表 11-9　等百分比流量特性控制阀相对行程和相对流量关系（$R = 30$）

相对行程/%	0	10	20	30	40	50	60	70	80	90	100
相对流量/%	3.33	4.683	6.58	9.25	12.99	18.26	25.65	36.05	50.65	71.24	100

11. 试根据阀芯的结构阐述调节阀的分类及特点。

学习情境十二 单回路检测控制系统 设计与投运

学习情境描述

分析、设计和应用好一个过程控制系统，首先应全面了解被控制过程，其次根据工艺要求对系统进行研究，确定最佳的控制方案，最后对过程控制系统进行设计、整定和投运。

对于过程控制系统而言，控制方案的选择和调节器参数整定是其两个重要的内容，如果控制方案设计得不合理，仅凭调节器参数的整定无法获得良好的控制质量；相反，控制方案很好，但是调节器参数整定得不合适，也不能使系统运行在最佳状态。

本学习情境将完成两个学习性工作任务：

任务一 单回路控制系统综合设计；

任务二 单回路控制系统的投运与故障处理。

教学目标

(1) 掌握压力、流量、液位常用检测仪表的使用方法。

(2) 会对检测仪表及控制装置进行正确选型和校验。

(3) 掌握各种检测仪表及控制装置的安装调试技能。

(4) 会对各种显示仪表、调节器进行参数设置、软件组态和校验。

(5) 能根据系统控制质量要求整定调节器参数。

(6) 能按照技术要求正确投运系统。

(7) 能对检测控制系统进行方案设计、绘制检测控制系统图，按接线图正确接线、查线，对故障进行判断和处理。

本情境学习重点

(1) 检测控制系统方案设计，检测控制系统流程图、施工图与接线图的绘制。

(2) 检测仪表与控制装置的选型和校验。

(3) 各种检测仪表及控制装置的安装与接线，检测控制系统的调试与投运。

(4) 各种显示仪表、控制装置的参数设置、PID 整定、软件组态和校验。

本情境学习难点

(1) 温度、压力、流量、液位等检测控制系统的方案设计、仪表选型。

(2) 检测控制系统调试与投运，故障排查与处理。

任务一 单回路控制系统综合设计

任务引领

过程控制系统从结构形式可分为单回路系统和多回路系统（串级）。单回路控制系统包含一个测量变送器、一个调节器、一个执行器和被控对象，是对被控参数进行的闭环负反馈控制。多回路系统（串级）内部包含两个以上的单回路系统，对过程两个以上的参数进行闭环负反馈控制，其控制目标是保证被控参数满足工艺要求。在系统分析、设计和整定中，单回路系统设计方法是最基本的方法，适用于其他各类复杂控制系统的分析、设计、整定和投运。

任务要求

（1）列举日常生活中控制系统的应用实例。
（2）按要求完成单回路控制系统的设计，并经论证可行。

任务准备

问题引导：
（1）列出检验系统控制质量的标准。
（2）描述控制系统设计的基本思路和具体要求。
（3）描述控制系统设计的具体步骤。

任务实施

（1）归纳总结控制系统设计的主要内容。
（2）完成实训系统中指定管道流量的单回路控制系统的设计任务。

知识导航

一、单回路控制系统设计的共性问题

现代工业生产过程是一个复杂的过程，如石油、冶金、电力、轻工、机械、化工、环保等过程，其产品众多，过程控制系统中的被控制过程形式多种多样，生产工艺千变万化，控制方案非常丰富。

1. 一般要求

在工业过程自动化中，过程控制是不可缺少的重要组成部分。为了克服外界扰动、稳定生产、使工况最优、提高产品的质量和产量，为了提高劳动生产率、降低生产成本、节约能源、提高经济效益，为了安全生产、改善劳动条件、保护环境卫生等，需在生产过程中对温度、压力、流量、液位、成分、pH值、黏度、湿度等过程参数实行自动控制。要达到以上目的，过程控制系统首先必须是稳定的，这是系统被控制的前提，此外，系统还必须具有适当的稳定裕量；其次，系统应是一个衰减振荡过程（特殊生产要求例外），过渡过程时间要短，余差要小。工程上这些要求往往是互相矛盾的，因此设计过程控制系统时，应根据实际情况，分清主次，以保证满足最重要的控制质量指标。

对于过程控制系统设计者来说，深入了解不同的被控过程，不同的生产工艺控制要求，设计不同的控制系统及选择控制仪表是十分重要的。例如工业生产中常用的热交换过程，通常要求温度控制，这类过程的特性比较复杂，时延特性相当明显，不同过程在控制方式和控制品质方面差异很大。又如液位过程，其时间常数有的只有几秒钟，而有的可达数小时。像锅炉水位控制系统，即使是同一设备，由于其大小、容量和控制要求不同，其设计的过程控制系统也是千差万别的。

2. 控制方案

（1）**总体设计与系统布局的关系** 随着现代化工业生产迅速发展，各生产工艺设备相互间紧密地联系着，各设备的生产操作也是相互联系、相互影响的，所以首先必须明确局部生产过程自动化和全局过程自动化间的关系。在进行总体设计和系统布局时，应该全面地考虑生产设备之间的相互联系，综合各个生产操作之间的相互影响，合理设计各个控制系统。要从生产过程去全面地分析问题和解决问题，从物料平衡和工艺流程去设计各个过程控制系统，即要从整个生产工艺过程的自动化考虑所设计的过程控制系统，应该包含产品质量控制、物料或能量控制、限制条件控制等，以全局的设计方法来正确处理整个系统的布局，统筹兼顾。

（2）**过程特性** 过程控制系统的品质是由组成系统的结构和各个环节的特性所决定的。其中，过程检测控制仪表的特性在设计制造时就已人为确定，调节器的特性可随意调整，以满足不

同被控过程和控制的要求，而被控过程的类型及其特性比较复杂，在设计过程控制系统时必须加以深入研究。

由于过程特性不同，过程控制系统设计应适应这些不同特点，以确定控制方案与调节器的设计或选型，以及调节器参数的整定，这些都是以过程特性为依据的。要想完全通过理论计算进行过程控制系统设计和调节器参数整定是不可能的。所以，必须深入了解生产工艺情况，结合控制要求，根据过程特性、扰动情况以及限制条件等运用控制理论和控制技术才能设计一个工艺上合理的正确控制方案。

3. 基本方法

过程控制系统由被控过程和执行器、控制器、变送器等部分组成，所以系统设计时必须从整体出发进行考虑。在很多场合，先给定被控过程，然后再进行系统其他部分设计，即过程模型是已知的，要求设计系统的其他部分。

系统控制方案的设计和调节器参数的整定是过程控制系统设计的两个重要内容。工程设计者应根据被控过程的特性和对过程控制系统的各项技术分析，从全局出发选择合理的控制方案，通常采用反馈控制和复合控制，然后确定系统各部分的控制参数大小，最后进行调节器参数整定。

在系统设计中，通常包括综合法和试探法，在开始进行设计阶段，首先应熟悉技术要求及性能指标，了解被控过程和过程检测控制仪表的动态性能，应用综合方法建立系统的数学模型。一旦设计问题可用数学模型表示，就可进行仿真，并应用最佳控制理论得出系统性能指标的上限。最后，对设计出来的系统在各种信号和扰动作用下进行响应测试，若系统性能指标不能令人满意，则必须进行再设计，直到获得满意的性能指标为止，这样，一个物理系统就产生了。此外，还需进行反复试探测试实验，直到获得满意的性能指标要求为止。

4. 设计步骤

过程控制系统设计，从设计任务提出到系统投入运行，是一个从理论设计到实践，再从实践到理论设计的多次反复过程，很难为过程控制系统设计规定一个固定程序，只能提出一些共同的、必需的步骤。

①建立对象的数学模型。被控过程的数学模型是控制系统设计的基础，在过程控制系统设计中，首先要解决如何用恰当的数学关系式（或方程式）即所谓数学模型来描述被控过程的特性。只有掌握了过程的数学模型（或深入了解过程特性），才能深入分析过程的特性和精确设计控制器。

②选择控制方案。根据设计任务和技术指标要求，经过调查研究，考虑经济效益和技术实施的可行性，选择合理的控制方案。

③建立系统框图。根据系统的内在机理，画出系统框图。

④进行系统静态、动态特性分析计算。过程控制系统方案确定后，根据系统的质量指标，应用控制理论进行系统静态、动态特性分析计算，判定系统的稳定性、过渡特性等。

⑤实验和仿真。实验和仿真是检验系统设计正确与否的重要手段。有些在系统设计过程中难以考虑的因素，可以在实验中考虑，同时通过实验可以检验系统设计的正确性，以及系统的性能。

⑥系统投运。根据设计所选定的控制器的相关参数，使整个系统投入运行，观察其运行状况。

5. 设计的主要内容

过程控制系统设计包括方案设计、工程设计、工程安装和仪表调校、调节器参数整定等四个主要内容。

控制方案设计是系统设计的核心。若控制方案设计不正确，则无论选用何种先进的过程控制仪表，其安装如何细心，都不可能使系统在工业生产过程中发挥作用，甚至使系统不能运行。

工程设计是在控制方案正确设计的基础上进行的，它包括仪表选型、控制室和仪表盘设计、仪表供电供气系统设计、信号及联锁保护系统设计等。

过程控制系统的正确安装是保证系统正常运行的前提。系统安装完，还要对每台仪表进行单校和对每条控制回路进行联校。

在控制方案设计正确的前提下，调节器参数整定是系统运行在最佳状态的重要保证，是过程控制系统设计的重要环节之一。

6.若干问题

在进行过程控制系统设计时，要针对工程实际情况和要求，对下列问题做合理考虑并进行正确处理。

①测量信号校正。在检测某些过程参数时，其测量值往往要受到其他一些参数的影响，为了保证其测量精度，必须考虑测量信号的校正问题。

例如发电厂过热蒸汽流量测量，通常用标准节流元件。在设计参数下运行时，这种节流装置的测量精度较高，当参数偏离给定值时，测量误差较大，其主要原因是蒸汽重度受压力和温度的影响较大，为此，必须对其测量信号进行压力和温度校正（补偿）。

②测量信号噪声（扰动）的抑制。在测量某些参数时，由于其物理或化学特性，常常具有随机波动特性。若测量时阻尼、变送器的阻尼较小时，其噪声会叠加于测量信号之上，影响系统的控制质量，所以应考虑对其加以抑制。

例如测量流量时，伴有噪声，故常引入阻尼器来加以抑制。

有些测量元件本身具有一定的阻尼作用，测量信号的噪声基本上被抑制，如用热电偶或热电阻测温时，由于其本身的惯性作用，测量信号的噪声受到抑制。

③对测量信号进行线性处理。在检测某些过程参数时，测量信号与被测参数之间成非线性关系。是否要进行线性化处理，具体问题要具体分析。

测量信号的非线性特性一般是由测量元件所致，通常线性化措施在变送器内考虑。如热电偶测温时，热电动势与温度是非线性的。当热电偶配用温度变送器时，其输出信号就已经线性化了，即变送器的输出电流与温度成线性关系。

④系统安全保护对策。系统运行的环境条件是过程控制系统设计时必须考虑和解决的重要问题。在某些工业现场的危险环境条件（如石油及化工生产过程中的高温、高压、易燃、易爆、强腐蚀等）下，为了提高系统的运行周期，保证系统的正常工作，除了加强日常的维护措施外，进行系统设计时还必须采取相应的安全保护对策，如采用系统可靠性设计，选用防腐、防爆结构材料的仪器、仪表及装置等。

二、单回路控制系统（控制方案）设计

对于过程控制系统的设计和应用来说，控制方案的设计是核心，是极其重要的。

单回路控制系统（控制方案）设计的基本原则包括合理选择被控参数和控制参数、信息的获取和变送、调节阀的选择、调节器控制规律及其正、反作用方式的确定等。

1.被控参数的选择

根据工艺要求选择被控参数是系统设计的重要内容。被控参数的选择对于稳定生产、提高产品的产量和质量、节能、改善劳动条件、保护环境等具有决定性意义。若被控参数选择不当，则无论组成什么样的控制系统，选用多么先进的过程检测控制仪表，均不能达到预期的控制效果。

对于一个生产过程来说，影响正常操作的因素是很多的。但是，并非对所有影响因素都需加以控制。所以，必须根据工艺要求，深入分析工艺过程，找出对产品的产量和质量、安全生产、经济运行、环境保护等具有决定性作用，并且可直接测量的工艺参数作为被控参数（直接参数），构成过程控制系统。例如，可选水位作为蒸汽锅炉水位控制系统的直接参数，因为水位过高或过低均会造成严重事故，直接与锅炉安全运行有关。

当选择直接参数有困难时（如缺少获取质量信息的仪表），可以选择间接参数作为被控参数。例如，精馏过程要求产品达到规定的纯度，并希望在额定生产负荷下，尽可能地节省能源。这

样，塔顶馏出物（或塔底残液）的浓度应选作被控参数，因为它最直接地反映了产品的质量。但是，目前对成分的测量尚有一定困难，于是一般采用塔顶（或塔底）温度代替浓度作为被控参数。当选取间接参数作为被控参数时，间接参数必须与直接参数有单值函数关系；间接参数要有足够的灵敏度；同时，还应考虑工艺的合理性等。

归纳起来，选取被控参数的一般原则如下。

①选择对产品的产量和质量、安全生产、经济运行和环境保护具有决定性作用的、可直接测量的工艺参数为被控参数。

②当不能用直接参数作为被控参数时，应该选择一个与直接参数有单值函数关系的间接参数作为被控参数。

③被控参数必须具有足够高的灵敏度。

④被控参数的选取，必须考虑工艺过程的合理性和所用仪表的性能。

应该指出，对于一个已经运行的生产设备，其被控参数一般早已确定。

2. 控制参数的选择

在正确选择被控参数后，就要决定构成一个什么样的控制回路。因此，还要正确选择控制参数、调节器调节规律和调节阀的特性。当工艺上允许有几种控制参数可供选择时，则可根据被控过程扰动通道和控制通道特性，对控制质量的参数作出合理的选择。所以，正确选择控制参数，就是正确选择控制通道的问题。

扰动作用是由扰动通道对过程的被控参数产生影响，力图使被控参数偏离给定值。控制作用是由控制通道对过程的被控参数起主导影响，抵消扰动影响，以使被控参数尽力维持在给定值。在分析与设计控制回路时，要深入研究过程的特性，认真分析各种扰动，正确选择控制参数。

在个别生产过程中，控制参数是唯一确定了的参数。如锅炉水位控制系统，控制参数只有一个，即给水量。但是，在有的生产过程中，也可能有几个控制参数可供选择，这时，一般希望控制通道克服扰动的校正能力要强，动态响应应比扰动通道快。通过正确选择控制参数，构成一个控制性能良好的过程控制系统，可有效地克服扰动的影响。

3. 测量变送问题

在过程控制系统设计中，测量和变送是信息获取和传送的重要环节。在工程上为了提高控制精度，被控参数的测量和变送必须迅速正确地反映其实际变化情况，为系统设计提供准确的控制依据。

测量变送环节对被控参数做正确测量，并将它转换成标准统一信号（0.02～0.1MPa，或0～10mA DC，或4～20mA DC）输出到调节器或指示记录仪。

对测量变送环节做线性处理后，通常可用一阶加时延特性来描述，即

$$W_m(s) = \frac{K_m}{T_m s + 1} e^{-\tau_m s}$$

式中，K_m、T_m 和 τ_m 分别为静态放大系数、时间常数和时延。

减小式中的 τ_m 和 T_m，均对提高系统的控制质量有利。若 T_m 较大，会使记录曲线与实际参数之间产生较大的动态误差。

图 12-1（a）所示为被控参数 y 做阶跃变化时，测量值 z 的变化情况。图 12-1（b）为被控参数 y 作等速变化时，测量值 z 的变化情况。图 12-1（c）为被控参数 y 作周期性变化时，测量值 z 的变化情况。由此可见，由测量变送器的时间常数引起的动态误差是很大的。

另外，仪表还有其本身的误差。仪表的精度等级表明了在稳态情况下仪表全量程的最大百分误差，改变量程可以改变其测量误差。所以，从减小测量变送环节误差角度考虑，应减小其量程，即增大 K_m。当然，必须保持原系统的稳定性，为此，可通过改变调节器来达到。

总之，为了提高精度，减小测量的动态误差，应选择快速测量仪表，同时还需注意仪表的正确安装等，以克服或尽量减少对系统控制质量的影响，这在过程控制系统设计中是不容忽视的。

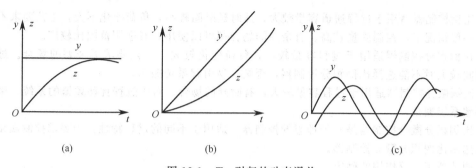

图 12-1　T_m 引起的动态误差

（a）y 为阶跃信号；（b）y 为线性信号；（c）y 为周期信号

4.执行器的选择

调节阀是过程控制系统的一个重要组成部分，其特性好坏对控制质量的影响是很大的。若调节阀特性选用不当，阀门动作不灵活，口径大小不合适，都会严重影响控制质量。所以，在系统设计时，应根据生产过程的特点、被控介质的情况（如高温、高压、剧毒、易燃、易爆、易结晶、强腐蚀、高黏度等）、安全运行和推力等，选用气动执行器或电动执行器。按生产安全原则，选取气开或气关式。根据被控过程的特性、负荷变化的情况以及调节阀在管道中的安装方式等，选择适当的流量特性。在过程控制中，使用最多的是气动执行器，其次是电动执行器。

5.控制器控制规律的选择

事实上，选择什么样控制规律的调节器与具体对象相匹配，这是一个比较复杂的问题，需要综合考虑多种因素方能获得合理解决。

根据被控制过程的特性（如自衡性、容量与时延大小、负荷变化与扰动情况等）与生产工艺要求，了解控制器控制规律对控制质量的影响，合理选择控制器的控制规律，是过程控制方案设计的重要内容之一。

（1）对象特性对控制规律的影响　通常，选择控制器动作规律时应根据对象特性、负荷变化、主要扰动和系统控制要求等具体情况，同时还应考虑系统的经济性以及系统投运方便等。

①广义对象控制通道时间常数较大或容量迟延较大时，应引入微分动作。如工艺允许有残差，可选用比例微分控制规律；如工艺要求无残差，则选用比例积分微分控制规律，如温度、成分、pH 值控制等。

②当广义对象控制通道时间常数较小，负荷变化也不大，而工艺要求无残差时，可选择比例积分控制规律，如管道压力和流量的控制。

③广义对象控制通道时间常数较小，负荷变化较小，工艺要求不高时，可选择比例控制规律，如储罐压力、液位的控制。

④当广义对象控制通道时间常数或容量迟延很大，负荷变化也很大时，简单控制系统已不能满足要求，应设计复杂控制系统。

（2）控制器控制规律的选择

①依据对象特征参数选择。如果被控对象传递函数可近似为

$$W_0(s) = \frac{K e^{-\tau_0 s}}{Ts + 1}$$

则可根据对象的时延时间和对象自衡时间常数的比值 τ_0/T_0 选择控制器的控制规律：

a. $\tau_0/T_0 < 0.2$ 时，选择比例或比例积分控制器；

b. 当 $0.2 < \tau_0/T_0 \leqslant 1.0$ 时，选择比例微分或比例积分微分控制器；

c. 当 $\tau_0/T_0 > 1.0$ 时，采用简单控制系统往往不能满足控制要求，应选用如串级、前馈、预估控制等复杂控制系统。

②依据过程特性选择。根据过程的特性和控制器的控制特征确定控制规律。

a. 比例控制器适用于过程通道容量较大，纯时延时间较小，负荷变化不大，工艺要求不高的场合。一般情况下，控制质量较高、有余差的场合都可以使用，其适用范围比较广。

b. 比例积分控制器适用于过程容量较小，负荷变化较大，工艺要求无余差的场合。过程的时延时间较大时不能选择比例积分控制器，否则容易引起系统振荡。

c. 比例微分控制器适用于过程容量较大，有时延的场合。对于过程扰动频繁的系统，微分作用可导致系统振荡。

d. 比例积分微分控制器是一种理想的控制器，适用于不同的过程特性。当要求控制质量较高时，可选用比例积分微分控制器。

6. 调节器正、反作用的确定

（1）广义过程的正、反作用的确定

控制器有正作用和反作用两种形式，其作用形式取决于被控过程、执行器、变送器等相关部分的作用形式。过程控制系统中相关部分的作用形式取决于各部分的静态放大系数，如图 12-2 所示。过程控制系统要能够正常工作，则组成系统的各个环节的静态系数相乘必须为负，即形成负反馈。

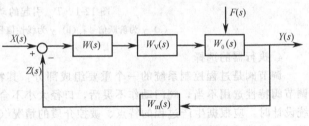

图 12-2　过程控制系统框图

①对象的正、反作用形式。

对象正作用：对象的输入量增加（或减小），其输出量亦增加（或减小），$K_0 > 0$。

对象反作用：对象的输入量增加（或减小），其输出量减小（或增加），$K_0 < 0$。

②执行器正、反作用形式。

执行器正作用：执行器（调节阀）是气关式，$K_V < 0$。

执行器反作用：执行器（调节阀）是气开式，$K_V > 0$。

③控制器的正、反作用形式。

控制器正作用：控制器测量值增加（或减小），其输出量亦增加（或减小），$K_c > 0$。

控制器反作用：控制器测量值增加（或减小），其输出量减小（或增加），$K_c < 0$。

④变送器的作用形式。变送器的静态放大系数通常为正，即 $K_{m.c} > 0$。

（2）控制器作用形式的确定

①确定原则：过程内部各个环节的静态系数相乘为负，即 $K_m K_0 K_V K_c < 0$，计算 K_c 正、反作用形式。

②控制器正、反作用形式确定的步骤如下。

a. 根据工艺安全确定执行器（调节阀）的气开、气关形式，从而确定 K_V。

b. 根据过程特性确定对象的正、反作用形式，确定 K_0。

c. 根据确定原则确定控制器的正、反作用形式。

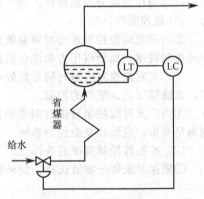

图 12-3　取暖锅炉液位的控制方案

🔵 请你做一做

（1）控制系统的方案设计包括哪些内容？哪些内容在前几个情境中已经介绍过？

（2）图 12-3 为取暖锅炉液位的控制方案。

①确定什么是被控量、控制量、干扰？

②分析控制过程。

任务二　单回路控制系统的投运与故障处理

🔵 任务引领

过程控制系统的方案设计、控制仪表选型和安装调试就绪后，或者经过停车检修后，将过程控制系统重新投入到生产过程中运行，称为系统投运。为使过程控制系统能顺利投入运行，投运前必须做好准备工作。

在控制系统投运一个时期之后，可能会出现各种各样的问题，除仪表自身原因外，有些来自于工艺方面的原因，如反应器所用催化剂的老化、换热器管壁污垢的增多、测量元件被结晶体或黏性物料堵塞、调节阀的阀芯和阀座被腐蚀等问题。这时需要从工艺和仪表两方面查找原因，通过工艺人员和仪表人员的密切配合，认真查找，基本上都能解决。

🔵 任务要求

（1）正确调试单回路控制系统，并使之安全投运。
（2）故障分析与排除。

🔵 任务教学组织建议

本任务建议采用任务教学法组织教学，其实施过程如表 12-1 所示。

表 12-1　单回路控制系统的投运与故障处理教学实施过程

序号	步骤名称	教学内容	学生活动	教师活动	时间分配	工具与材料	课内/课外
1	任务准备	任务简介，分析任务来源，说明工作内容及成果要求	听、记录	讲授	10min	工作任务单	课内
2	咨询	①控制系统投运前的准备 ②线路和管路核查 ③仪表的调整和校验 ④控制系统的常见故障及处理措施	以小组为单位收集信息	指导	30min	教学资料、网络	课内，课外
3	计划与决策	学生小组讨论，列出要点	学生讨论，汇总分析	协调指导与评价	30min	教学资料、网络	课外，课内
4	陈述意见	每组学生根据讨论结果进行现场汇报	陈述意见	听取意见	40min	多媒体	课内
5	任务实施	投运液位、流量、压力等单回路控制系统	系统投运	观察指导	60min	系统调试手册	课内
6	检查评估	通过学生自评、互评及教师评价方式，评价教学目标	自评、互评	评价	10min	任务评价表	课内

🔵 任务准备

问题引导：
（1）系统投运需要注意哪些问题？
（2）系统投运过程中常见故障及处理措施。

🔵 任务实施

（1）液位、流量、压力单回路控制系统设计方案。
（2）液位、流量、压力单回路控制系统接线与调试。
（3）液位、流量、压力单回路控制系统投运与故障检查及处理。

知识导航

一、单回路控制系统的投运

经过控制系统的设计、仪表调校、安装后的新建控制系统，以及经过改造或检修的控制系统，都应该按照下述步骤做好系统投运的全面准备工作，才能将控制系统投入运行，以获得要求的控制品质。

控制系统在安装或检修后，经过系统的核查和必要的调校验证，并对控制系统各控制回路中的控制器的参数整定认可后，才能投入运行。

1.准备工作

准备工作做得越充分，投运将越顺利。准备工作大体包括：在熟悉生产工艺流程和控制方案的前提下，应对检测变送器、调节器、调节阀、供电、供气、连接管线等以及其他装置进行全面而细致的检查，包括连接极性是否正确，仪表量程设置是否合理，仪表的相应开关是否置于规定位置上，仪表的精度是否满足设计要求等。其次，在组成系统的各台仪表进行单独调校的基础上，再对系统进行联调，观察其工作是否正常，这是保证顺利投入的重要步骤。

2.线路和管路核查

毫无例外地检查全部电气线路，核实是否符合施工图样要求。不允许有错接、漏接和虚接的现象存在，特别注意各种不同地线的连接是否符合规定，对地电阻是否符合要求。保证所有连接点接触良好无误。

检查传送电力及信号的管线是否符合设计要求、布局是否合理，检查空气、蒸汽及水管等管路有无错接、漏接、泄漏和堵塞等现象。如有疑问，必须经过必要的验证核实。

3.仪表的调整和校验

（1）传感器与变送器　检查二者是否匹配并符合设计要求，其安装位置是否适宜；还要对变送器的零点和量程进行校验和调整。

（2）控制器　检查控制器的各开关位置是否正确，各个调整旋钮或按键功能是否正常；检查输入、输出信号是否在规定的标准信号范围内；根据输入信号的极性，检查其与执行器的动作方向是否对应；通过手动/自动切换开关，检查自动跟踪信号是否接入，手动操作时控制器输出是否为跟踪手操信号，手动/自动切换是否无扰动。如果某项内容不符合要求，必须进行调校，直至合格为止。

（3）执行器　检查其动作方向与阀位指示是否一致，其动作范围与输入信号是否一致，阀位反馈信号是否起到负反馈作用。各项都应该调整核实。

（4）控制阀　检查阀杆位移与控制器的输出是否符合规定的特性关系；阀杆移动时有无卡涩、松动或漏气现象，更不允许有间隙存在。如有问题，必须慎重调整好。

（5）阀门定位器　当阀杆移动时，检查反馈连杆与反馈凸轮运动方向是否符合规定；检查经放大后的输出信号推动阀杆是否灵敏有力，有无阻滞现象，如果有，必须设法妥善解决。

（6）综合检查　检查系统中有关部件的灵敏度和可靠性，尤其是安保系统要重点测试，并模拟实验性能。最后进行联校，保证一次仪表和二次仪表的信号对应，二次仪表与执行器的信号对应。

4.系统的投运

完成上述工作并整定好控制器参数后，即可将控制系统投入运行。所谓控制系统的投运，是通过适当的方法使控制器从手动状态平稳地转到自动运行状态。控制系统的投运过程要实现无扰动切换。无扰动切换即当控制器在手动状态与自动状态之间相互切换时，都必须保证以尽可能小的扰动进入系统。无扰动切换是保证生产平稳运行所必需的，也是控制器投运工作必须具备的条件。不同类型的控制器，由于结构、特点不同，其实现无扰动切换的方法也不同，相关内容可参阅相应控制器的说明书或技术手册。

根据生产过程的实际情况，首先将检测变送器投入运行，观察其测量显示的参数是否正确；其次利用调节阀手动遥控，待被控参数在给定值附近稳下来后，再从手动控制切换至自动控制。

在调节器从手动切换到自动运行前必须做细致的检查工作，如检查调节器的正、反作用是否正确，调节器的 PID 参数是否设置好等。检查完毕后，当测量值与给定值的偏差为零时，将调节器由手动切换到自动，于是实现了系统的投运。

系统投入自动运行后，观察系统的控制质量指标是否达到设计要求，如没达到要求，再对调节器的 PID 参数做适当的微调，以达到较好的控制质量。

二、控制系统的故障分析及处理

自动控制系统在运行过程中，有时测量系统会出现各种各样的故障，如果这时工艺人员还按照正常操作进行控制，就会影响正常生产，甚至造成事故。所以，在发现工艺参数的记录曲线出现异常情况时，首先要分析原因，判断其真正的原因，而不是盲目地进行操作。应从以下几方面查找原因。

1. 记录曲线的分析比较

（1）曲线突变　一般来说，工艺参数的变化是比较缓慢的、有规律的，如果曲线突然发生变化，则仪表发生故障的可能性比较大，这时应确认仪表有无问题。如果仪表无问题，应从工艺角度查找原因，并及时调整操作，尽快恢复生产；如果仪表有问题，在问题处理中，可暂时屏蔽此表进行操作，等待仪表恢复正常后，再进行正常操作。

（2）曲线突然大幅度变化　首先观察与其相关联的参数曲线是否也发生比较明显的变化，如果其他参数并没有明显的变化，则说明显示这个参数变化的仪表可能有问题。如果其他相关联的参数有比较明显的变化，则说明工艺生产过程有变化。

（3）曲线出现不规则的变化　一般说来，如果阀门定位器输出信号产生跳跃，调节阀存在死区，则记录曲线容易发生不规则的变化。

（4）发生等幅振荡　出现这种现象的原因有可能是调节阀的问题，也有可能是工艺过程发生变化，原来调整好的调节器参数已经不再适应这种工况下的生产状况，这时需要重新调整调节器参数，以适应变化了的生产工况。

（5）在较长的一段时间内呈直线状　记录曲线呈直线状，或者原来有波动的曲线突然变成了直线，则表明仪表可能发生故障了，这时可在工艺允许的范围内人为地改变工艺条件。如果仪表仍没有反应，则仪表出现故障；如果仪表有反应，则应从工艺本身查找原因。

2. 就地式指示仪表比较

如果现场有就地式指示仪表，则可以同仪表进行比较，看两者指示值是否接近，如果差别很大，则可以认为仪表有故障的可能性比较大。

3. 仪表比较

对于一些比较重要的仪表，往往设计两台仪表同时进行检测显示，以确保测量的准确。当两台仪表指示相差较大时，操作人员能凭经验判断出是哪台仪表发生了故障，以便及时通知仪表人员进行处理。

由于控制系统内各组成环节的特性对控制质量都有一定的影响，所以当某一环节发生变化时，都会影响调节质量，使控制质量变差。

请你做一做

（1）归纳总结系统投运的具体步骤。

（2）根据过程检测与控制实训装置，按照上一任务设计好的系统控制方案，依据工艺要求和操作规程，完成系统的接线、调试与投运任务。

（3）请投运液位、流量、压力等单回路控制系统，检查是否运行正常，若有故障，请分析故障产生的位置、原因，并处理故障。

检查评估

检查任务的完成情况，检查评估操作部分的考核见表 12-2，分值占总成绩的 60%，公共考核点见表 12-3，分值占 40%。

表 12-2　操作考核评分标准

序号	步序名称	质量要求	满分	评分	总评	备注
1	制定控制方案	①控制方案功能齐全，简单明了，经济实用，不丢项漏项 ②控制流程图清晰、规范，符号正确 ③布局合理，比例适当	15			每个步骤缺少一项扣5分；检查结果有误差扣1～3分；场地不清洁、凌乱扣3分
2	确定仪表规格型号	①规格型号正确，功能、精度等级符合要求 ②仪表技术参数齐全（使用说明书，安装尺寸） ③价格基本准确 ④注明生产厂家	10			
3	绘制仪表安装接线图	①图纸齐全（接线原理图，盘面布置图，盘后接线图） ②绘图正确，符号、图形符合绘图标准 ③图形比例适当 ④线号标注正确	15			
4	检查仪表接线（校线）	①操作方法正确 ②会正确使用单臂电桥、万用表 ③测量数据准确 ④记录数据齐全 ⑤能排除接线故障	10			
5	系统联调	①会正确使用信号发生器、手操压力泵 ②仪表参数设置正确 ③操作方法正确 ④测量数据准确 ⑤能排除仪表故障	15			
6	启动控制装置	①控制流程正确 ②启动顺序正确 ③操作过程中无跑冒滴漏现象 ④发现问题能分析原因，独立处理	15			
7	安全生产	操作规范，安全意识强，措施得当	10			
8	工作报告	数据真实，内容完整，格式规范	10			

表 12-3　公 共 考 核

序号	评价内容	评价标准	评价人	满分	评分	总评
1	学习态度	出勤情况，积极主动参与学习	教师	15		
2	工作计划	计划详细，步骤正确		20		
3	小组汇报	语言表达清晰、流利，课件制作精美、内容全面、正确		20		
4	团队协作	与小组成员一起分工合作，不影响学习进度		15		
5	学生自评	客观评价自己	学生	15		
6	小组互评	在小组中完成任务过程中的作用及分配工作完成情况	小组成员	15		

小结

（1）控制系统方案设计思路及基本方法。
①系统设计必须从整体出发进行考虑。
②过程控制系统设计包括系统控制方案的设计和调节器参数的整定两项重要内容。

③综合法和试探法是系统设计过程中经常用到的两种方法。

（2）控制系统设计共同的、必需的六大步骤。

（3）单回路控制系统（控制方案）设计的基本原则，包括合理选择被控参数和控制参数、信息的获取和变送、调节阀的选择、调节器控制规律及其正反作用方式的确定等。

（4）单回路控制系统的投运步骤如下。

①准备工作。

②线路和管路核查。

③仪表的调整和校验。

④系统的投运。

系统投入自动运行后，观察系统的控制质量指标是否达到设计要求，如没达到要求，再对调节器的PID参数做适当的微调，以达到较好的控制质量。

（5）控制系统的故障分析及处理。自动控制系统在运行过程中，有时测量系统会出现各种各样的故障，在发现工艺参数的记录曲线出现异常情况时，首先要分析原因，判断其真正的原因，而不是盲目地进行操作。应从以下几方面查找其原因。

①记录曲线的分析比较。

②就地式指示仪表比较。

③仪表比较。

由于控制系统内各组成环节的特性对控制质量都有一定的影响，所以当某一环节发生变化时，都会影响调节质量，使控制质量变差。

复习思考

1. 请依据图1-1中的过程检测与控制情境教学实训装置完成以下几项工作。

①该实训装置能实现哪些参量的检测与控制，可设计几个单回路控制系统，被控量和控制量如何选择，调节器选择什么样的控制规律？

②要实现这些控制任务，需要安装哪些检测控制仪表及装置？

③利用所学知识，绘制各控制系统的流程图、系统接线图。

④分析各系统可能存在哪些干扰，怎样解决抗干扰的问题。

2. 已知某换热器控制系统如图12-4所示。

①确定什么是被控量、控制量和干扰。

②画出系统方块图，分析控制过程。

3. 压力、流量、液位检测控制系统的设计与投运。

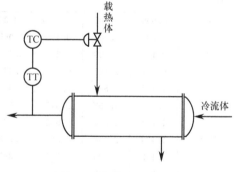

图12-4 换热器控制系统

①方案设计，绘制检测控制系统图。

②根据设计要求对所用仪表进行选型和校验。

③完成检测仪表、过程控制装置、显示仪表的安装、接线、系统调试与投运。

④故障排查与处理。

附录 热电偶、热电阻分度表

附表 1 铂铑$_{10}$-铂热电偶分度表（参考端温度为 0℃）   分度号：S

测量端温度/℃	0	10	20	30	40	50	60	70	80	90
	热电势/mV									
0	0.000	0.056	0.113	0.173	0.235	0.299	0.364	0.431	0.500	0.571
100	0.643	0.717	0.792	0.869	0.946	1.025	1.106	1.187	1.269	1.352
200	1.436	1.521	1.607	1.693	1.780	1.867	1.955	2.044	2.134	2.224
300	2.315	2.407	2.498	2.591	2.684	2.777	2.871	2.965	3.060	3.155
400	3.250	3.346	3.441	3.538	3.634	3.731	3.828	3.925	4.023	4.121
500	4.220	4.318	4.418	4.517	4.617	4.717	4.817	4.918	5.019	5.121
600	5.222	5.321	5.427	5.530	5.633	5.735	5.839	5.943	6.046	6.151
700	6.256	6.361	6.466	6.572	6.677	6.784	6.891	6.999	7.105	7.213
800	7.322	7.430	7.539	7.648	7.757	7.867	7.978	8.088	8.199	8.310
900	8.421	8.534	8.646	8.758	8.871	8.985	9.098	9.212	9.326	9.441
1000	9.556	9.671	9.787	9.902	10.02	10.14	10.26	10.38	10.18	10.61
1100	10.72	10.84	10.96	11.08	11.20	11.32	11.44	11.56	44.68	11.78
1200	11.92	12.04	12.15	12.28	12.40	12.52	12.64	12.76	12.88	13.00
1300	13.16	13.24	13.36	13.48	13.60	13.72	13.84	13.96	14.08	14.20
1400	14.31	14.43	14.55	14.67	14.79	14.92	15.03	15.15	15.27	15.39
1500	15.50	15.63	15.74	15.86	15.98	16.10	16.55	16.33	16.45	16.57
1600	16.69									

附表 2 铂铑$_{30}$-铂铑$_6$热电偶分度表（参考端温度为 0℃）   分度号：B

测量端温度/℃	0	10	20	30	40	50	60	70	80	90
	热电势/mV									
0	0.000	−0.001	−0.002	−0.002	0.000	0.003	0.007	0.012	0.018	0.025
100	0.034	0.043	0.054	0.065	0.078	0.092	0.107	0.123	0.141	0.159
200	0.178	0.199	0.220	0.243	0.267	0.291	0.317	0.344	0.372	0.401
300	0.431	0.462	0.494	0.527	0.561	0.596	0.632	0.670	0.708	0.747
400	0.787	0.828	0.870	0.913	0.957	1.002	1.048	1.093	1.143	1.192
500	1.242	1.293	1.345	1.397	1.451	1.505	1.560	1.617	1.674	1.732
600	1.791	1.851	0.912	1.973	2.036	2.099	2.164	2.229	2.295	2.362
700	2.429	2.498	2.567	2.638	2.709	2.781	2.853	2.927	3.001	3.076
800	3.152	3.229	3.307	3.385	3.464	3.544	3.624	3.706	3.788	3.871
900	3.955	4.039	4.124	4.211	4.297	4.385	4.473	4.562	4.651	4.741
1000	4.832	4.924	5.016	5.109	5.203	5.297	5.393	5.488	5.585	5.638
1100	5.780	5.879	5.978	6.078	6.178	6.279	6.380	6.482	6.585	6.688
1200	6.792	6.896	7.001	7.106	7.212	7.319	7.426	7.533	7.641	7.749
1300	7.858	7.967	8.076	8.186	8.297	8.408	8.519	8.63	8.742	8.854
1400	8.967	9.080	9.193	9.307	9.420	9.534	9.649	9.763	9.878	9.993
1500	10.11	10.22	10.34	10.46	10.57	10.69	10.80	10.92	11.04	11.15
1600	11.27	11.38	11.50	11.62	11.73	11.85	11.97	12.08	12.20	12.31
1700	12.43	12.55	12.66	12.78	12.89	13.01	13.12	13.24	13.36	12.47
1800	13.58									

附表3　镍铬-镍硅（镍铝）热电偶分度表（参考端温度为0℃）　　　　分度号：K

测量端温度/℃	0	10	20	30	40	50	60	70	80	90
	热电势/mV									
−0	−0.00	−0.39	−0.77	−1.14	−1.5	−1.186				
+0	0.00	0.40	0.80	1.20	1.61	2.02	2.43	2.85	3.26	3.68
100	4.10	4.51	4.92	5.33	5.73	6.13	6.53	6.93	7.33	7.73
200	8.13	8.53	8.93	9.34	9.74	10.15	10.56	10.97	11.38	11.80
300	12.21	12.62	13.04	13.45	13.87	14.30	14.72	15.14	15.56	15.99
400	16.40	16.83	17.25	17.67	18.09	18.51	18.92	19.37	19.79	20.22
500	20.65	21.08	21.50	21.93	22.35	22.78	23.21	23.63	24.05	24.48
600	24.90	25.32	25.75	26.18	26.60	27.03	27.45	27.87	28.29	28.71
700	29.13	29.55	29.97	30.39	30.81	31.22	31.64	32.06	32.46	32.87
800	33.29	33.69	34.10	34.51	34.91	35.32	35.72	36.13	36.53	36.93
900	37.33	37.73	38.13	38.53	38.93	39.32	39.72	40.10	40.49	40.88
1000	41.27	41.66	42.04	42.43	42.83	43.21	43.59	43.97	44.34	44.72
1100	45.10	45.48	56.85	46.23	46.60	46.97	47.34	47.71	48.08	48.44
1200	48.81	49.17	49.53	49.89	50.25	50.61	50.96	51.32	51.67	52.02
1300	52.37									

附表4　镍铬-考铜热电偶分度表（参考端温度为0℃）　　　　分度号：E

测量端温度/℃	0	10	20	30	40	50	60	70	80	90
	热电势/mV									
−0	−0.00	−0.64	−1.27	−1.89	−2.50	−3.11				
+0	0.00	0.65	1.31	1.98	2.66	3.35	4.06	4.76	5.48	6.21
100	6.92	7.69	8.43	9.18	9.9	10.69	11.46	12.14	13.03	13.84
200	14.66	15.48	16.30	17.12	17.95	18.76	49.59	20.42	21.24	22.07
300	22.90	23.74	24.59	25.44	26.30	27.15	28.01	28.88	29.75	30.61
400	31.48	32.34	33.21	34.07	34.94	35.81	36.67	37.54	38.41	39.28
500	40.15	41.02	41.90	42.78	43.67	44.55	45.44	46.33	47.20	48.11
600	49.01	49.89	50.76	51.64	52.51	53.39	54.26	55.12	56.00	56.87
700	57.74	58.57	59.47	60.33	61.20	62.06	62.92	63.78	64.64	65.50
800	66.36									

附表5　铜-康铜热电偶分度表（参考端温度为0℃）　　　　分度号：T

测量端温度/℃	0	10	20	30	40	50	60	70	80	90
	热电势/mV									
−200	−5.603	−5.753	−5.89	−6.01	−6.105	−6.181	−6.232	−6.258		
−100	−3.378	−3.656	−3.923	−4.17	−4.419	−4.648	−4.865	−5.069	−5.261	−5.439
−0	0.000	−0.38	−0.76	−1.42	−1.475	−1.819	−2.152	−2.475	−2.788	−3.089
+0	0.000	0.391	0.789	1.196	1.611	2.035	2.467	2.908	3.357	3.813
100	4.277	4.749	5.227	5.712	6.121	6.702	7.207	7.718	8.235	8.757
200	9.286	9.820	10.36	10.91	11.45	12.01	12.57	13.14	13.71	14.28
300	14.86	15.44	16.03	16.62	17.22	17.82	18.42	19.03	19.64	20.25
400	20.86									

附表 6　铂热电阻分度表 ($R_0 = 100.00$)　　　　分度号：Pt100

测量端温度/℃	0	10	20	30	40	50	60	70	80	90
	热电阻阻值/Ω									
−200	17.28									
−100	59.65	55.52	51.38	47.21	43.02	38.8	34.56	30.29	25.98	21.65
−0	100	96.03	92.04	88.04	81.03	80	75.96	71.91	67.84	63.75
+0	100	103.96	107.91	111.85	115.78	119.7	123.6	127.49	131.37	135.24
100	139.1	142.95	146.78	150.6	154.41	158.21	162	165.78	169.54	173.29
200	177.03	180.76	181.18	188.18	191.88	195.56	199.23	202.89	206.53	210.17
300	213.79	217.4	221	224.59	228.17	231.73	235.29	238.83	242.36	245.88
400	249.38	252.88	256.36	259.83	263.29	266.74	270.18	273.6	277.01	280.14
500	283.8	287.18	290.55	293.91	297.25	300.58	303.9	307.21	310.5	313.79
600	317.06	320.32	323.57	326.8	330.03	333.25				

附表 7　铂热电阻分度表 ($R_0 = 50.00$)　　　　分度号：Pt50

测量端温度/℃	0	10	20	30	40	50	60	70	80	90
	热电阻阻值/Ω									
−200	8.64									
−100	29.83	27.76	25.69	23.61	21.51	19.40	17.28	15.15	12.99	10.83
−0	50.00	48.02	46.02	44.02	40.52	40.00	37.98	35.96	33.92	31.88
+0	50.00	51.98	53.96	55.93	57.89	59.85	61.80	63.75	65.69	67.62
100	69.55	71.48	73.39	75.30	77.21	79.11	81.00	82.89	84.77	86.65
200	88.52	90.38	90.59	94.09	95.94	97.78	99.62	101.45	103.27	105.09
300	106.90	108.70	110.50	112.30	114.09	115.87	117.65	119.42	121.18	122.94
400	124.69	126.44	128.18	129.92	131.65	133.37	135.09	136.80	138.51	140.07
500	141.90	143.59	145.28	146.96	148.63	150.29	151.95	153.61	155.25	156.90
600	158.53	160.16	161.79	163.40	165.02	166.63				

附表 8　铜热电阻分度表 ($R_0 = 100.00$)　　　　分度号：Cu100

测量端温度/℃	0	10	20	30	40	50	60	70	80	90
	热电阻阻值/Ω									
−0	100.00	95.70	91.4	87.1	82.8	78.49				
+0	100.00	104.28	108.56	112.84	117.12	121.40	125.68	129.96	134.24	138.52
100	112.80	147.08	151.36	155.66	159.96	164.27				

附表 9　铜热电阻分度表 ($R_0 = 50.00$)　　　　分度号：Cu50

测量端温度/℃	0	10	20	30	40	50	60	70	80	90
	热电阻阻值/Ω									
−0	50.00	47.85	45.70	43.55	41.40	39.25				
+0	50.00	52.14	54.28	56.42	58.56	60.70	62.84	64.98	67.12	69.26
100	56.40	73.54	75.68	77.83	79.98	82.14				

参 考 文 献

［1］张东风. 热工测量及仪表. 北京：中国电力出版社，2008.
［2］叶江祺. 热工测量和控制仪表的安装. 北京：中国电力出版社，1997.
［3］潘汪杰. 热工测量及仪表. 北京：中国电力出版社，2005.
［4］曾蓉. 热工检测技术. 北京：中国电力出版社，2008.
［5］程蔚萍. 热工自动控制设备. 北京：中国电力出版社，2011.
［6］刘二雄. 热工仪表及自动控制装置. 北京：中国电力出版社，2004.
［7］吴勤勤. 控制仪表及装置. 北京：化学工业出版社，2002.
［8］编委会. 火电厂热工自动化控制新技术与热工仪表安装、运行、维护及标准规范实用手册. 北京：中国经济科学出版社，2006.
［9］电力行业职业技能鉴定中心. 热工仪表检修. 北京：中国电力出版社，2009.